承百年薪火 谱统管华章

——沂沭泗水系统一管理 40 年纪念文集

淮委沂沭泗水利管理局 编

中国矿业大学出版社

·徐州·

图书在版编目（C I P）数据

承百年薪火 谱统管华章 ：沂沭泗水系统一管理 40
年纪念文集 / 淮委沂沭泗水利管理局编. —徐州 ：中
国矿业大学出版社，2022.11
ISBN 978 - 7 - 5646 - 5579 - 2

Ⅰ．①承… Ⅱ．①淮… Ⅲ．①淮河—流域—水资源管
理—纪念文集 Ⅳ．①TV882.8-53

中国版本图书馆 CIP 数据核字（2022）第 208537 号

书　　名	承百年薪火　谱统管华章——沂沭泗水系统一管理 40 年纪念文集
编　　者	淮委沂沭泗水利管理局
责任编辑	徐　玮
出版发行	中国矿业大学出版社有限责任公司
	（江苏省徐州市解放南路　邮编 221008）
营销热线	（0516)83884103　83885105
出版服务	（0516)83995789　83884920
网　　址	http://www.cumtp.com　E-mail：cumtpvip@cumtp.com
印　　刷	苏州市古得堡数码印刷有限公司
开　　本	787 mm×1092 mm　1/16　印张 16.5　字数 419 千字
版次印次	2022 年 11 月第 1 版　2022 年 11 月第 1 次印刷
定　　价	88.00 元

（图书出现印装质量问题，本社负责调换）

编写委员会名单

序　言

　　岁月不居，时节如流，沂沭泗水系统一管理已走过了40载的砥砺征程。1981年10月，为促进沂沭泗地区的安定团结和生产发展，《国务院批转水利部关于对南四湖和沂沭河水利工程进行统一管理的请示》批准成立沂沭泗水利工程管理局，1992年更名为沂沭泗水利管理局（以下简称沂沭泗局），负责流域内主要河道、湖泊、控制性工程及水资源的统一管理和调度运用，由此开启了沂沭泗治水管水事业崭新的篇章。

　　40年来，沂沭泗局始终坚持以人民为中心的发展思想，在水利部、淮河水利委员会（以下简称淮委）的坚强领导下，在苏、鲁两省各级党委政府、部门以及社会各界的大力支持下，立足治淮大局，扎根苏鲁大地，充分发挥流域统一管理优势，坚持团结治水、合力兴水，积极推进省际边界水事纠纷预防和调处，建立南四湖、邳苍郯新地区等省际边界水事纠纷多元预防和调处化解机制，在实践中探索建立了"水事纠纷联处、防汛安全联保、水资源联调、非法采砂联打、河湖'四乱'联治"的"五联"工作机制，苏、鲁省际边界百年恩怨化为和谐，流域人民的获得感、幸福感、安全感不断增强。

　　40年来，沂沭泗局始终牢记党的殷切嘱托，以"一定要把淮河修好"的使命感和责任感，深入贯彻中央水利工作方针，统筹规划、系统治理，通过沂沭泗河洪水东调南下工程续建、病险水闸除险加固改造、水利工程管理体制改革，主要河湖相互连通，"拦、分、蓄、滞、泄"功能兼备的防洪工程体系初步形成，中下游河道总体防洪标准提高到50年一遇，昔日"大雨大灾、小雨小灾、无雨旱灾"的沂沭泗地区呈现出人水和谐、岁岁安澜的美丽画卷，谱写了中国共产党领导下团结治水的实践典范。

　　40年来，沂沭泗局始终坚持人民至上、科学调度，遵循"两个坚持、三个转变"，把保障人民群众的生命财产安全作为第一要务，以"永远在路上"的坚韧和执着牢牢扛起水旱灾害防御的使命与责任，奋斗不止、拼搏不休，将为民初心根植于千里长堤的日夜守望中，把为民情怀镌刻在河湖安澜的治水征程中，充分发挥流域防洪工程统一管理、统一调度的优势，科学研判、精准调度，安全防御1993年、2012年、2018年、2019年等多个年份十余次台风、暴雨、洪水，最大限度地减轻了人民生命财产损失。成功防御2020年"8·14"洪水，实现了"无人员伤亡、无重大险情"的"双零"目标,以实际行动助力流域经济社会发展和人民幸福安康。

40 年来,沂沭泗局始终坚持统筹兼顾、服务民生,水资源保障能力持续提升。充分发挥工程的拦蓄功能,适度承担风险,2000 年以来,流域湖库汛期多年平均拦蓄洪水资源约 8.64 亿 m³,保障了地区生产生活用水。积极服务国家重大战略,全力保障南水北调东线供水安全,为一泓清水北上保驾护航。完成 2002 年南四湖应急生态补水、2014 年南四湖生态应急调水监管,保障了南四湖生态系统的安全。充分发挥江、淮、沂沭泗水资源调配工程体系的作用,实施水资源的联合调度,2001 年以来五次实施"引沂济淮",跨水系向淮河下游地区调水超 30 亿 m³,为淮河下游地区经济社会发展做出了积极贡献。

40 年来,沂沭泗局始终坚持生态优先、绿色发展,河湖生态保护成效斐然。建立省际边界河湖打击非法采砂联合机制,开展"春雷""亮剑"等跨省河湖采砂专项整治行动,推动出台"三部两省"文件,南水北调东线输水干线骆马湖至南四湖段实现全面禁止采砂,沂沭河采砂由乱到治,实现精细化管理。推动河(湖)长制"有名""有实""有能""有效",直管河湖全部纳入河湖长制体系,持续推进河湖"四乱"清理整治,一大批历史遗留河湖顽瘴痼疾得到彻底整治,沂河被评为全国"首届最美家乡河",沂河临沂段通过国家级示范河湖验收,韩庄运河台儿庄段、沭河莒县段通过省级"美丽示范河湖"验收。

不忘来路,方知所往。为纪念沂沭泗水系统一管理 40 周年,沂沭泗局编写了《承百年薪火 谱统管华章——沂沭泗水系统一管理 40 年纪念文集》,通过河湖治理、水旱灾害防御与建设管理等板块,记录了沂沭泗水系统一管理 40 年来各级领导的关怀之情和沂沭泗水利人薪火相承、团结治水的生动实践,描绘了沂沭泗水系的沧桑巨变和人民生活的崭新面貌,展示了沂沭泗水系统一管理所取得的辉煌成就和沂沭泗水利人的奋斗足迹。相信这对研究沂沭泗治水管水历史、推进新阶段水利事业高质量发展具有借鉴和参考意义。

大江流日夜,慷慨歌未央。站在"两个一百年"奋斗目标的历史交汇点上,沂沭泗局将以习近平新时代中国特色社会主义思想为指导,深刻践行"十六字"治水思路,深化流域治理管理,昂首阔步、奋勇向前,加快推进沂沭泗水利事业高质量发展,为促进流域经济社会发展再做新贡献!

目　录

特　　稿

在沂沭泗水系统一管理40周年座谈会上的讲话

水利部淮河水利委员会党组书记、主任　刘冬顺

（2021年10月12日）

同志们：

今天,我们在这里召开沂沭泗水系统一管理40周年座谈会,回顾统管历程,总结统管经验,重温初心使命,谋划发展蓝图,具有特殊而又重要的意义。刚才,刘玉年同志代表沂沭泗局致辞,山东省水利厅、江苏省水利厅领导同志发表了讲话,系统总结了统管40年来取得的辉煌成就,深入分析了当前面临的形势,对下一步工作提出了很好的意见和建议。4位沂沭泗水利管理局职工代表做了表态和发言,充分诠释了沂沭泗水利人的责任与担当。借此机会,我讲几点建议。

一、充分肯定统一管理取得的显著成效

沂沭泗水系是淮河流域的重要组成部分,原本尾闾通畅,曾是隋唐大运河的核心区域,留下了"汴水流,泗水流,流到瓜州古渡头"的千古吟诵。1194年,黄河夺泗、夺淮造成了沂沭泗水系紊乱,灾害频繁。中华人民共和国成立后,在中国共产党的领导下,苏、鲁两省相互配合,修建了新沭河和新沂河,初步改变了洪水横流的局面。1981年10月,为进一步保障沂沭泗地区的安定团结和生产发展,《国务院批转水利部关于对南四湖和沂沭河水利工程进行统一管理的请示的通知》颁布,批准在治淮委员会领导下成立沂沭泗局,统一管理沂沭泗地区的主要河道、湖泊和枢纽。40年来,遵循"统一管理、团结治水"的工作方针,沂沭泗水系统一管理走过了光辉历程,取得了显著成效。

（1）省际边界水事秩序日趋稳定。沂沭泗水系复杂,历史上水事矛盾纠纷突出。统一管理以来,坚持以人民为中心的发展思想,主动协调上下游、左右岸不同利益诉求,在实践中探索建立了"水事纠纷联处、防汛安全联保、水资源联调、非法采砂联打、河湖'四乱'联治"的"五联"工作机制,形成了团结治水的良好氛围,有效化解了苏、鲁省际边界百年恩怨,得到了国务院领导的充分肯定。南四湖水利管理局（以下简称南四湖局）被中央综治办、水利部授予"全国调处水事纠纷创建平安边界先进集体"荣誉称号。

（2）防汛抗旱减灾工作卓有成效。紧紧抓住治淮19项骨干工程建设和进一步治淮的机遇,先后建成了沂沭泗河洪水东调南下一期及续建、刘家道口枢纽、沂沭邳分洪道治理、韩庄骆堤防等一大批水利工程,基本理顺了紊乱的水系,实现了主要河湖互连互通,中下游骨干河道防洪标准从10年一遇提高到50年一遇,"拦、分、蓄、滞、泄"防洪抗旱减灾工程体系日益完善,夯实了从容应对水旱灾害风险的坚实基础。充分发挥主要防洪工程统一管理、统一调度的优势,紧紧依托东调南下工程体系科学研判、精准调度,合理安排洪水出路,有效防御了历次台风暴雨洪水。特别是2020年、2021年,先后成功防御了沂沭河1960年以来最

大洪水、中运河有实测记录以来最大洪水,实现了"无人员伤亡、无重大险情"的"双零"目标,最大限度地保障了人民生命财产。

（3）水资源保障能力持续提升。积极服务国家重大战略,全力保障南水北调东线供水安全,为一泓清水北上保驾护航。完成 2002 年南四湖应急生态补水、2014 年南四湖生态应急调水监管,促进了南四湖生态系统的自然恢复。先后五次实施"引沂济淮",跨水系向淮河下游地区调水超 30 亿 m³,保障周边地区抗旱、航运用水。利用水系互通、工程互联的有利条件,充分利用雨洪资源,最大限度增加直管湖泊汛末蓄水,2010—2020 年南四湖和骆马湖汛末蓄水量超 150 亿 m³,有力支撑了流域经济社会发展。

（4）河湖生态保护成效斐然。坚持严格依法查处水事违法行为,强化涉河建设项目监管,水域岸线空间管控与保护步入规范化、制度化、法治化轨道。建立省际边界河湖打击非法采砂联合机制,先后开展"飓风 2011""猎鹰 2015"等大规模违法采砂联合集中整治行动。推动出台"三部两省"文件,南水北调东线输水干线骆马湖至南四湖段实现全面禁采,沂沭河采砂由乱到治,实现精细化管理。推动河（湖）长制"有名""有实""有能""有效",直管河湖全部纳入以地方党政领导负责制为核心的河湖管理与保护责任体系。推动清理整治 5 200 余个河湖"四乱"问题,一大批历史遗留河湖顽瘴痼疾得到彻底整治。直管河湖和水利工程划界工作全面完成,水生态水环境明显改善,河湖面貌发生历史性变化。沂河被评为全国首届"最美家乡河",沂河临沂段通过国家级示范河湖验收。韩庄运河台儿庄段、沭河莒县段通过美丽示范河湖省级验收。

（5）水利工程管理阔步前行。统管之初,以开展"优胜红旗闸""五化堤防"等创建活动为抓手,积极推行工程目标管理,工程管理水平得到提升。2005 年开始实施水管体制改革,实现了管养分离,畅通了维修养护经费渠道,结束了维修养护经费严重不足的历史,工程面貌大为改观。2014 年以来不断深化水利改革,以水利工程管理考核为抓手,开展"两个创建"活动,灌南河道管理局（以下简称灌南局）、刘家道口水利枢纽管理局（以下简称刘家道口局）等 5 家单位先后通过国家级水管单位考核验收,骆马湖嶂山等 2 处水利风景区荣获"国家水利风景区"称号。19 家单位通过水利部安全生产标准化达标验收,24 家单位通过水利档案工作规范化管理达标验收,水利管理水平迈上新的台阶。

经过 40 年的统一管理和持续治理,沂沭泗地区彻底改变了过去"大雨大灾、小雨小灾、无雨旱灾"的历史。如今的沂沭泗地区,绿荫掩长堤,清波映水闸,河湖面貌焕然一新,河畅、水清、岸绿、景美、人和的新景象正在加速形成。

二、全面总结统一管理取得的宝贵经验

40 年来,沂沭泗水利管理事业在水事纠纷调处、水旱灾害防御、水资源管理、河湖治理保护、工程建设管理等方面取得了卓越成效,也积累了宝贵经验。

（1）坚持党的领导是统一管理的根本保证。党和国家高度重视沂沭泗水系治理,始终把人民群众的生命财产安全放在第一位,大力解决涉及人民群众切身利益的水问题。国务院历次召开的治淮会议,均将沂沭泗水系的保护治理作为治淮事业中至关重要的大事来谋划部署。2020 年,习近平总书记亲临淮河,对人水和谐、行蓄洪区调整建设、现代化防洪救灾体系建设等做出重要指示,为新阶段沂沭泗水系保护治理提供了根本遵循。温家宝、胡春华等同志也曾多次亲临骆马湖、南四湖视察,对沂沭泗水系统一管理做出指示。统一管理以来,沂沭泗水利事业始终在党的领导下砥砺前行。实践证明,只有坚持中国共产党的领导,才能彻底解决沂沭泗水系水旱灾害频繁的问题,才能真正实现沂沭泗水系统一管理,才能有效有序处置各类水事矛盾纠纷,为地区岁岁安澜、经济社会发展和人民幸福安康提供强有力的保障。

(2)坚持团结治水是统一管理的重要遵循。沂沭泗水利管理局与各方精诚合作,加强统筹协调,不断完善流域管理与区域管理相结合的管理体制机制,妥善处理好全局和局部、眼前与长远的关系,协同推进沂沭泗水系工程建设、防汛抗旱、水资源调度、河湖管理等工作,将矛盾化解在基层、消灭在萌芽期。苏、鲁两省各级政府及相关部门,特别是两省水行政主管部门充分发扬团结治水的优良传统,顾全大局、互谅互让,为促进边界水事和谐凝聚起强大力量,共同谱写了沂沭泗水系保护治理的时代篇章。

(3)坚持统一规划是统一管理的坚实基础。治淮规划把东调南下工程作为处理沂沭泗河洪水的战略性工程,通过河道扩大和建闸控制等方式,使沂沭河上游大部分洪水通过新沭河直接东调入海,腾出骆马湖部分蓄洪和新沂河部分泄洪能力接纳南四湖和邳苍地区南下洪水。20世纪80年代,对东调南下规划做了进一步分析、补充和完善。2003年,编制了沂沭泗洪水东调南下续建工程总体建设规划。进入新时代,沂沭泗河洪水东调南下提标工程规划绘制了沂沭泗水系治理的新蓝图。沂沭泗局在不同时期也分别编制了《"十四五"沂沭泗水利管理事业高质量发展总体工作计划》等一系列水利管理发展规划。各个时期统一规划工作,不仅为沂沭泗河的保护治理奠定了坚实基础,也保障了南水北调东线、大运河文化保护传承利用等国家重大项目的实施,有力地服务了国家经济社会发展大局。

(4)坚持科学调度是统一管理的关键所在。按照"两个坚持、三个转变",依法科学调度水利工程,充分发挥骨干工程统一调度的独特优势,采取"拦、蓄、泄、分、行、排"等综合措施,安全防御了1993年、2012年、2019年、2020年、2021年等多个年份的十余次暴雨洪水。结合苏、鲁两省蓄水用水的愿望、需求和域内河湖实际情况,充分利用雨洪资源,汛末合理控制南四湖、骆马湖水位,供水保障能力大幅增强。坚持服务大局、统筹兼顾,积极协调地方政府化解跨省跨市调水难题,及时调配了数十亿抗旱保苗的"友谊水",有效解决了受水地区生态、抗旱、航运等用水需求,实现了水资源利用整体效益的最大化。

(5)坚持与时俱进是统一管理的正确路径。统管之初,响应国家水利工作方针,加强经营管理,有效发挥水利工程效益,实现了多年河湖安澜。20世纪90年代,沂沭泗水系治理明显加快,沂沭泗河洪水东调南下一期工程顺利实施,基本建立起适应沂沭泗水系特点的管理体制和运行机制。步入21世纪,水管体制改革全面完成,防汛抗旱减灾体系日益完善,工程面貌和管理水平实现较大跨越。进入新时代,坚定践行"十六字"治水思路,统筹推进水灾害防治、水资源管理、水生态保护,解决了许多长期想解决而没有解决的水问题。沂沭泗水利管理始终与时代同步伐,不断优化调整治水思路和主要任务,革故鼎新、攻坚克难,以治水成效有力支撑了流域经济社会发展。

在全面总结成绩和经验的同时,我们也要清醒地认识到沂沭泗水利管理存在的短板和不足:防洪减灾体系与经济社会高质量发展不适应、河湖管理任重道远、水资源刚性约束薄弱、水生态水环境问题仍然存在、信息化水平明显滞后、单位发展后劲亟待增强等。这些问题和不足,与新阶段经济社会高质量发展的要求相比、与流域人民群众日益增长的涉水需求相比仍有较大差距,是我们下一步工作的重点和努力方向。

三、奋力谱写沂沭泗水利管理事业高质量发展新篇章

沂沭泗水系发生的沧桑巨变，植根于中国共产党领导下的治水实践，融汇于苏、鲁两省人民团结治水的历史进程，得益于统一管理的英明决策。站在新的历史起点上，我们要以习近平总书记关于治水的重要讲话指示精神作为水利管理的行动指南，进一步增强进取意识、机遇意识、责任意识，不断提高把握新发展阶段、贯彻新发展理念、构建新发展格局的政治能力、战略眼光、专业水平，敢于担当、善于作为，把党中央决策部署和水利部的要求贯彻落实好，为地区经济社会高质量发展提供有力的水安全保障。

（1）完善防洪工程体系，提高水旱灾害防御能力。深入贯彻落实《中华人民共和国国民经济和社会发展第十四个五年规划和2035年远景目标纲要》中关于"加强水利基础设施建设，提升水资源优化配置和水旱灾害防御能力"的要求，全面提高沂沭泗防洪除涝减灾能力。按照"两个坚持、三个转变"防灾减灾新理念，适应沂沭泗洪水新特点，根据经济社会发展总体布局和区域发展功能定位，分级分类完善防洪标准，强化"四预"措施。紧抓国家新一轮水利建设机遇，加快推进沂沭泗河洪水东调南下提标工程，逐步将沂沭泗骨干河湖中下游防洪标准提高到100年一遇。积极推进病险闸除险加固，消除安全隐患，保障沂沭泗地区人民群众生命财产安全。

（2）抓住国家水网建设机遇，推动水资源优化配置。抓住国家水网建设的有利时机，积极主动参与到南水北调东线后续工程建设中，加强国家重大水资源配置工程与区域重要水资源配置工程的互连互通，进一步优化沂沭泗地区水资源配置与调度，从根本上解决沂沭泗水资源空间分布不均的问题。坚持把水资源作为最大的刚性约束，合理分水、管住用水、科学调水，建立健全水资源节约政策制度，大力推进水资源节约集约利用。充分发挥直管工程、水资源统一调度等优势，持续优化水量分配方案，精细化实施年度水量调度管理，切实加强河湖生态流量（水位）保障工作。建立水资源监测预警机制，完善全过程用水监管体系，提高用水监管能力，推动用水方式由粗放型向节约集约型转变。继续做好南水北调东线一期工程调水期间的水资源监管巡查，保障供水安全，服务国家重大战略。

（3）严格河湖执法监管，促进河湖生态保护和修复。树立"尊重自然、顺应自然、保护自然"的生态文明理念，坚持系统治理，维护河湖健康生命，实现河湖功能永续利用，实现人水和谐共生。完善水域岸线管理保护规划，加强直管河湖水域岸线保护和开发利用管理，强化规划对水利建设和涉水事务社会管理的法规性作用。充分利用河（湖）长制平台，进一步加强水利工程、河湖岸线、水资源等重点领域水事监督管理，深化巩固河湖"清四乱"专项整治行动成果，坚决做到存量全面整治、增量零容忍遏制。

（4）加强工程运行管理，全面提升直管工程面貌。沂沭泗直管工程是沂沭泗地区重要的防洪屏障，是沂沭泗地区洪水调控和水资源调蓄配置的关键。全面实施工程标准化管理，是当前和今后一个时期工程管理的主题主线，要充分认识水利工程标准化管理工作开展的必要性和紧迫性，通过开展标准化管理，进一步完善管理体系、提升管理能力、体现管理成效。继续大力开展直管工程国家级水管单位和国家水利风景区创建，全面提高直管工程管理水平，进一步美化工程面貌，逐步实现"闸是风景区、堤是风景线"全覆盖。不断创新工程管理思路，提升管理技术水平，加大科技应用和总结提炼，拓展管理创新能力。深入挖掘水文化底蕴，丰富水利工程文化元素和内涵，传承弘扬治水实践中形成的灿烂文化。

（5）推进"智慧水利"建设，驱动沂沭泗水利管理现代化。习近平总书记视察淮河时强调，全面建设社会主义现代化，抗御自然灾害能力也要现代化。要抓住机遇，积极探索数字孪生的构建与实施路径，推进以"智慧"沂沭泗为重点的综合管理能力体系建设。加快站网基础设施提档升级，大幅提升监测感知自动化水平，实现水量、水位、工程运行、人类涉水活动等监测要素的全覆盖。全面提升数据获取能力和信息处理服务智能化，构建水旱灾害防御、水资源管理、河湖监管、水工程管理等水利智能业务应用体系，支撑精准化决策，以水利数字化、网络化、智能化驱动沂沭泗水利现代化。

（6）强化体制机制法治管理，构建流域现代水治理体系。积极推进《南四湖管理条例》等法律法规立法工作，加强各类规划编制，不断健全水法规体系。探索建立健全防汛抗旱指挥平台、水资源配置与调度平台、河湖管理保护平台、规划体系引领约束平台、水利工程建设监督管理与示范平台、水利安全生产隐患排查治理平台等，全面提升水治理现代化能力和水平。进一步深化"五联"工作机制，提高执法队伍专业化水平，维护正常水事秩序。

同志们，岁序更替，华章日新。站在新的历史起点，沂沭泗水系统一管理开启新的征程。我们要以习近平新时代中国特色社会主义思想为指引，积极践行"节水优先、空间均衡、系统治理、两手发力"治水思路，在水利部的坚强领导下，与苏、鲁两省各级政府和相关部门团结协作，坚毅前行，奋力谱写沂沭泗水利管理事业高质量发展新篇章，为实现让沂沭泗河成为人民满意的"幸福河"而不懈奋斗！

在沂沭泗水系统一管理 40 周年座谈会上的致辞

淮河水利委员会沂沭泗水利管理局党组书记、局长 刘玉年

（2021 年 10 月 12 日）

各位领导、各位来宾、同志们：

大家上午好！

今年是中国共产党百年华诞，恰逢沂沭泗水系统一管理 40 周年。在这个满载收获的金秋十月，我们召开沂沭泗水系统一管理 40 周年座谈会，深入贯彻落实习近平总书记治水重要论述和视察淮河、南水北调东线江都水利枢纽重要指示精神，充分展示中国共产党领导下水利事业的辉煌成就，系统回顾和全面总结沂沭泗水系统一管理 40 周年的生动实践和宝贵经验，共同展望沂沭泗水利事业美好前景，意义重大、影响深远。在此，我谨代表沂沭泗局，向出席今天会议的各位领导和嘉宾、向关心支持沂沭泗水利发展的社会各界，向为沂沭泗水利管理事业倾力奉献的全局干部职工表示热烈的欢迎和衷心的感谢！

沂沭泗水系位于淮河流域东北部，主要由沂河、沭河、泗（运）河三大水系组成，地跨苏、鲁、豫、皖 4 省 15 个地（市），流域面积约 8 万 km^2。沂沭泗河原本水流通畅，沂、沭入泗，泗水入淮。1194 年，黄河决口，侵泗夺淮，淤废了淮河下游及沂沭泗的干流河道，致使沂沭泗水系紊乱、水无归宿，肆虐的洪水给沂沭泗流域人民带来了深重的灾难。

早在中华人民共和国成立前，中国共产党就领导鲁、苏解放区人民实施"导沭整沂"和"导沂整沭"工程，开展了气壮山河的水利建设。中华人民共和国成立后，在毛主席"一定要把淮河修好"的伟大号召下，两省人民掀起了沂沭泗河道治理热潮，先后开展了兴建人民胜利堰、扩大新沭河、整治新沂河等一大批水利工程，打通了沂沭泗河洪水东流入海的主要通道。

由于地理、历史的原因，沂沭泗水系复杂难治。钱正英院士为《沂沭泗河道志》作序时曾写道："其河道变化的复杂情况，不但在全国，恐怕在世界上也是少有的。"与此同时，沂沭泗地区也是全国省际边界水事矛盾纠纷最为复杂的地区之一，曾因争夺湖田湖产发生械斗数百起，引起党中央、国务院高度关注。

为促进沂沭泗地区的安定团结和生产发展，1981 年 10 月，经国务院批准，成立淮委领导下的沂沭泗局，负责流域内主要河道、湖泊、控制性工程及水资源的统一管理和调度运用。统一管理南四湖、骆马湖两座大型湖泊，沂河、沭河、泗（运）河等 961 km 河道，湖西大堤、新沂河大堤等 1 729 km 堤防，二级坝枢纽、刘家道口枢纽、嶂山闸等 26 座控制性水闸，由此翻开了沂沭泗水利发展史上崭新的一页。

大河铺长卷，时代挥椽笔。党和国家统揽全局，流域各方勠力同心，沂沭泗水利人矢志奋斗，沂沭泗水系统一管理步伐坚实地走过了 40 年历程。随着全国水利改革发展工作的持续推进，沂沭泗水利管理工作也与时俱进，大体上可以分为以下四个阶段。

一是起步阶段。统管初期，伴随着改革开放的脚步，在国家"加强经营管理，讲究经济效益"的水利工作方针号召下，沂沭泗局艰苦创业、埋头苦干，统一管理格局基本确立。

深入贯彻国务院《国务院批转水利部关于对南四湖和沂沭河水利工程进行统一管理的请示的通知》精神，在苏、鲁两省有关水利部门的配合下，建立局、处、所、段（站）四级水利管理体制，基本建立各项管理制度和基础技术资料体系，工程管理逐步走上规范化、制度化轨道。水文、通信、办公、生活等基础设施基本建成，重点险工险段得到治理，各级防汛抗旱体系有序运行，实现了连续多年河湖安澜。初步探索出统一管理经验和方法，培养了一大批干部人才，管理水平逐步提高。成功协助调解了邳苍、南四湖地区数起水事纠纷，促进了团结治水，凝聚起了沂沭泗河湖保护治理的合力。

二是发展阶段。20世纪90年代，党和国家把水利摆在国民经济基础设施建设的首位，水利投入不足矛盾得到一定程度缓解，沂沭泗水系治理明显加快，沂沭泗局不断探索、砥砺前行，统一管理作用得到较好发挥。

全面完成沂沭泗河洪水东调南下一期工程，沂沭泗水系防洪标准从10年一遇基本提高至20年一遇。启动病险水闸全面除险加固及河道险工隐患治理，"一点多址"防汛通信网络全面覆盖，水情自动测报等系统初步建成。基本掌握沂沭泗洪水特点，总结出科学合理调度洪水的思路和经验，建立了南四湖湖西大堤苏、鲁省界插花地及采煤塌陷地段联合防汛机制，先后战胜多次洪涝灾害。明确水资源统一管理职责，初步建立水行政执法体系，流域水利管理走向法治化道路。省际边界水事纠纷协调机制初步形成，基本建立起适应沂沭泗水系特点的管理体制和运行机制。基层管理单位办公、生活条件开始改善，文明单位创建取得骄人成果。

三是提升阶段。步入21世纪，水利发展进入传统水利向现代水利加快转变的重要时期，2011年中央一号文件聚焦水利工作，水利基础设施建设大规模开展，沂沭泗局励精图治、锐意进取，统一管理优势进一步彰显。

全面完成沂沭泗河洪水东调南下续建工程和病险闸加固改造，中下游骨干河道防洪标准提高到50年一遇。基本掌握洪水形成规律，成功战胜历次洪水。圆满完成2002年南四湖应急生态补水，3次实施"引沂济淮"，跨水系向淮河下游地区调送水资源。形成体系完整、层次分明的水政监察队伍，探索建立流域区域联合执法机制，有力保障了河湖水事秩序稳定。省际边界水事纠纷调解机制进一步完善，苏、鲁省际边界"百年恩怨化和谐"。全面完成水管体制改革，持续推进水利工程管理考核，工程面貌和管理水平实现较大跨越。建成覆盖全局的通信骨干网络，初步建成洪水调度决策支持等信息管理系统。各级办公、生活、交通等基础设施大为改善，促进了管理能力的进一步提升。

四是高质量发展阶段。进入新时代，习近平总书记专门就保障国家水安全发表重要讲话并提出"节水优先、空间均衡、系统治理、两手发力"的治水思路，在全新的治水思路引领下，沂沭泗局牢记使命、守正创新，统一管理成效更加突出。

南四湖二级坝除险加固工程和沂河、沭河上游堤防加固工程开工建设，编制沂沭泗河洪水东调南下工程提标规划并通过水利部审查，推动防洪减灾工程体系进一步提档升级。建成一大批水政执法、防汛抢险等基础设施，沂沭泗河重点工程监视监控系统、水资源监测体系等信息系统相继投入使用，智慧水利迈出坚实步伐。依法科学调度水利工程，从容应对2020年"8·14"洪水。工程标准化管理体系初步建立，维修养护项目全面实施了市场化采购,"两个创建"成效显著,5 家单位先后通过国家级水管单位考核验收,2 处水利风景区荣获国家水利风景区称号。全面完成直管河湖和水利工程划界,水利管理水平迈上新台阶。构建了与黄河、淮河、海河、长江等互连互通的水资源调配体系,水资源统一调度机制不断完善。推动出台"三部两省"文件,南水北调东线输水干线骆马湖至南四湖段实现全面禁采,沂沭河采砂由乱到治。河(湖)长制"有实""有效",刘香庄码头群、澜公馆、凡客酒吧街等 5 200余个"四乱"问题得到清理整治,河湖面貌焕然一新。沂沭泗局与苏、鲁两省地方政府及相关部门精诚合作,建立了省际边界水事协调"五联机制",协同推进水旱灾害防御、水资源调配、河湖保护治理等工作,沂沭泗流域呈现出经济繁荣发展、社会安定和谐、人民富庶安康的美好景象。

40 年栉风沐雨,40 年春华秋实。沂沭泗水系统一管理 40 年以来,我们始终坚持团结治水、合力兴水,构建了流域管理与区域管理有效协同的体制机制;始终坚持统一规划、系统治理,防汛抗旱减灾体系日益完善;始终坚持人民至上、科学调度,沂沭泗河湖安澜得以实现;始终坚持统筹兼顾、服务民生,水资源保障能力持续提升;始终坚持依法治水、严格管护,河湖生态保护成效显著;始终坚持党建引领、立根铸魂,为沂沭泗水利事业注入磅礴力量。

沂沭泗水利管理事业在砥砺奋进中走过 40 年峥嵘岁月,在阔步前行中迎来新的发展阶段。回顾过去,累累硕果弥足珍贵;展望未来,崭新征程催人奋进。沂沭泗水利管理将以习近平新时代中国特色社会主义思想为指引,向着"安全、美丽、智慧、和谐"目标团结奋进。

我们将着力建设"安全"沂沭泗,全面提升水安全保障能力。① 进一步提升流域防洪体系。从流域整体着眼,把握洪水发生和演进规律,推进实施沂沭泗河洪水东调南下提标工程,持续实施病险工程除险加固,逐步提高沂沭泗流域整体防洪标准。强化"四预"措施,依法科学精细调度水工程,全面提升水旱灾害防御能力。② 进一步优化水资源配置格局。抓住国家水网建设的机遇,以河、湖、库工程为框架,协力推进沂沭泗水系联通,全面提升水资源保障水平。科学开发利用雨洪资源,促进流域水资源综合利用效益最大化。③ 进一步促进水资源节约集约利用。落实好直管河湖水量分配和监管工作,夯实水资源供给基础。深入开展取用水专项整治行动,依法处理取用水突出问题。充分发挥市场机制和价格杠杆作用,推动形成节水型生产方式、生活方式、消费模式。

我们将着力建设"美丽"沂沭泗,加强河湖生态保护治理。加大河湖管理保护力度,重点在改善环境上下功夫。严格直管河湖水域岸线等水生态空间管控,强化对水事活动的监督管理。推进"清四乱"常态化、规范化,清理整治河湖存量问题,巩固采砂管理成果,坚决防止问题反弹回潮,在美丽河湖建设方面取得可观、可感的成效。深入开展"建设项目遗留问题专项整治行动",逐步建立起项目建设规范有序、有进、有退的长效管理机制。全面巩固直管河湖和水利工程管理范围划界成果,推动条件成熟的直管河湖段确权。全面推行水利工程标准化管理,重点在提升面貌上下功夫。进一步完善水利工程运行维护管理机制,不断提高工程养护水平。健全水利工程标准化管理体系,2022 年年底全面实现水利工程标准化管理。以"两个创建"为抓手,不断提高工程管理水平,着力提升直管工程面貌,实现"闸是风景区,堤是风景线"。协同推进流域生态文明建设,重点在保护复苏上下功夫。助力大运河文化保护传承、淮河生态经济带、江苏省"美丽江苏建设"、山东省"南四湖生态保护和高质量发展"等重大规划实施,协同加强南四湖、骆马湖等河湖的生态保护。统筹规划、稳步推进直管工程美化绿化,深入挖掘文化内涵,合力建设高颜值的沂沭泗河生态廊道。

我们将着力建设"智慧"沂沭泗,驱动流域保护治理现代化。按照"需求牵引、应用至上、数字赋能、提升能力"的要求,全面推进水利信息化建设,积极探索数字孪生路径,加快构建具有预报、预警、预演、预案功能的智慧水利体系。优化沂沭泗流域水文测报站网布局,提高视频监控的覆盖程度,构建河流湖泊、水利工程、涉水活动等监测要素全覆盖的监测感知体系。建设直管工程信息汇聚中心,推进各类信息化资源整合共享,最大程度提高水利信息化资源的效率。围绕沂沭泗水利管理工作重点,构建水旱灾害防御、水资源管理、河湖监管、水工程监管、政务管理等智能应用体系,提升沂沭泗流域水利业务的智能分析与科学决策支撑能力,为沂沭泗水利管理现代化注入智慧新动能。

我们将着力建设"和谐"沂沭泗,服务经济社会高质量发展。健全完善河(湖)长制框架下的流域、区域联管共治机制,助力直管河(湖)长制由"有名有责"到"有能有效"。推进常态化联合执法,形成涉水事务监管合力,实现水行政执法更加规范有力、水事违法行为管控及时有效、直管河湖水事秩序稳定和谐。充分发挥流域管理机构的优势和作用,加强部门间、区域间涉水事务统筹协调,持续深入研究和创新与地方开展合作的方式与举措,在推动建立高效的流域协调和执行机制、实现流域管理与区域管理有机结合方面贡献团结治水的沂沭泗模式。

各位领导、同志们!40年治水管水实践证明,党中央、国务院关于沂沭泗水系统一管理的决策是英明和正确的,沂沭泗水系统一管理取得的辉煌成就,是中国共产党领导下治水管水的生动实践,是社会主义制度优越性在水利事业中的充分彰显,是贯彻党中央、国务院治水方略的丰硕成果,是"按水系进行统一管理"的又一成功范例,是苏、鲁两省人民顾全大局、团结治水的光辉典范,是一代代沂沭泗水利人辛勤耕耘、披荆斩棘的汗水结晶。

站在新的起点上,沂沭泗水利管理事业将坚定践行习近平新时代中国特色社会主义思想,深入贯彻"十六字"治水思路,认真落实水利部和淮委党组的决策部署,在地方各级党委政府、水利部门和社会各界的大力支持下,围绕"安全、美丽、智慧、和谐"目标,奋力谱写新时代沂沭泗水利管理的华美篇章,为流域经济社会高质量发展贡献智慧和力量!

继往开来　在新阶段水利高质量发展中接续奋斗

——写在沂沭泗水系统一管理 40 周年之际

淮河水利委员会沂沭泗水利管理局　贺安鈇

今年是沂沭泗水系统一管理 40 周年。1981 年，为从根本上消除沂沭泗地区多年来不断发生的水事纠纷，《国务院批转水利部关于对南四湖和沂沭河水利工程进行统一管理的请示的通知》发布，成立沂沭泗局。40 年来，沂沭泗局积极践行中央水利工作方针，认真贯彻落实水利部及淮委党组治水兴水决策部署，全面履行所辖范围内水行政管理职责，以化解省际边界水事矛盾为己任，以能力建设为保障，坚持团结治水、依法管水、科学用水，充分发挥水利工程综合效益，合理分配水资源，逐步建立健全体制机制，为流域经济社会发展提供了坚实可靠的水利支撑。

（1）水行政管理能力不断提高。40 年来，作为流域管理机构，沂沭泗局一方面切实履行河湖管理职责，严格水域岸线空间管控，加强涉河行为监督，聚焦管好"盆"和"水"，有力推动河（湖）长制从全面建立到全面见效；另一方面充分发挥流域机构统筹协调的作用，主动牵头协调解决省际边界河湖管理问题，建立了"水事纠纷联处、防汛安全联保、水资源联调、非法采砂联打、河湖'四乱'联治"的"五联"工作机制，有效解决了苏、鲁省界违法圈圩等水事难题。紧紧抓住"强执法"主线，解决了一大批侵占河湖、破坏河势的"老大难"问题，河湖面貌明显改善，回应了沿河湖群众对美好水环境的期盼。

（2）重点工程建设取得可喜成绩。40 年来，随着沂沭泗河洪水东调南下工程的完成，实现了沂沭泗河洪水东调就近入海的夙愿，南四湖洪水南下出路畅通。一大批重点工程建设稳步推进，南四湖湖内工程、新沭河治理和沂沭邳治理等工程竣工验收，列入国务院 172 项节水供水重大水利工程，引江济淮等工程开工建设，促进沂沭泗水系治理实现新跨越、迈入新阶段。

（3）防汛抗旱能力显著增强。沂沭泗河水系的洪水多发生在每年 7—8 月。中华人民共和国成立以来，平均每 1.58 年发生一次洪涝灾害。21 世纪以来，虽发生过数次大旱大涝，但随着防洪除涝标准逐步提高，流域水旱灾害抵御能力也不断增强。值得称赞的是，2020 年汛期，沂沭泗河发生 1960 年以来最大洪水，沂沭泗局在水利部、淮委的领导下，面对流域 11 条河流发生超警以上洪水、3 条河流发生超保证洪水、4 座水闸泄洪流量超历史纪录的严峻汛情，沉稳应对、科学调度、严密防守，实现了人员伤亡、工程重大险情"双零"目标，夺取了防汛抗洪工作全面胜利。通过实践、实战检验了现阶段流域防汛能力，水库拦洪效果好，堤防挡水稳得住，人民群众感受到的是实实在在不断提升的安全保障水平，看到的是水系由泛滥变安澜的沧桑巨变。

（4）水文化建设能力持续提升。多年来，沂沭泗局深入挖掘流域文化内蕴，培育文化软实力，做好水文章，水文化内涵不断丰富。积极协调与地方政府及有关部门的各项衔接工作,依托京杭大运河、窑湾古镇、龟山汉墓、项王故里等历史人文景点,坚持以水为媒,弘扬崇德向善正能量,建成了水文化展室、水文化长廊等水文化基地,努力实现人水和谐共生,为流域发展增光添彩。此外,水利风景区建设成效显著,积极寻求水利工程与水文化有机融合,因地制宜,结合景区自身特色与区域优势"量体裁衣"建设水利风景区,加强与地方电视台、报社等媒体合作,充分利用国家水利风景区网站、地方景区网站等宣传媒介,提高水利风景区的社会知名度。多年来,沂沭泗局成功创建沂沭河、沂河刘家道口枢纽、骆马湖嶂山等多处国家水利风景区,惠及当地百姓,对周边社会和经济发展起到了良好的促进作用。

回首过去,40年岁月峥嵘。经过几代人的艰苦奋斗和不懈努力,沂沭泗局已基本建成由水库、河湖堤防、控制性水闸、分洪河道及蓄滞洪工程等组成的防洪工程体系,改变了历史上洪水漫流、水旱灾害频繁的局面,在流域水系复杂的背景下主动协调地方关系、化解水事纠纷,加强涉河事务管理,维护河湖健康生命,加快水利信息化、智能化建设,流域工作成效显著、成绩斐然。但在新阶段高质量发展的背景下,流域水利发展仍不能完全满足经济社会的需要,水旱灾害、水生态损害、水环境污染等新老问题相互交织,给新时代沂沭泗水系治理赋予了新内涵、提出了新挑战,流域管理工作任重道远。

展望未来,发展前景壮美。当前,我国正处于实现"两个一百年"奋斗目标的历史交汇期,水利事业处于改革发展的关键时期,立足新发展阶段,贯彻新发展理念,构建新发展格局,推动高质量发展对水利工作提出更高要求,水利在全面建设社会主义现代化国家新征程中的重要作用更加凸显,任务更加艰巨。如何贯彻习近平总书记视察淮河时的重要指示精神,坚持在疫情和灾难面前"人民至上""生命至上",尽最大努力保障人民生命财产安全,积极践行"绿水青山就是金山银山"生态理念,努力建设人与自然和谐共生的美丽家园,这些新任务新课题对沂沭泗水系治理带来了新的要求、新的使命和新的希冀。

不谋全局者不足以谋一域。"十四五"时期,沂沭泗水系治理要深入贯彻落实《中共中央关于制定国民经济和社会发展第十四个五年规划和二〇三五年远景目标的建议》和《中华人民共和国国民经济和社会发展第十四个五年规划和2035年远景目标纲要》,贯彻落实新发展理念,坚持系统观念,更好统筹发展与安全,筑牢防汛抗旱安全屏障,以为当地群众办实事担使命为己任,始终在大局下谋划推进各项工作,做到既为一域争光,更为全局添彩。

(1)坚持底线思维,预防化解流域重大水安全风险。水安全是国家安全工作的重要组成部分,必须压紧压实防汛责任,完善流域防洪减灾体系,提升工程防御和管护标准,充分运用数字化、智慧化手段,提高洪水预报测报能力,确保流域防洪安全;优化流域水资源配置,落实水资源最大刚性约束,加强用水管理,确保供水安全;进一步强化河(湖)长制,加强沂沭泗河湖生态修复,防止河湖水环境污染,确保河湖生态安全;按照中央及水利部要求,严格落实安全生产责任制,切实增强抓好防范安全事故的意识,确保安全生产。

(2)坚持系统观念,不断增强沂沭泗河湖保护治理的整体性协同性。以习近平总书记"节水优先、空间均衡、系统治理、两手发力"的治水思路为指引,坚持流域内山水林田湖草沙系统治理,协调推进上下游、左右岸、地上地下综合治理,促进山青与水秀相统一、粮食安全与水安全相协调;考虑流域发展趋势和发展条件,发挥好水利在当地社会经济中的支撑、保障作用,主动融入国家战略,坚持流域发展与国家战略相结合,加快农业农村现代化、推进新型城镇化,深入开展农村水系综合整治,建设美丽乡村,提高乡村振兴水利保障水平。

(3)坚持推动高质量发展,努力提升沂沭泗河湖保护治理水平。围绕完善流域防洪体系和优化区域水资源配置,助力推动国家水网、流域水网、区域水网建设,进一步提升水旱灾害防御和水资源优化配置能力;围绕满足人民对美丽河湖的向往,提供更宜居水环境,加大河湖综合治理力度,推动智慧河湖、示范河湖和水利风景区建设,助力流域内美丽河湖建设向"幸福河"建设迭代升级;围绕凝聚新阶段沂沭泗河湖保护治理正能量,深入挖掘流域文化内涵,将水文化同历史相结合、同爱国主义教育相结合,弘扬和发展更先进的水文化。

(4)坚持党的全面领导,科学谋划沂沭泗"十四五"水利改革发展蓝图。中国共产党第十九次全国代表大会(以下简称党的十九大)把"坚持党对一切工作的领导"确立为新时代中国特色社会主义的第一个基本方略。中国共产党百年实践证明,党是各项工作的领导核心。在新发展阶段,流域经济社会要实现高质量、可持续、更安全的发展,必须以习近平新时代中国特色社会主义思想为指导,牢记嘱托,抢抓机遇,明确任务,以更高的标准、更实的举措推进党的建设,充分发挥党委把方向、谋大局、定政策、促改革的作用,全力建设造福人民的幸福河,为实现"十四五"沂沭泗河保护治理高质量发展提供根本保证。

新时代赋予新使命,新征程呼唤新作为。在水利改革发展新征程中,希望沂沭泗局从40 年的水系治理实践中总结经验、启迪智慧,从新时代新要求中认清责任、创新思路,以更有力的举措、更扎实的成效治理一片水系,以更优异成绩、更丰硕成果造福一方百姓,不断谱写新时代沂沭泗发展的辉煌篇章。

防御 2012 年"12·7"沂沭河洪水有感

中水淮河规划设计研究有限公司　周　虹

　　沂河、沭河源短流急，暴雨洪水来骤去速；沂沭泗水系复杂，沂沭泗局直管 961 km 河道、1 729 km 堤防、26 座水闸，防洪调度牵一发而动全身，稍有不慎，极易引发人造洪水、引起社会矛盾。

　　据有关各方中长期预报，2012 年汛期伊始即有大汛端倪。入汛以来，时有降雨。7 月 8 日始，郑大鹏局长持续组织水文局、防办及相关专家会商，依据《沂沭泗河洪水调度方案》，根据水文局预报和各闸站实时水情，预拟调度指令；9 日夜至 10 日夜，值班室、会商室电话频仍、灯火辉煌，防汛人员昼夜值守、心弦绷紧，而战前兴奋之情亦难掩，毕竟大洪水几十年未遇。9 日 3 时许，电令关闭大官庄新沭河闸，加大胜利堰闸南下泄量，以兼顾连云港地区排除严重洪涝。9 日 20 时至 10 日 4 时许，降水如约而至，沂沭河上游地区暴雨如注。10 日 4 时 30 分电令刘家道口闸加大泄洪流量已达 3 000 m³/s；6 时水情分析初果；8 时再度会商；10 时各调度指令发毕，局防汛人员齐聚会商室，紧盯大屏，现场测量人员及时测流，细心捕捉洪峰瞬间；13 时 30 分临沂站现洪峰 8 100 m³/s，近 10 年一遇。国家防汛抗旱总指挥部及沂沭泗局派工作组旋即至一线指导抗洪抢险，防汛Ⅲ、Ⅱ级应急响应陆续启动，全局上下干部职工严守岗位、巡堤查险。苏、鲁两省亦积极应对，团结协作，密切配合，全面防御此次洪水。预防、预报（预测）、预泄、预控，科学合理、精细调度，掌控洪水由刘家道口水利枢纽、大官庄水利枢纽经新沭河闸东调石梁河水库、新沭河入海，或由沂河南下入骆马湖，经嶂山闸调控，由新沂河归海。后依据预报和实时水情，数度调节诸闸，联合精准调度，完美收官，无重大险情灾情，总体可控。12 日复平静如初。13 日晨，望窗外，晴空万里，登云龙（徐州云龙山），心旷神怡。闲庭信步，偶思往事，河湖治理之成效、统管三十载之安澜、此次洪水防范之过程、全局广大干部职工之敬业……皆历历在目。

　　　　　　　沂沭八千似汹涌，四预防范乃从容。
　　　　　　　闪转腾挪伏洪魔，调蓄泄控锁蛟龙。
　　　　　　　上下左右齐联动，刘官嶂石显神通。
　　　　　　　流域今朝呈和谐，而立之年再建功。

河湖管理

同心共筑幸福河

沂沭泗水利管理局办公室　赵颜颜　胡　影　陈英杰

这里是儒家文化、东夷文化的发祥地，两汉文化璀璨夺目，大运河文化传载千年。

这里是铸就红色伟业的沃土，沂蒙精神、淮海战役精神广为传颂。

这里是我国南北经济、社会、文化交流的"要冲"，也是重要的粮食产区和能源基地，物产富饶、人杰地灵。

这里就是沂沭泗流域。

沂沭泗流域位于淮河流域东北部，主要由沂河、沭河、泗（运）河三大水系组成。她北倚沂蒙山，南襟故黄河，西邻黄河，东连黄海，地跨苏、鲁、豫、皖 4 省 15 地（市），流域面积约 8 万 km²。

沂沭泗河原本水流通畅，沂、沭入泗，泗水入淮。公元 1194 年，黄河决口、侵泗夺淮，逾 660 年，致使沂沭泗水系紊乱，水无归宿。肆虐的洪水给这里的人民带来了深重的灾难。

根治水患，岁岁安澜，流域人民千百年来的梦想，在中国共产党的领导下，才一步步地成为现实。早在 1948 年，解放战争的硝烟未尽，"导沭整沂"和"导沂整沭"工程就拉开了治淮的序幕。在毛主席"一定要把淮河修好"的伟大号召下，苏、鲁两省人民胼手胝足，掀起了沂沭泗河道治理新高潮，先后兴建了人民胜利堰、新沭河、新沂河等一大批水利工程，打通了沂沭河洪水东流入海的主要通道。

由于地理和历史的原因，沂沭泗水系复杂难治。钱正英院士曾这样评价道："其河道变化的复杂情况，不但在全国，恐怕在世界上也是少有的。"与此同时，沂沭泗地区也是全国省际边界水事矛盾纠纷最为复杂的地区之一，曾因争夺湖田湖产发生械斗数百起，引起党中央、国务院高度关注。

为促进沂沭泗地区的安定团结和生产发展，1981 年 10 月，国务院批准成立水利部淮委沂沭泗局，负责流域内主要河道、湖泊、控制性工程及水资源的统一管理和调度运用。统一管理南四湖、骆马湖两座大型湖泊，沂河、沭河、运河等 961 km 河道，湖西大堤、新沂河大堤等 1 729 km 堤防，二级坝枢纽、刘家道口枢纽、嶂山闸等 26 座控制性水闸，由此翻开了沂沭泗水利发展史上的崭新一页。

统管以来，沂沭泗人使命在肩、不负重托、创业维艰、搏击奋进，始终以昂扬向上的姿态在治水兴水的征途上，一路向前。

坚持统一规划，系统治理强体系。紧紧抓住治淮机遇，持续推动东调南下工程建设，建成刘家道口枢纽、南四湖湖东大堤等一大批水利工程；大力实施病险水闸除险加固，韩庄闸、新沭河闸、嶂山闸等控制性工程的隐患得以消除。通过系统治理，流域主要河湖实现互连互通，中下游骨干河道防洪标准从不足 20 年一遇提高到 50 年一遇，"拦、分、蓄、滞、泄"防洪抗旱减灾工程体系日益完善，为战胜历年洪水奠定了坚实基础。

坚持人民至上，科学调度保安澜。遵循"两个坚持、三个转变"，充分考虑苏、鲁两省防洪利益需求，科学研判、精细调度，合理安排洪水出路，安全防御了 1993 年、2012 年、2019 年等多个年份的 10 余次暴雨洪水，2020 年成功抵御沂沭河自 1960 年以来的最大洪水，实现了"无人员伤亡、无重大险情"的目标，赢得了苏、鲁两省人民群众的高度赞誉。

坚持统筹兼顾，优化配置润民生。积极服务国家重大战略，全力保障南水北调东线供水安全；成功实施 2002 年、2014 年南四湖应急补水，挽救了南四湖濒临崩溃的生态系统；优化水资源调度配置，科学利用雨洪资源，2001 年以来多次实施"引沂济淮"，跨水系向淮河下游地区调水超 30 亿 m³，为淮河下游地区经济社会发展做出了积极贡献。

坚持联合执法，攻坚克难护长河。建立省际边界河湖打击非法采砂联合机制，开展"春雷""亮剑"等跨省河湖采砂专项整治行动，推动出台"三部两省"文件，南水北调东线输水干线骆马湖至南四湖段实现全面禁止采砂，沂沭河采砂由乱到治，实现精细化管理。推动整治河湖"四乱"，一大批历史遗留河湖顽症痼疾得到彻底整治，实现了河（湖）长制"有名有责""有能有效"，沂河荣获全国"最美家乡河"称号，沂河、韩庄运河分别入选国家级、省级示范河湖。

坚持团结治水，凝心聚力促和谐。坚持以人民为中心的发展思想，建立南四湖、邳苍郯新地区等省际边界水事纠纷多元预防和调处化解机制，在实践中探索建立了"水事纠纷联处、防汛安全联保、水资源联调、非法采砂联打、河湖'四乱'联治"的"五联"工作机制，苏、鲁省际边界百年恩怨化和谐，流域人民的获得感、幸福感、安全感不断增强，"五联"工作机制得到了国务院领导的充分肯定。

坚持与时俱进，改革创新谱新篇。统管之初，以开展"优胜红旗闸""五化堤防"等创建活动为抓手，积极推行工程目标管理，工程管理水平得到提升。2005 年，水管体制改革实现了管养分离，畅通了维修养护经费渠道，工程面貌大为改观。近年来，以"五化建设"为重点，开展"两个创建"活动，刘家道口水利枢纽等 5 家单位通过水利部水利工程管理考核验收，嶂山闸等 2 家单位荣获国家水利风景区称号，水利工程管理水平迈上新的台阶。17 家单位通过水利部安全生产标准化达标验收。实施水利信息化建设，水文自动测报遍布主要河湖，水资源实时在线监控，卫星遥测遥感尽现河湖状况，智慧水利迈出坚实步伐。

坚持党建引领，立根铸魂创辉煌。推进党建与业务工作深度融合，"四强"支部建设取得实效，"一支一项"开花结果，"不忘初心、牢记使命"主题教育活动得到中央督导组充分肯定，灌南局荣获水利部第一届水利先锋党支部。18 家单位荣获省省级文明单位，精神文明建设成果丰硕。干部人才队伍建设卓有成效，先后派出 19 批 28 人次技术骨干参加援藏、援疆及扶贫工作，6 名干部职工享受国务院政府特殊津贴，全国及省部级劳模有 11 人，全国技术能手、水利行业技术能手有 20 余人……一项项荣誉记载着沂沭泗人开拓进取、勇往直前的光辉历程。

栉风沐雨，春华秋实。沂沭泗水系统一管理取得了彪炳史册的成就，积累了弥足珍贵的经验。这是苏、鲁两省人民团结治水的光辉典范，是中国共产党领导下的治水成功实践。如今的沂沭泗流域，河湖面貌焕然一新，绿荫掩长堤，清波映水闸，河畅、水清、岸绿、景美、人和的新画卷徐徐展开，幸福沂沭泗的美好愿景正在变成现实。

站在新的起点上，沂沭泗人将坚持以习近平新时代中国特色社会主义思想为指导，牢固树立"绿水青山就是金山银山"的生态文明理念，积极践行"十六字"治水思路，围绕"安全、标准、智慧、生态"目标，奋楫扬帆、赓续前行，大力推动新阶段水利高质量发展，在实现中华民族伟大复兴的征程中，续写幸福沂沭泗的华美篇章！

栉风沐雨四十载 砥砺奋进新时代

——纪念沂沭泗水系统一管理40周年

沂沭泗水利管理局沂沭河水利管理局 苏冠鲁

沂河和沭河是沂沭泗水系的两条大型山洪河道,皆发源于沂蒙山区,山东省域内流域面积 16 775 km²。为加强水利工程管理,解决省际水事矛盾纠纷,1983 年在山东省临沂市设立沂沭河水利管理局(以下简称沂沭河局)对沂沭河河道及控制性闸涵工程进行直接管理,沂河从跋山水库至鲁、苏省界,沭河从青峰岭水库至鲁、苏省界,共统管河道长度 513.4 km、堤防长度 705.6 km,控制性枢纽工程有刘道口枢纽、大官庄枢纽、江风口闸和黄庄穿涵工程。1984 年,我被分配至刚成立的沂沭河局工作,亲身经历并参与了沂沭河治理管理工作,见证了沂沭河近 40 年来沧桑变化,感慨良多。

一、统一管理,成效显著

四十载风雨兼程,四十载沧桑巨变。经过长达 40 年的不懈努力,沂沭河主要河道得到了系统性的全面整治,防洪减灾体系基本形成,沂沭河水利工程发挥了巨大的防洪效益、经济效益和生态效益,为沿河经济社会的发展提供了强有力的水利支撑。

——工程防洪标准全面提高。统管之前,沂沭河防洪整体标准不足 10 年一遇,堤防单薄陡峭,险工隐患多,接管的控制性闸涵工程都属于病险闸。近 40 年来,国家投入大量资金对沂沭河进行治理,沂沭泗河洪水东调南下工程相继实施,兴建了人民胜利堰节制闸,加固改造了彭家道口分洪闸,新建了刘家道口节制闸,加固扩建了江风口分洪闸。随着沂沭泗河洪水东调南下续建工程的完工,沂河临沂站和沭河重沟站设计洪水分别达到了 16 000 m³/s、8 050 m³/s,沂沭河骨干工程的防洪能力提高到了 50 年一遇。沂沭河上游堤防加固工程也已全面展开,流域内水库的除险加固也基本完成,拦蓄洪水的能力增强,沂沭河水系的整体防洪标准明显提高。

——防洪减灾效益充分发挥。沂沭河源短流急,洪水来势凶猛,峰高量大,暴涨暴落,特殊的地理位置及河道特征决定了防汛的难度。近 40 年来,沂沭河局充分发挥流域防洪工程统一管理、统一调度的优势,最大限度地发挥工程综合效益,统筹兼顾,周密部署,科学调度,合理调蓄洪水资源,成功抵御多次台风暴雨洪水,确保了沂沭河 40 年安澜无恙,多次被山东省委、省政府、临沂市委、市政府授予"防汛救灾先进集体"称号。2020 年,沂沭河出现了自1960 年以来的最大洪水,沂河临沂站洪峰流量达到 10 900 m³/s,沭河重沟站洪峰流量为5 940 m³/s,面对历史性大洪水,沂沭河局坚持"人民至上、生命至上"的崇高理念,迅速响应,积极应对,科学调度运用水利控制工程,刘家道口、大官庄水利枢纽经受超设计洪水考验,避免了邳苍分洪道启用分洪,保护了分洪道内 11.2 万亩(1 亩≈666.67 m²,下同)耕地,防洪减灾效益显著。

——生态河流建设成效明显。20 世纪八九十年代,沂沭河违章建设、围垦河流、弃放垃圾等现象十分严重,大量的工业废水和生活污水直排河道,水生态环境极其恶化。为推进生态河流建设,1997 年以建设沂河入选吉尼斯世界纪录的小埠东橡胶坝为标志,拉开了沂沭河综合整治的序幕,改建和新建拦河闸坝 50 处,累计蓄水量超过 6.0 亿 m^3,雨洪资源得到了充分利用,初步形成了"上看水库连水库,下看瀑布连瀑布"的壮丽景观,同时加大了水环境治理力度。沿河地方政府自筹资金修建了滨河大道,并在河道两岸建设广场、景点和特色园区,勾勒出一幅人与自然和谐共处的美丽画卷。全面推行"河长制",强力开展河道"清四乱"工作,一大批长期存在的、难以解决的违建项目得到彻底清除,岸线管理保护高压红线逐步构筑,直管河道面貌焕然一新。2017 年,沂河成功入选全国"最美家乡河",2020 年沂河又高分通过全国示范河湖验收。

——工程管理水平显著提升。以工程目标管理考核为抓手,积极推进水利管理规范化建设,加强了工程技术管理和基础工作,积累了较为丰富的管理经验和大量的管理资料,培养了一批素质高、业务精的管理人才。积极探索河道采砂管理模式,涉河建设项目管理逐渐规范,水资源管理得到加强,河道管理秩序得到进一步好转。全面完成了基层水管单位的水管体制改革,工程维修养护经费得到落实,实现了"管养分离",管理工作走上了良性发展轨道。水利管理现代化水平逐年提高,控制性闸涵工程全部实现了现代化,开发建设了水闸运行图像实时采集与传输系统,基层水管单位建立了办公自动化系统、工程数据库管理系统、河道采砂远程监视系统等,水利现代化水平显著提升。刘家道口局、江风口分闸泄洪管理局(以下简称江风口局)、大官庄水利枢纽管理局(以下简称大官庄局)先后通过国家级水管单位验收,刘道口枢纽被授予"国家水利风景区"称号。

——管理基础设施得到改善。由于历史遗留的原因,管理单位大多地处偏僻,分布在沿河的乡镇、村庄,管理设施极其简陋,一个基层单位只有几间办公、生活用房,职工饮水困难,交通不便,管理设施不配套,管理环境及条件恶劣。统管后,为进一步调动管理人员的积极性,单位改善了管理设施条件,逐步实行了河道管理和闸涵管理分离,沂河水利管理局(以下简称沂河局)与江风口闸分离,迁入临沂市兰山区驻地,沭河水利管理局(以下简称沭河局)与大官庄局分离,迁入临沭县城区,新建了办公楼和职工宿舍,江风口局、刘家道口局在临沂市城区建设了后勤基地,新设立的河东河道管理局(以下简称河东局)、郯城河道管理局(以下简称郯城局)办公生活设施也得到全部解决,沂沭河局机关搬迁至北城新区办公,并建设了职工宿舍楼。目前,沂沭河局机关及各基层局、所的基础设施得到进一步完善,管理人员的办公生活条件得到提高,为水管单位的发展夯实了坚实的基础。

二、把握机遇,正视问题

当前和今后一段时期是我国发展的重要战略机遇期,也是加快水利改革发展的关键期。我们必须自觉立足党和国家工作大局,准确把握水利改革发展面临的新形势新要求,坚持问题导向,着力破解制约沂沭河水利管理事业发展的突出瓶颈。

——牢牢把握新发展阶段水利工作所蕴含的机遇。党中央、国务院高度重视水利工作,习近平总书记关于治水工作的系列重要指示批示,为我们实现新时代沂沭河水利管理事业高质量发展指明了前进方向。沂沭河直管工程是沂沭河地区重要的防洪屏障,是沂沭河流域洪水调控和水资源调蓄配置的关键所在,做好沂沭河水利管理工作不仅事关沂沭河流域安危,也对促进区域经济协调发展,保障国家防洪安全、供水安全、生态安全、粮食安全和能源安全,具有重要意义。我们要准确研判新发展阶段沂沭河水利管理面临的形势,准确把握当前水利改革发展所处的历史方位,清醒认识治水主要矛盾的深刻变化和新老水问题重大转变,要全面贯彻新发展理念,把推动沂沭河水利管理事业高质量发展摆在更加突出的位置。要从全局和战略的高度深刻认识事关全局的系统性、深层次变革,把沂沭河水利管理工作放在大循环中,放在区域协调发展、生态文明建设等重点任务中去思考、谋划,用好水利改革发展的重要战略机遇。

——深入分析新发展阶段沂沭河管理存在的问题。思危方能居安,知忧才能克难。我们要清醒地认识到,现阶段沂沭河水利管理工作还面临不少问题和挑战,沂沭河流域自然地理条件特殊,水资源、水生态、水环境的新问题与水旱灾害老问题相互交织,水安全保障形势仍十分复杂与艰巨。一是防洪减灾体系仍存在短板。流域整体防洪标准与经济社会发展水平比较而言尚未达标,部分河段堤防险工隐患没有消除,工程防洪标准依然偏低。二是河道监管任重道远。沂沭河距离"幸福河"的要求还有差距,河道"四乱"问题尚未彻底解决,涉水事务监管能力仍不能适应经济社会发展要求。三是水生态问题依然存在。经济发展中没有充分考虑水资源水生态水环境承载能力,落实最严格水资源管理制度存在薄弱环节,水资源日常监管缺乏抓手和有效手段,水资源优化配置尚有较大差距。四是信息化水平明显滞后。水利信息化建设顶层设计和总体规划需要进一步完善,信息化建设投入严重不足,缺乏相应的技术人才,难以支撑水利现代化建设。

三、展望未来,再谱新篇

站在新起点、跨入新时代、面临新机遇,我们要敢于正视不足,勇于直面困难和挑战,紧紧围绕"防洪保安全、优质水资源、健康水生态、宜居水环境、先进水文化"的建设目标,把矛盾和问题摸清摸透,把思路和举措理清理实,推动沂沭河水利事业高质量发展,打造让沂蒙人民满意的"幸福河"。

——稳步提升抗御灾害能力。充分发挥水利基础设施的支撑保障作用,聚焦防洪工程、信息化、应急处置能力等短板弱项,积极争取推进一批关系防洪安全的重大项目立项、实施,依托拟建、在建水利工程项目,提升水利管理信息化水平。尽快完成沂沭河上游堤防加固工程,消除病险水闸、堤防险工险段安全隐患,积极推进沂沭泗河洪水东调南下提标工程实施,提高沂沭河整体防洪标准和防洪保安能力。针对近几年洪水过程中出现的一些新特点、反映出的一些新问题,深入调查、认真研究,把握好洪水规律和特点,强化预报、预警、预演、预案"四预"措施,进一步提升应对极端天气灾害风险的能力,坚决守住水旱灾害风险防控底线。

——全面提升工程管理水平。要把握好角色定位,依法履行法定职责,管理好自己的工程,努力保持相对领先的管理水平。夯实工程管理基础工作,强化河道、堤防、水闸运行监管,健全完善水利工程运行管理安全责任制,切实落实安全度汛、工程巡查、维修养护等规章制度,更加科学地实施防汛、抗旱、排涝、减污、生态联合调度,加强工程维修养护,确保工程安全运行,效益充分发挥,不断完善河道管理保护长效机制。积极践行"人与自然和谐共生"理念,加大流域水生态水环境保护力度,真正把生态文明理念融入水利管理工作的各方面和全过程,全力打造"堤是风景线,闸是风景区"的生态沂沭河,努力争创国家级水管单位和水利风景区,展示美丽沂沭河新形象。

——强化涉水事务监管力度。积极推进河长制各项工作有效开展,全面监管"盛水的盆"和"盆里的水",既管好河道及其水域岸线,又管好河道中的水体,积极推动岸线管控、工程管理、水行政执法、防洪减灾等工作与河长制深度融合。强化涉水活动的监督管理,做好采砂管理工作,促进恢复河道水域岸线生态功能,持续推进"清四乱"工作,创新完善"河道十警长"管理模式,构建区域协调、部门联动的执法监管机制,继续推进水行政执法"三项制度"落实。加强水资源承载能力刚性约束,继续实行最严格水资源管理制度,强化节约用水监督管理,认真落实沂河、沭河水量调度方案、年度水量调度计划,科学实施防洪、水资源联合调度,为流域生产、生活和生态用水提供保障。

——着力夯实自身发展基础。推进落实事业单位分类改革,创新集聚各方面优秀人才的办法和途径,着力构建发现、培养锻炼、选拔使用、管理监督的完整链条,加大年轻干部培养选拔力度,健全人才引进、考核评价和激励机制,努力打造政治坚定、能力过硬、结构合理、梯次接续的高素质专业干部人才队伍,全面提升人才队伍能力和素质。强化科技支撑,立足沂沭河水利管理实际需求,积极开展科技成果转化。扎实抓好财务经济工作,主动融入和服务流域经济社会新格局,增强增收节支内生动力,大力发展水利经济,为沂沭河水利管理提供经济支撑。加强水文化建设,弘扬新时代水利精神和沂蒙精神,汇聚水利改革发展精神力量。

四十载管水治水使命在肩,我们初心如磐。四十易春秋坚毅不惑,沂沭泗局风华正茂。四十年在历史长河中,只是短暂一瞬,但在沂沭泗水系管理的历史上却是最为璀璨耀眼、影响深远的时期。站在新的历史起点上,我们要坚持以习近平新时代中国特色社会主义思想为指导,积极践行"节水优先、空间均衡、系统治理、两手发力"的治水思路,大力弘扬"忠诚、干净、担当,科学、求实、创新"的新时代水利精神,沿着四十年不懈奋斗开辟的航向,不渝初心、笃行不息,继往开来、接续奋斗,把沂沭河建设成为造福沂蒙人民的"幸福河",奋力谱写新时代治水管水新华章!

总结用好"前半篇"经验，做深做实"后半篇"文章
——沂沭泗水利工程管理体制改革工作回顾与展望

淮河水利委员会沂沭泗水利管理局　葛　蕴　李炳文

今年是沂沭泗水系统一管理40周年，也是沂沭泗水利工程管理体制改革步入实践和发展的第16个年头。16年里，沂沭泗人积极探索改革思路，探寻发展方向，逐渐形成了职能清晰、权责明确的水利工程管理体制和管理科学、经营规范的水管单位运行机制，共同创造和见证了一次历史的跨越。

一、改革历程

为保证水利工程的安全运行，充分发挥水利工程的效益，促进水资源的可持续利用，保障经济社会的可持续发展，国务院于2002年9月出台了《国家水利工程管理体制改革实施意见》(国办发〔2002〕45号，以下简称《实施意见》)，启动水利工程管理体制改革(以下简称水管体制改革)，成为我国水利工程管理上的一个重要里程碑。

（一）学习宣贯，深入调研，积极做好水管体制改革准备工作

领悟上级精神、摸清实际情况是找准改革方向的出发点。根据国务院《实施意见》要求，以及水利部、淮委对水管体制改革工作作出的具体部署，沂沭泗局于2002年10月成立了水管体制改革工作领导小组，推动学习、宣传和贯彻落实改革精神，为改革筑牢思想基础。沂沭泗局结合直管工程管理实际，积极开展调研，深入细致做好各项改革准备工作：一是开展了水管单位分类定性工作，提出了19个水管单位全部分类定性为纯公益性事业单位的意见；二是对水管单位岗位定员进行了测算，为人员分离、岗位定员奠定了基础；三是开展了工程普查和经费测算，为审定我局水管单位的经费预算提供了详细的基础资料和参考依据；四是充分研究改革难点问题，于2003年编制完成了《沂沭泗局水利工程管理体制改革实施方案》。

经过前期充分的准备，沂沭泗局在2005年正式启动水管体制改革工作，自此踏上了水管体制改革的研究、组织、深化、探索之路。

（二）启动试点，总结经验，夯实全面推进水管体制改革基础

抓好试点工作是事关改革成败的根本点。2020年，根据《实施意见》精神，南四湖局二级坝水利枢纽管理局(以下简称二级坝局)开展"管养分离"改革试点探索，10月28日挂牌成立了"二级坝水利枢纽工程养护中心"，为推进水管体制改革迈出坚实的第一步。为稳步推进水管体制改革，按照《实施意见》的要求，2005年2月沂沭泗局研究制定了《沂沭泗局水管体制改革试点工作指导意见》，明确了改革试点的目标、任务和具体措施，积极开展水管体制改革试点工作。

试点是改革的重要方法,基层是改革的源头活水。2004 年 12 月,沂沭泗局所属二级坝局等 7 个基层水管单位被确定为水利部直属水管体制改革试点单位,并于 2005 年 1 月正式开展试点,次年 1 月顺利通过试点单位验收。在试点探索的过程中,按照水利部、财政部《关于做好水利工程管理单位经费测算的通知》,对管理定额进行了科学合理的测算,研究上报了水管单位基本经费和维修养护经费测算,出台了试点期间工程维修养护相关规章制度,完成了财务会计制度的变更和衔接,建立了规范的资金投入、使用、管理与监督机制。7 个试点单位按照《水利工程管理单位定岗标准(试点)》,完成了岗位设置和人员上岗,分离人员分别进入直属局维修养护公司,初步实现管养分离,为全局水管单位水管体制改革积累了经验、夯实了基础。为适应水管体制改革的需要,由 3 个直属局分别成立了枣庄市安澜水利工程处、宿迁瑞龙水利工程有限公司、山东省沂沭河水利工程有限公司,接收试点分流人员42 人。

(三)攻坚克难,全面推进,构建科学的管理体制和运行机制

明确"管""养"双方的职能与权利是改革能否顺利推进、取得实效的关键点。2006 年 1月起,沂沭泗局基层水管单位全面开展水管体制改革。完成了管理岗位的设置、管理人员择优上岗和养护人员的分离,进一步组建完善了维修养护企业。打破了水管单位沿袭已久的"专管与群管相结合""管养营一体"的管理体制,基本形成了职能清晰、权责明确的水利工程管理体制和管理科学、经营规范的水管单位运行机制,强化了水管单位的工程管理责任主体地位,管理效果明显改善。

根据水管单位性质,沂沭泗局持续推进人事劳资、财务经济等内部制度改革,在改革过程中多次讨论制订人员竞岗和分流安置方案,指导基层水管单位精简人员 104 人,安置进入相应的维修养护企业。各级单位耐心宣传、积极引导,提高管理和养护人员的积极性,落实企业职工社会保障,突出人员科学配置,基层人才队伍结构得到进一步优化,推进了"管养分离"管理体制顺利实施。改革后规范预算管理,公益性支出财政补偿机制基本建立,经费保障水平明显提高。为跟进改革进展、保障改革成效、严格经费使用,水利部、淮委、沂沭泗局多次组织监督检查、资金审计,各级水管、财务、人事、审计等部门协作配合、共同监管,有效降低了维修养护领域廉政风险。

2008 年 1 月,沂沭泗局通过水管体制改革验收,全局 19 个基层水管单位全部建立了新的管理体制和运行机制,工程管理和维修养护工作逐步走上正轨,逐步形成了维修养护企业以合同管理方式承担维修养护任务,基层水管单位通过经常检查、阶段验收实施现场监管,直属局对项目进度、质量、预算执行情况等实行考核验收的管理模式。为进一步推动改革举措落地,检验改革发展效果,自 2005 年起,沂沭泗局连年组织开展水利工程管理考核工作,全面查找水利管理工作中的薄弱环节,指导和帮助基层水管单位进行整改,不断提高工程管理水平。

(四)深化改革,升级模式,完善水利工程维修养护体系

维修养护项目融入市场是深化改革的落脚点。根据《水利部关于深化水利改革的指导意见》,持续深化沂沭泗直管水利工程管理体制改革,继续推进"管养分离",开展维修养护市场化内外部深入调研,结合直管工程维修养护工作实际,总结、借鉴先进经验做法,研究制订了《沂沭泗水利管理局水利工程管理体制改革实施方案》,从市场化试点目标任务、各级管理

单位职责、政府采购要求、配套制度制定、相关保障措施等方面及早对维修养护市场化试点工作进行了安排部署。采取由点到面、分步实施的方式,利用 2018—2020 年这 3 年时间,全面推进直管水利工程维修养护市场化试点,圆满完成了直管水利工程维修养护市场化试点工作各项任务。所有水管单位维修养护项目均按照《中华人民共和国政府采购法》及《政府集中采购目录及标准》等相关法律政策要求,实施了市场化采购。采购过程合法合规、公平有序,提升了水管单位维修养护项目管理水平,提高了维修养护企业市场竞争能力和服务水平。

(五)积极探索,实践创新,制定完善各项规章制度

制度创新是做好改革工作的切入点。改革初期,沂沭泗局研究出台了《沂沭泗局水管体制改革试点工作指导意见》,编制了《沂沭泗水利管理局水利工程管理体制改革实施方案》《水利工程管理体制改革试点单位财务会计制度变更衔接方案》等,为改革工作的顺利实施深植根柢。同时,为管好用好维修养护经费,加强维修养护项目管理,陆续制定了《沂沭泗局直管水利工程维修养护管理办法》等 8 项工程管理配套制度,明确有关部门、各级管理单位、维修养护企业的职责,细化维修养护各个环节的任务和目标,规范维修养护经费使用管理和价款结算办法等。2011 年,结合调研基层水管单位和其他流域水管体制改革工作情况,组织对维修养护制度进行了全面修订。2019 年,根据深化水管体制改革要求以及维修养护市场化需求,制定了《沂沭泗局直管水利工程维修养护实施办法》,对维修养护设计方案编报、合同签订、项目实施、维修养护企业选择、项目验收等维修养护关键环节做出合理规定,各直属局也结合实际,适时制定了相应的实施细则,进一步完善了维修养护制度体系,提升工程管理水平,充分发挥工程效益。

二、成效与经验

(一)成效彰显,亮点纷呈

水管体制改革工作是对传统的水利工程管理体制的一次重大突破,也是管养双方责、权、利的一次大调整。沂沭泗局历经 16 年的实践发展,取得了累累硕果。一是管理体制和运行机制进一步完善。摒弃了原有管理体制和运行机制,强化了水管单位的工程管理主体责任,明确了管理与养护双方的职能与权利。二是畅通了工程运行管理经费渠道。目前,财政拨款成为公益性水利工程运行管理资金来源的主要渠道。事业人员水利基本支出人均财政保障程度得以提高。工程日常维修养护经费从改革前每年 500 万元提高至现在的 1.2 亿元,且自 2015 年起,水利工程维修养护经费纳入一般改革预算,经费保障更加及时可靠。三是管理水平和工程面貌不断提升。沂沭泗局水利工程管理和维修养护管理水平逐步提高,管理效果明显提升。结合水利工程管理考核机制,直管工程形象面貌明显改善,已成功创建了 5 个国家级水管单位,2 个国家水利风景区,发挥了水利工程体系综合效益。四是人才队伍建设持续发展。通过改革中精简人员,加强职工教育培训,基层人才的年龄结构、专业素养、学历层次得以明显优化,对比 2004 年年底,具有大专以上学历人员占基层人才比例由 48% 提高到 87%。另外,选拔、交流等一系列用人办法的实施,有效提升了干部职工干事创业的积极性。五是维修养护企业市场化、专业化程度逐步提升。随着维修养护市场化、物业化的探索和运作,维修养护企业不断创新工艺、健全制度、累积资本、总结经验,企业的技术

力量、服务水平上有一定提升。

（二）经验提炼，强化引领

只有取长补短、扬长避短，才能提高整体水平，16年的艰辛探索，给沂沭泗人积累了弥足珍贵的经验。一是认真研读文件，全面领会精神。深入学习和领会《实施意见》等文件和政策法规要求，深入把握改革精髓，结合单位实际，研究找准重点问题，防止出现片面理解及实施偏差，切实以改革为抓手，推动沂沭泗水利事业健康发展。二是完善配套制度，推动落实落地。加强统筹谋划，以试点工作为基础，认真总结全面推进改革阶段的经验做法，对工程管理、维修养护、经费管理等各个环节的工作标准与管理办法进行梳理，陆续出台并修订完善了相关制度，把相关规定细化、具化，使改革举措上下贯通，使制度执行落细落小。三是推进改革创新，理论实践结合。在改革进程中，沂沭泗局广泛开展调研，把握改革机遇，勇于创新思维，通过科学谋划、挖掘潜力、大胆实践，逐步摸索出符合单位实际的水利工程管理体制和运行机制。16年的实践与发展，也从侧面印证了沂沭泗局水管体制改革的方向是正确的。四是坚持规范运行，紧盯关键环节。维修养护项目从预算编制、招标投标、合同管理到日常管理、价款结算、考核验收等流程均有章可循，科学严谨。企业管理加强劳务分包、材料采购、施工作业等关键环节的管控和一线人员教育管理。相关部门、单位对水管单位、维修养护企业项目实施全过程实行监督检查。五是强化监管效能，保证"四个安全"。各级单位、主管部门按照职责分工，对项目实施、经费使用、生产安全等方面实行层层监督、一级对一级负责的方式，加强对制度执行情况的监督检查和指导，堵塞监管漏洞。及时召开专题会议讨论突出的问题，交流推广好的经验和做法，保证了水管体制改革工作的顺利开展。

三、问题与建议

（一）存在问题，剖析原因

水管体制改革虽取得显著成效，但面对新形势和新要求，对照《实施意见》目标，仍存在着一些急需解决的问题。

一是水管体制改革部分配套政策尚未完全落实到位。

《实施意见》明确各水管单位要根据国务院水行政主管部门和财政部门共同制定的《水利工程管理单位定岗标准（试点）》，在批准的编制总额内合理定岗。按照《水利工程管理单位定岗标准（试点）》测算，淮委沂沭泗局19个水管单位共需管理人员1 828人，而当前编制仅783人，远低于定岗标准所需人数，管理人员少、管理任务重，难以满足工作需求，导致部分公益性事务仍由维修养护企业承担。

《实施意见》提出，为确保水利工程管养分离的顺利实施，要尽快制定水利工程维修养护企业的资质标准。目前，该资质标准尚未出台，导致维修养护企业缺乏实行市场化的资质条件。

《实施意见》提出，在实行水利工程管理体制改革中，为安置水管单位分流人员而兴办的多种经营企业，符合国家有关税法规定的，经税务部门核准，执行相应的税收优惠政策。目前，维修养护企业税收优惠政策尚未出台。

《水利部直属水利工程管理体制改革实施意见》提出，维修养护企业组建时，要根据法律法规规定和企业的实际情况合理确定注册资本金。而维修养护企业组建时，大部分水管单位无维修养护相关的工器具、机械设备等,无法给企业注入资产,财政部门也未能增加投入资金。维修养护企业基础薄弱,制约发展。

二是维修养护定额标准于2004年制定,2010年修订,定额标准中的人工、机械、材料等费用与当前市场经济实际情况不相匹配,尤其是部分子项采用概化工程量计算维修养护经费,在一定程度上影响了当前维修养护工作的开展。

三是维修养护市场竞争力没有完全形成。由于维修养护项目作业点多、线长、作业面分散、时间跨度长、利润低等因素,影响了外地维修养护企业参与的积极性,市场竞争力难以有效形成。

四是改革分流人员不稳定情况依然存在。水管体制改革到企业的部分职工因岗位变化、待遇差距等因素,不稳定情况时常发生,维稳压力较大。

(二)改进建议,前景展望

针对水管体制改革存在的问题,加强政策研究,采取有力措施,保证工程安全运行和维修养护经费的安全使用。一是加强政策研究,完善运行机制,绘制幸福河湖安澜画卷。通过建立完善工程管理制度标准、规范管理组织体系、理清工程管理事项、落实工程管理责任、明晰管理事项操作流程、加强工程维修养护管理、推进工程管理科技创新等措施,深化水利管理体制改革,以水利标准化推动工作成效提升、工程面貌改善,绘制幸福沂沭泗河安澜画卷。二是强化队伍建设,提高管理水平,助力水利现代化建设。主动适应智慧水利的需要,加快培养既懂水利又懂信息技术的高层次复合型人才,探索数字孪生与水利工程管理维护融合发展新路径,采用现代化手段,对工程进行全方位实时监测和精细化管理,为工程管理和维护提供决策支持,切实加强维修养护全过程控制。三是规范资金操作,强化过程监管,持续深化水管体制改革。做好维修养护规划,有计划、分年度逐步改善工程面貌。对照资金使用要求,合理编制年度实施方案,确保设计方案和实施方案符合直管工程实际,具有可操作性。各有关部门要密切协作,建立上下联动、高效沟通的工作机制,严格执行项目管理和资金使用管理的规章制度,建立健全绩效管理制度,确保政策落到实处、资金见到实效。四是落实配套政策,规范企业管理,适应水利高质量发展市场需求。呼吁上级落实对维修养护企业的投入和税收优惠等政策,尽快制定企业的资质标准,妥善解决制约深化改革的人员、经费、政策等问题。维修养护公司需认清维修养护逐步走向市场化、物业化管理的发展趋势,树立责任意识和危机意识,提高维修养护质量,提升经营管理水平,提供良好水利服务,为开启水利高质量发展新征程、参与市场竞争奠定坚实基础。

沂沭泗水系统一管理发展历程

淮河水利委员会沂沭泗水利管理局　李炳文　胡　影　宋京鸿

1981 年 10 月 7 日,《国务院批转水利部关于对南四湖和沂沭河水利工程进行统一管理的请示的通知》发布,成立治淮委员会领导下的沂沭泗水利工程管理局(1992 年更名为沂沭泗水利管理局),负责流域内主要河道、湖泊、控制性工程及水资源的统一管理和调度运用。40 年来,沂沭泗局深入贯彻中央治水方针,紧跟水利改革发展的时代步伐,围绕治淮大局,扎根苏鲁大地,团结治水,艰苦奋斗,逐步将党中央、国务院对于统一管理的"决策"变成现实,有力保障了沂沭泗流域的"安定团结和生产发展"。

一、20 世纪 80 年代,艰苦创业的起步阶段

认真贯彻执行《国务院批转水利部关于对南四湖和沂沭河水利工程进行统一管理的请示的通知》精神,在苏、鲁两省政府和各级有关部门的关心、支持下,1983 年和 1985 年分别完成山东、江苏境内的沂沭泗流域骨干水利工程交接,基本建立局、处、所、段(站)四级水利管理体制,建立健全各项管理制度和防汛、工程管理等基础技术资料体系,各项管理工作逐步走上规范化、制度化轨道。累计投入防汛维修经费近 6 000 万元,加固堤防超 80 km,治理 100 余处险工,绿化堤防近 1 000 km,提高了部分工程的防洪能力,减缓了工程老化、退化。水文、通信、办公、生活等基础设施建设基本建成,初步满足防汛调度和工程管理的需要。建立健全各级防汛抗旱管理体系,应用计算机技术实现科学预报,洪水调度基本满足了流域防洪、排涝和蓄水的要求,实现了多年河湖安澜。1989 年成功协调江苏徐州支援山东济宁、枣庄抗旱用水,协调山东累计为江苏石梁河水库补水超 3 亿 m³。协助调解了邳苍、南四湖地区数起水事纠纷,促进了团结治水。推行工程管理承包责任制,开展"优胜红旗闸""优胜堤段""优胜通信站"评比,初步探索出统一管理基本经验和方法,工程管理水平逐步提高,涌现出江风口分洪闸、复兴河闸等一批先进集体,锻炼培养了一大批干部人才。积极开展经营管理,经济收入有所增加,缓解机构经费不足,促进了工程管理和各项工作的开展。

这一时期,在国家"加强经营管理,讲究经济效益"的水利工作方针号召下,沂沭泗人艰苦创业、埋头苦干,统一管理格局基本确立。实践证明,流域统一管理的决策是必要和正确的。

二、20 世纪 90 年代,不断探索的发展阶段

全面完成沂沭泗河洪水东调南下一期工程,兴建了人民胜利堰闸,打通了韩庄运河(台儿庄)—中运河(大王庙)的瓶颈,沂沭泗水系的防洪标准从 10 年一遇基本提高至 20 年一遇。完成投资 7.5 亿元,对蔺家坝闸、二级坝一闸三闸、湖西大堤刘香庄段等 9 座病险水闸进行除险加固及千余处河道险工隐患进行治理,工程安全隐患逐步消除。"一点多址"防汛通信网络全面覆盖,水情自动测报系统、防洪决策支持系统等初步建成,在防汛和工程管理中发挥了重要作用。基本掌握沂沭泗洪水特点,总结出科学合理调度洪水的思路和经验,先后战胜了多次洪涝灾害,1990 年、1991 年受到国家防汛抗旱总指挥部的表彰,建立了南四湖湖西大堤苏、鲁省界插花地及采煤塌陷地段联合防汛机制。根据水利部批复,1992 年明确对沂沭泗主要河湖水资源依法进行统一管理。充分利用水利工程调度拦蓄洪水尾水,为苏、鲁两省提供 200 亿 m³ 水资源支持。1996 年被水利部评为"全国取水许可先进单位"。初步建立健全水行政执法体系,依法查处一大批水事违法案件,流域水利管理向法治化道路迈进。省际边界水事纠纷协调机制初步建立,水事纠纷强度和频次大大降低,有力促进了该地区的社会稳定和经济发展。大力推进工程目标管理和"五化堤防"建设,基本建立起适应沂沭泗水系特点的管理体制和运行机制,有效保证了水利管理工作的顺利进行和管理水平的提高。随着病险水闸加固改造工程实施,基层管理单位办公、生活、住宿条件不断改善,职工队伍稳定,整体素质明显提高,文明单位创建取得可喜成果。经过艰难探索,形成"以依法收费为龙头,水土资源开发为重点,多种经营为补充"的经济发展思路,实现了经济形势的好转,为单位改革发展稳定奠定坚实经济基础。

这一时期沂沭泗水系治理明显加快,沂沭泗局不断探索、砥砺前行,统一管理作用得到较好发挥。实践证明,流域统一管理是水利管理发展的必然趋势。

三、步入 21 世纪,励精图治的提升阶段

投资 109 亿元,全面完成沂沭泗河洪水东调南下工程,沂沭泗河防洪体系进一步完善,中下游主要骨干河道防洪标准提高到 50 年一遇,实现了 20 世纪 70 年代提出的沂沭泗洪水"东调南下"宏伟目标。投资 6.08 亿元,完成 20 座直管病险闸加固改造,工程重大安全隐患得以消除,提高了工程防御洪水能力,全面提高水闸自动化水平,改善了直管水闸形象面貌。建成覆盖全局的大容量数据通信骨干网络,健全和完善了各级计算机网络系统,初步建成防汛指挥信息系统、水情查询系统、洪水调度决策支持系统、直管水闸监控系统、河道采砂视频监控系统等自动系统,水利信息化建设取得长足发展。成功战胜 2003 年、2005 年洪水和2000 年流域下游严重的洪涝灾害。综合利用沂沭泗防洪体系的整体能力,科学决策、灵活调度,兼顾抗旱、排涝、防污及洪水资源利用,圆满完成 2002 年南四湖应急生态补水监管,2001 年、2004 年、2005 年 3 次实施"引沂济淮",跨水系向淮河下游地区调送水资源超过12 亿 m³,为宿迁、淮安、连云港等市生态和工农业用水提供了保障,有效缓解了用水矛盾。2002—2010 年南四湖、骆马湖汛末累计拦蓄洪水资源超过 100 亿 m³,为沂沭泗地区提供了较为充足的水资源保障。形成体系完整、层次分明、覆盖面广的水政监察组织网络,探索建立"联合管理、综合执法"机制,与有关地方联合实施专项行动,保障了河道水事秩序稳定。先后参与 2009 年邳苍分洪道砷污染事件处理等多起省际水事纠纷调处,2005 年建立苏、鲁联合打击南四湖非法采砂机制,有效减少因非法采砂而产生的纠纷。2007 年南四湖局被中央综治办、水利部授予"全国调处水事纠纷,创建平安边界先进集体"荣誉称号,南四湖苏、鲁省际边界百年恩怨化为和谐。全面完成水管体制改革,初步形成新的水利管理体制和运行机制,从 2005 年起持续推进水利工程管理考核,工程面貌和管理水平实现大跨越,灌南局通过国家级水管单位考核验收。抓住东调南下和病险水闸加固改造工程机遇,加强能力建设,防汛调度管理用房和专业用房不足状况得到改善,沂沭泗局、3 个直属局、15 个基层局和

85%以上的基层所的管理用房与专业用房相继建成投入使用,1982—2010 年共完成办公生活用房建设超 8 万 m²。配备防汛和水利管理车辆 40 多台、管理用船 10 艘,对基层局观测仪器设备进行了必要的补充,解决了基层单位供电、供水和供暖问题,极大地改善了全局工作与生活基础设施条件,促进了管理能力的进一步提升。2002 年开展机构改革,实现政事企分离,进一步厘清单位(部门)职能。2003 年沂沭泗局各级机关参照《中华人民共和国公务员法》进行管理,行政管理职能更加突出。

这一时期水利基础设施建设大规模开展,沂沭泗局励精图治、锐意进取,统一管理优势进一步彰显。实践证明,流域统一管理起到了区域管理难以替代的作用。

四、迈入新时代,高质量发展阶段

开工建设南四湖二级坝除险加固工程和沂河、沭河上游堤防加固工程,开展沂沭泗河洪水东调南下工程提标前期工作,不断推动防洪减灾工程体系提档升级。防汛抢险能力建设进一步强化,投资 3 422 万元修建防汛仓库、更新设备、建设防汛抢险演练基地。实施两期水政监察基础设施项目建设,共计投资 2 899 万元,各级执法设施和装备不断完善。沂沭泗河重点工程监视监控系统、遥感遥测信息管理系统、水资源监测系统等非工程措施相继投入使用,防洪减灾和水资源配置、调控能力显著增强。坚持人民至上、生命至上,全力以赴做好水旱灾害防御各项工作,成功战胜多个洪水,最大限度地保障了人民生命财产。2020 年成功抵御沂沭河自 1960 年以来最大洪水,2021 年从容应对中运河有实测记录以来最大洪水,实现了“无人员伤亡、无重大险情”的目标,赢得了苏、鲁两省地方各级政府和人民群众的高度赞誉。自 2013 年南水北调东线一期工程正式通水以来,积极做好调水监管工作,全力保障南水北调东线供水安全。构建了与黄河、淮河、海河、长江等互连互通的水资源调配体系,2013 年、2019 年 2 次实施“引沂济淮”,2021 年沂沭泗水系接纳黄河流域秋汛洪水。沂河、沭河水量分配方案获批,水资源统一调度取得新的实质性进展。深化省际边界河湖联合打击非法采砂机制,多次开展大规模联合集中整治行动,2015 年推动出台“三部两省”文件,南水北调东线输水干线骆马湖至南四湖段实现全面禁采,沂沭河采砂由乱到治,实现精细化管理。河(湖)长制“有实”“有效”,直管河湖全部纳入以地方党政领导负责制为核心的河湖管理与保护责任体系。2019—2021 年推动清理整治 5 200 余个河湖“四乱”问题,刘香庄码头群、澜公馆、凡客酒吧街等一大批历史遗留河湖顽瘴痼疾得到彻底整治,2020 年直管河湖和水利工程划界工作全面完成,水生态水环境明显改善,河湖面貌发生历史性变化。沂河获评全国首届“最美家乡河”,沂河临沂段通过国家级示范河湖验收。韩庄运河台儿庄段、沭河莒县段通过美丽示范河湖省级验收。建立省际边界水事协调“五联机制”,2021 年 5 月得到了国务院领导的充分肯定,沂沭泗地区结束了纷争不断的历史,呈现出经济繁荣发展、社会安定和谐、人民富庶安康的美好景象,流域机构统筹协调作用更加彰显。以“五化建设”为重点,开展“两个创建”活动,2012 年以来,刘家道口局、嶂山闸管理局(以下简称嶂山局)、江风口局、大官庄局先后通过国家级水管单位考核验收,刘家道口、嶂山等 2 处风景区荣获“国家水利风景区”称号,19 家单位通过水利部安全生产标准化达标验收,24 家单位通过水利档案工作规范化管理达标验收。2014 年以来,深化水管体制改革,维修养护项目全面实施了市场化采购,建立了职能清晰的管理体制和管理科学的运行机制。从 2020 年开始,推进工程标准化管理,标准化体系初步建立,水利管理水平迈上新的台阶。精神文明建设成果丰硕,全局目前有省部级文明单位18家。进入新阶段,确立了"以水利管理和工程建设为依托,事业单位和企业为发展平台,水利工程水费收入为主导,资源资产收入为基础,权益性收入为补充"的经济工作思路,经济工作为水利管理提供了坚实保障。

这一时期,在"十六字"治水思路的指引下,沂沭泗局牢记使命、守正创新,统一管理焕发出强大的生命力,解决了许多想解决而没解决的问题,办成了许多想办而没有办成的事。实践证明,流域统一管理是贯彻党中央、国务院治水方略的成功举措,是顾全大局、团结治水的有效路径。

河湖安澜四十载 安全生产强保障
全力做好新形势下水利安全生产监管工作

淮河水利委员会沂沭泗水利管理局 黄学超 张 鑫 卞文飞

安全生产关系人民群众生命财产的安危,关系经济的可持续发展和社会的安定和谐。沂沭泗局自建局以来,高度重视安全生产工作,认真贯彻落实党中央、国务院、水利部、淮委关于安全生产工作的决策部署和工作要求,连续多年被评为"淮委安全生产工作优秀单位",全局安全生产形势持续稳定向好。

一、四十年不断前行,构建完善沂沭泗局安全生产工作坚实框架

（一）逐步建立健全安全生产管理机构,完善安全生产监管体制

建局之初,明确了局人劳处履行安全生产监管职能,负责全局安全生产综合监管工作。随着国家经济体制、政府机构改革和安全生产形势的发展变化,安全生产监管管理职责也在不断改革和调整。为适应安全生产工作的要求,沂沭泗局以 2012 年的机构改革为契机,成立水政与安全监督处负责安全生产综合监督管理。各直属局成立水政安监科,基层单位成立水政安监股,完善安全生产监管体制。

（二）建立健全安全生产责任体系,强化安全生产责任落实

自从 1990 年首次成立沂沭泗局安全生产领导小组以来,调整安全生产领导小组成员11 次,形成了主要负责人是安全生产监管工作第一责任人、其他负责人对分管业务范围内的安全生产工作各负其责的安全生产责任体系。通过层层签订安全生产责任状,印发直属单位安全生产责任清单、安全生产监管责任清单等方式,不断完善全员安全生产责任制,强化安全生产责任落实。

（三）构建完善双重预防机制,有效防范各类事故

构建完善安全生产双重预防机制是预防事故发生的有效途径。沂沭泗局一是在"防"字上下功夫,通过选取试点单位,开展风险分级管控教育培训,强化监督检查等方式,形成各单位安全风险自辨自控、业务主管部门有效监督的工作格局。二是在"治"字上下力气,通过制定完善隐患排查制度,组织开展安全生产专项监督检查,加强隐患排查教育培训,印发水闸工程、堤防工程安全生产隐患排查清单,狠抓隐患整改"五落实"。沂沭泗局建立较为完善、有效运行的安全生产双重预防机制,实现连续多年安全生产"零事故"。

（四）着力推动水利安全生产标准化建设,提高本质安全

沂沭泗局认识到水利安全生产标准化建设是继国家级水管单位创建、水利风景区创建后又一个提高基层水管单位管理水平的重要工作抓手。按照水利部、淮委安全生产工作要求,沂沭泗局通过定期召开标准化建设推进会、组织骨干人员到安全生产标准化一级单位考

察学习、邀请安全生产标准化专家开展教育培训和现场指导、加强监督检查和审核把关等方式,全面推动水利安全生产标准化建设。经过共同努力,15 家符合条件的水管单位全部完成标准化达标(4 家单位因有病险闸无申报资格),4 家施工企业全部完成标准化达标,达标率达到 100%,创建效果显著。

(五)不断完善安全生产制度建设,健全安全生产长效机制

沂沭泗局紧紧围绕安全生产工作的新要求,不断健全完善水利安全生产管理制度。制定印发安全生产管理办法、安全生产目标管理、安全生产教育培训、生产安全事故隐患排查治理等 9 个安全生产工作制度,基本构建完成沂沭泗局安全生产制度体系。

针对单位安全生产特点,编制完成了生产安全事故应急预案编制,专项预案和现场处置方案,形成了生产安全事故应急预案体系,使安全生产工作真正做到做到履责有标准,负责有边界,失责有惩罚。

(六)强化宣传教育培训,提高职工安全素质

沂沭泗局一直把安全宣传教育培训作为一项重要措施抓细抓实。每年年初制订全年安全生产宣传教育培训计划,以"安全生产月"活动为契机,部署开展多项主题宣传活动,充分利用沂沭泗水利网、微信公众号、LED 显示屏和制作安全生产横幅、展板等方式宣传安全生产知识。宣传教育培训对象区分层次,突出重点,努力实现对象全覆盖,内容针对安全生产工作的热点与难点,形式因地制宜,灵活多样。通过安全生产宣传教育培训,努力营造"以人为本、关注安全、关爱生命"的良好氛围,全面提高全局干部职工安全生产素质。

二、四十年砥砺前行,安全生产工作经验弥足珍贵

(一)抓好安全生产,领导重视是根本保证

沂沭泗局历届局党组高度重视安全生产工作,认真贯彻落实国家关于安全生产的方针政策、法律法规。及时调整完善安全生产领导小组成员组成,形成了主要负责人为组长、全部分管负责人为副组长、各部门、单位主要负责人为成员的全覆盖组织体系。安全生产领导小组定期组织召开会议,局领导连续 7 年分别带队开展安全生产检查,全局连续多年安全生产"零事故",安全生产形势持续稳定向好。

(二)抓好安全生产,落实安全生产责任是关键

安全生产责任制是安全生产工作的灵魂,落实安全生产责任是抓好安全生产工作的关键。沂沭泗局不断建立健全安全生产责任体系,制定印发直属单位安全生产责任清单、安全生产监管责任清单、水利安全生产监管责任清单指导意见,明确安全生产监管范围,强化落实安全生产监管领导责任和各单位安全生产主体责任,进一步厘清安全生产综合监管与行业监管职责,不断完善安全生产责任体系。

(三)抓好安全生产,找准监管重点是前提

找准安全生产监管重点是做好全局安全生产各项工作的前提。通过多年来安全生产工作的排查、积累和梳理,在建水利工程施工、直管水利工程运行、院区管理、车船交通、企业生产是我局安全生产工作的"五大重点领域"。我局牢牢抓住安全生产"五大重点领域",采取多项有效措施,确保全局安全生产工作时刻处于可防可控的状态。

（四）抓好安全生产，制度体系建设是基础

安全生产规章制度建设是安全生产工作的重要基础。近年来，沂沭泗局不断持续推进安全生产制度建设，初步形成了以《沂沭泗水利管理局安全生产管理办法》为龙头，以生产安全事故隐患排查治理、安全生产监督检查办法、安全生产教育培训等8项制度为支撑，以生产安全事故应急预案为保障，以水闸工程、堤防工程安全生产隐患排查清单为基础的一整套实用、管用的安全生产制度体系，促使全局安全生产工作进一步制度化、规范化。

（五）抓好安全生产，完善管理模式是核心

沂沭泗局紧扣安全生产工作要求，围绕安全生产持续稳定向好的总目标，构建完善符合我局安全生产工作的"闭环"管理机制和安全风险管控、隐患排查治理、安全生产标准化等安全生产重点工作有机融合的"三位一体"安全生产管理模式。并将"闭环"管理机制和"三位一体"安全生产管理模式贯穿于安全生产工作的全过程，使安全生产工作动态和静态相结合，过程与结果相结合，软件与硬件相结合，由制度管理向体系化管理转变。

三、准确把握安全生产工作面临的形势和问题

四十载励精图治，沂沭泗局在安全生产机构设置、责任制落实、制度建设、宣传教育培训、隐患排查治理方面做了大量卓有成效的工作。随着社会经济的发展，人民群众对美好生活的需求逐步提高，对照党中央、国务院关于安全生产工作的决策部署和新时期水利改革发展的新要求。沂沭泗局由于管理机构层级多、业务范围广、工作链条长，安全生产工作中各类安全风险仍然较多，还存在个别单位安全生产重视程度不够、部分直管水利工程安全生产隐患未彻底完成整改、基层单位安全生产保障力量薄弱、安全生产工作信息化程度低等薄弱环节。

四、明确任务、突出重点，确保安全生产形势持续稳定向好

（一）深刻领会习近平总书记安全生产重要思想，科学谋划安全生产工作

深刻领会习近平总书记关于安全生产的重要思想，牢固树立安全发展理念，不断强化安全生产"红线"意识和"底线"思维，主动适应水利安全生产工作提出的新要求，科学谋划安全生产工作，深入研究探索推进沂沭泗局安全生产发展的措施途径，着力解决沂沭泗局安全生产中存在的问题，全面做好安全生产各项工作。

（二）完善安全生产责任体系，着力形成齐抓共管合力

切实把落实安全生产责任作为防范遏制事故的第一道屏障，严格对照沂沭泗局安全生产监管责任清单和主体责任清单和关于水利安全生产监管责任清单指导意见的要求，紧扣自身工作特点、专业特性和岗位职责，不断完善全员安全生产责任体系，形成综合监管责任和专业监管全覆盖、全链条、全过程的安全生产监管体系，着力形成齐抓共管合力。

（三）构建完善安全生产双重预防机制，提高本质安全

全面开展可能造成伤亡的风险领域、环节、场所的危险源辨识，科学评估分级安全风险，制定切实有效的管控整改措施，防止安全风险失控形成事故隐患。坚持问题导向，加快推进6座三类病险闸、二级坝二闸和韩庄闸等有裂缝的交通桥加固改造，加强安全监测，确保安

全运用。加大安全生产隐患排查治理力度,确保隐患整改到位。

（四）强化安全生产标准化动态管理,提升管理水平

全面推动已完成标准化创建达标的 19 家单位做好水利安全生产标准化达标动态管理各项工作;组织完成标准化创建达标已满 3 年的单位认真做好标准化 3 年复核工作;督促因存在三类病险闸不符合标准化创建达标要求,暂时不能创建达标的水管单位要按照安全生产标准化标准开展相关工作,实现"硬件缺陷,软件补、制度补、管理补",巩固提升安全生产管理水平。

（五）强化安全生产宣传教育培训,提高安全生产能力建设

切实落实各单位安全生产教育培训主体责任,进一步牢固树立"培训不到位是重大安全隐患"的意识,坚持依法培训、按需施教的工作理念,以落实持证上岗和先培训后上岗制度为核心,以提高安全生产宣传教育培训质量为着力点,实现安全生产教育培训全覆盖,不断提升安全生产宣传教育培训针对性和实用性。

四十载治水征程谱华章　沂沭泗工程管理续新篇

淮河水利委员会沂沭泗水利管理局　魏　蓬　李飞宇

水利工程管理是沂沭泗局各级管理单位主要职能职责,也是发挥工程效益、体现社会作为与价值的基础。统管 40 年来,沂沭泗局水利工程管理工作卓有成效,为地方经济社会发展提供了有力支持。

一、直管伊始百业兴

沂沭泗水系是沂河、沭河、泗运河三条水系的总称,位于淮河流域东北部。历史上黄河长期侵泗夺淮,造成沂沭泗地区水系紊乱,洪水漫流,灾害频繁。苏、鲁两省边界附近的南四湖和沂沭河地区,水利矛盾不断发生,影响到两省人民的切身利益。为进一步促进沂沭泗地区的安定团结和生产发展,1981 年,国务院批准成立沂沭泗水利工程管理局(1992 年经水利部批准更名为沂沭泗水利管理局),对沂沭泗流域的主要河道、湖泊及枢纽实行统一管理和调度运用,翻开了沂沭泗水系治理史上的崭新一页。

根据 1983 年 4 月 23 日《山东省临沂地区沂、沭河水利工程及管理机构交接纪要》和 5 月 10 日《山东省济宁地区韩庄运河枢纽、二级坝枢纽、复新河闸等水利工程及管理机构交接纪要》,沂沭泗局接交了山东境内的沂沭泗水利工程及其管理单位;根据 1984 年 12 月 31 日《关于江苏境内沂沭泗水利工程交接纪要》,沂沭泗局交接了江苏境内的沂沭泗水利工程及其管理单位。交接的工程主要包括:跋山水库以下的沂河、骆马湖、新沂河、邳苍分洪道、分沂入沭水道及其控制工程;青峰岭水库以下的沭河、石梁河水库以上的新沭河及其控制工程;南四湖、韩庄运河、伊家河、宿迁以上中运河及其控制工程。从此,沂沭泗主要水利工程由流域机构直接管理。

沂沭泗主要水利工程由流域机构直接管理以来,在水利部、淮委领导下,在苏、鲁两省支持下,沂沭泗局建立健全管理机构,健全和完善各项规章制度,扎实开展了水利工程管理工作。直管伊始,河道(含湖泊)堤防管理仍然因袭专管和群管相结合的办法。河道管理所下设段或站管理护堤员(汛期为常备队成员),堤防日常维护由护堤员承包管理。水闸均设有管理单位,由专职人员运行管理。同时,积极采取了有效措施,加强直管工程管理,1985 年即提出"以建设促管理"的工作思路,大力开展打造"堤顶公路化、堤坡树木草条化、堤脚林带化、管护设施规范化、堤身坚固完整化"的"五化"堤防建设和"优胜红旗闸"竞争评比。通过实施积极有效的管理措施,快速改善了水利工程管理薄弱的局面,奠定了沂沭泗直管工程管理扎实基础。

二、水管改革再扬帆

为保证水利工程的安全运行,充分发挥水利工程的效益,保障经济社会的可持续发展,国务院于 2002 年 9 月印发《实施意见》,启动水管体制改革。在水利部、淮委的正确领导下,沂沭泗局认真贯彻落实水管体制改革精神,结合直管工程管理实际,深入研究、大胆探索,深入细致做好水管单位分类定性、定岗定员测算、经费测算、人员安置、维修养护队伍组建、社会保障等各项改革基础工作,并于 2005 年启动水管体制改革试点,2006 年底完成内部改革,实行管养分离,2008 年 1 月通过验收。通过改革,打破了水管单位沿袭已久的"专管与群管相结合""管养营一体"的管理体制,形成了以"管养分离"为核心的水利工程管理体制和以"合同管理"为核心的运行机制,强化了水管单位的工程管理责任主体地位,明确了管理与养护双方的职能与权利,管理效果明显改善;建立了公益性支出财政补偿机制,19 个水管单位基本支出和工程维修养护经费纳入财政预算,两项经费得到落实。

水管体制改革以来,规章制度逐步完善,维修养护有序开展,工程面貌显著改善,水利工程管理工作迈上发展新台阶,工程管理水平不断提高,为流域经济发展、社会稳定和民生改善做出了突出贡献。一是持续完善工程管理各项制度,不断加强工程管理和维修养护,保持了工程的完整、安全和正常运用,1 729 km 堤顶道路全部满足防汛抢险通车要求,河道堤防隐患得到有效治理,水闸闸区绿化面积超过 60 万 m^2,更新、种植了 300 余万棵生态防护林木,产生了巨大的社会效益及生态效益。二是科学决策、精细调度,多次成功防御了流域洪水,有效应对直管河湖发生的严重旱情,为地方经济社会发展和人民安居乐业提供了坚实的水利支撑。三是坚持以水利部水利工程管理考核为抓手,推动国家级水管单位和国家水利风景区创建,成功创建了灌南局、刘家道口局、嶂山局、江风口局、大官庄局 5 家国家级水管单位和沂河刘家道口枢纽、骆马湖嶂山水利风景 2 家国家水利风景区,"闸是风景区,堤是风景线"的成果全面显现。四是精神文明建设、水利科技创新等成果丰硕,16 家单位被评为"省级精神文明单位",6 家单位获得"市级文明单位"称号,1 项科技成果荣获 2020 年度大禹水利科学技术奖科技进步二等奖。2015 年以来,共计 29 项科研成果获得淮委科技奖,30 余项成果获国家专利,另有多项成果获淮河工会职工技术创新奖。

三、提档升级续新篇

随着流域经济社会的快速发展,人民群众对美好生活的需求逐步提高,沂沭泗水利工程管理工作依然任重而道远。为不断推进水利治理体系和治理能力现代化,进一步加强水利工程管理能力建设,自 2020 年起开始推行直管水利工程标准化管理,并选取 7 家水管单位开展试点。同时,通过建立完善工程管理制度标准、规范管理组织体系、理清工程管理事项、落实工程管理责任、明晰管理事项操作流程、加强工程维修养护管理、推进工程管理科技创新等措施,做到流程清晰、记录标准、内容完整、措施明确、处理及时、流程闭合、管理留痕,以实现管理责任明细化、管理过程流程化、管理手段现代化、管理行为规范化、工程环境美观化、打造特色水文化的"六化"目标,促进水利工程管理模式再次提档升级。

站在"两个一百年"的历史交汇点,我们将坚持以习近平新时代中国特色社会主义思想为指导,深入贯彻落实"节水优先、空间均衡、系统治理、两手发力"治水思路,深入推动沂沭泗水利治理体系和治理能力现代化,在沂沭泗直管工程管理中积极融入安全、文化、生态、绿色、幸福、智慧等元素,着力打造沂沭泗特色管理模式,全面推行沂沭泗水利工程标准化管理,提高工程运行管理水平,确保工程安全高效运行,持续充分发挥工程效益,续写沂沭泗水利管理高质量发展新篇章。

强化南四湖管理与保护的有关思考

沂沭泗水利管理局南四湖水利管理局

张志振　　王建军　　李相峰　　邱蕾蕾

一、南四湖基本情况

南四湖承接苏、鲁、豫、皖 4 省 8 市 34 个县(区)53 条河流来水,流域面积约 31 180 km²,流域人口有 3 000 余万人,交通水运发达,煤炭资源量大质优,农渔资源丰富,是我国重要的粮棉生产基地和能源基地。

中华人民共和国成立初期,南四湖整个湖区未能统一管辖,群众纠纷和械斗事件时有发生。为统一领导、有利建设,中央批准成立了微山县,统一管理微山湖等四湖的湖田湖产。微山县成立后,双方边界纠纷曾一度缓和,但湖田、湖产和水等主要矛盾仍未彻底解决。据不完全统计,1959—2006 年,苏、鲁两省在南四湖因排水、用水和湖田、湖产纠纷引起的群众械斗有 400 余起,死亡 31 人,伤 800 余人。

为彻底解决南四湖地区的水利纠纷,1981 年,《国务院批转水利部关于对南四湖和沂沭河水利工程进行统一管理的请示的通知》发布,批准成立了沂沭泗水利工程管理局(1992 年更名为沂沭泗水利管理局),1983 年成立了南四湖管理处(2002 年更名为南四湖水利管理局),接管了苏、鲁省际南四湖边界水利工程。

自统管以来,南四湖局以高度的政治责任感从维护社会稳定大局出发,认真研究制定新形势下预防和调处水事纠纷的有效措施;从事后查处向预防为主转变,加强对水事纠纷敏感地区的管理,加大省际边界地区的水利法制宣传教育,加强执法巡查,让群众依法参与到水的管理和保护中,完善省际边界地区监督约束机制,形成依法团结治水、维护社会稳定的良好社会氛围,最大限度地减少水事纠纷事件的发生或直接将其消灭在萌芽状态。依法保护各方在开发利用水资源和防治水害方面的合法权益,有力维护了边界地区团结稳定的大局。

二、南四湖管理与保护面临的新形势、新任务

习近平总书记关于治水工作的系列重要指示批示,为我们构建新发展格局、实现新时代南四湖水利管理事业高质量发展指明了前进方向。我们要准确研判新发展阶段南四湖水利管理面临的形势,将新发展理念贯穿于南四湖水利管理全过程、各环节,自觉把各项工作放到新发展格局中去谋划、思考和推进,增强机遇意识和风险意识,准确识变、科学应变、主动求变,抓好用好水利改革发展的重要战略机遇。

中国共产党第十八次全国代表大会(以下简称党的十八大)以来,以习近平同志为核心的党中央高度重视河湖管理和保护工作。习近平总书记提出"节水优先、空间均衡、系统治理、两手发力"治水思路,亲自谋划、推动河(湖)长制工作,对长江经济带共抓大保护、不搞大

开发,黄河流域共同抓好大保护、协同推进大治理等工作做出重要部署,发出了建设造福人民的幸福河的伟大号召,为推进新时代治水以及河湖管理工作提供了科学指南和根本遵循。水利部门要深入学习贯彻习近平生态文明思想,准确把握河湖管理保护面临的新形势新要求,发挥"河长制""湖长制"的制度和机制优势,大力推进河湖"清四乱"常态化、规范化,加大河湖监督管理力度,紧抓苏、鲁两省创建"美丽河湖""示范河湖"的契机,携手努力建设"持久水安全、优质水资源、健康水生态、宜居水环境、先进水文化"的幸福南四湖。

"十四五"时期是开启全面建设社会主义现代化国家新征程、向第二个百年奋斗目标进军的第一个五年,我国即将进入新发展阶段,同时也是水利建设新一轮高潮期和南四湖水利管理的重要机遇期。《中共中央关于制定国民经济和社会发展第十四个五年规划和二〇三五年远景目标的建议》提出要加强水利基础设施建设,提升水资源优化配置和水旱灾害防御能力,提升洪涝干旱自然灾害防御工程标准,加快江河控制性工程建设,加快病险水库除险加固,全面推进堤防和蓄滞洪区建设,既充分体现了水利建设作为畅通经济循环、构建新发展格局的重要手段,也是对国家水安全保障和重大水利工程建设提出的新的更高要求。

南四湖直管工程是南四湖地区重要的防洪屏障,是南四湖地区洪水调控和水资源调蓄配置的关键,是南水北调东线工程重要的调节水源地和输水干线,也是大运河文化带的重要组成部分。做好南四湖管理保护工作不仅事关南四湖地区安危,也对促进区域经济协调发展,保障国家防洪安全、供水安全、航运安全、生态安全、粮食安全和能源安全,具有重要意义。我们要把握发展主动权,做好南四湖水利发展战略与淮河生态经济带发展、大运河文化保护传承利用、南水北调东线二期建设等重大国家战略的衔接,强化工程运行管理,持续推进工程管理标准化,大力创建国家级水管单位、水利风景区,加快把战略机遇转化为强劲发展动力。

三、存在的主要问题和困难

(1)省际矛盾依然突出,湖泊上下游、左右岸,湖泊与入湖河流管理保护统筹协调不足,流域保护与区域经济利益存在冲突;省际各谋一隅的问题仍然存在,流域管理机构统筹协调手段不足。

(2)国家层面尚未出台南四湖综合发展规划,现有的《淮河流域综合规划(2012—2030)》中主要涉及防洪减灾体系建设,距新时期治水思路和幸福河湖建设目标要求差距较大。南四湖地区是我国重要的粮棉生产基地和能源基地,沿湖存在众多工矿企业,同时湖内生活着众多渔湖民,对南四湖水生态、水环境、水安全影响较大,随着经济社会发展,若无统一的规划指导,难以有效保障南四湖流域高质量发展。

(3)南四湖具有多重功能属性(防洪、排涝、南水北调输水、京杭大运河航运、生态、饮用水水源、工农业用水,同时还是渔湖民生产生活的场所、山东省自然保护区),各项功能因素交错、开发与保护矛盾复杂,且管理保护涉及多部门,各部门从各自行业的角度分头管理,尚未形成有效合力。

(4)面源污染治理任务艰巨,点源污染风险依然存在,加上省级自然保护区的管控,南水北调东线二期启动实施,对沿湖地区调整产业结构、加强污染治理的要求更高。

(5)南四湖内阻水较为严重,主要枢纽工程泄洪能力达不到设计要求,在流域机构直管16座大中小型水闸中,7座为三类病险闸,涉及二级坝、韩庄、蔺家坝等重要水利枢纽工程,存在防洪安全隐患;53条入湖河流在湖口大部分无控制性工程,且无计量设施,地方通过疏浚、挖深河道并建设水工程达到用水目的,个别地方越权发放取水许可证。

(6)当前,苏、鲁两省在南四湖地区边界不清,是全国唯一尚未划定省界的区域。自从流域机构对南四湖实施统一管理后,各种纠纷矛盾明显减少。但是,边界矛盾带来的管理问题依然严重,需要大量时间和精力去协调处理。

(7)南四湖地区既有历史的纠纷,又有现实的取用水矛盾,还有未来发展战略的竞争,问题与矛盾深刻复杂。仅从县市级层面来协调,难以跳出地域利益的藩篱而进行公平合理的解决。

四、有关思考及建议

(一)强化流域统一管理,推进团结治水

进一步明确南四湖流域管理机构统一管理的职能和定位,加强监测、监控及执法等能力建设;建立由流域管理机构牵头,相关省级河长办公室(以下简称河长办)及市县级河(湖)长参加的联席会议制度,协调解决跨省突出问题。省级层面,强化以水为主线的管理体制,加强河长办、水利部门的牵头和统筹职能,组织协调本省跨部门、跨地区的南四湖管理保护工作。

(二)做好南四湖保护的顶层设计

积极呼吁出台国家层面上的南四湖管理保护规划,统筹南四湖管理保护目标和推进步骤。

(三)建议出台《南四湖管理与保护条例》

按照现行管理体制,要达到流域管理机构与属地涉水行业、部门各负其责,实现流域与区域管理相结合,协同管好南四湖,就必须完善国家层面的南四湖管理法规。建议出台《南四湖管理与保护条例》,明晰流域与区域,区域与区域之间的责权利关系。

(四)落实河(湖)长责任

督促两省河长办,指导地方河(湖)长加大污染防治和生态保护力度,建立入湖断面、省际断面水量、水质监测考核制度,纳入河长制考核体系;山东省还要围绕省级自然保护区的管控要求,进一步加大清围清障力度,有序推进湖内人口搬迁。

(五)加大防洪、水资源调蓄和生态保护投入

建议结合提高南四湖防洪标准规划,完善治理措施,加大资金投入,进一步提高南四湖行蓄洪能力,尽快对病险水闸进行除险加固;同时在河流入湖口建设水资源控制性工程,并进行统一管理和调度。

(六)尽快完成南四湖省际行政区划勘界

为强化南四湖管理与保护,应尽快合理划定南四湖地区苏、鲁两省行政区划边界。同时,建议落实有关政策措施,稳步推进南四湖水利工程确权登记工作。

忆往昔峥嵘岁月稠,看今朝重任在肩头。南四湖局将一如既往勇于直面困难和挑战,主动适应经济社会高质量发展要求和"幸福河湖"建设目标,继续发挥流域机构协调、指导、监督作用,不断创新处理边界水问题工作方式方法,为构建和谐、稳定南四湖贡献水利智慧、水利力量。

全面做好"五进"，夯实沂沭河安全基石

沂沭泗水利管理局沂沭河水利管理局　徐强以　周建功

沂沭河局隶属淮委沂沭泗局，主要担负山东境内沂沭河 517 km 河道、740 km 堤防以及 6 座控制性闸涵的工程管理和防汛任务。单位下设沂河局、沭河局、郯城局、河东局、刘家道口局、江风口局、大官庄局等 7 个基层单位，直管大官庄水利枢纽工程的新沭河泄洪闸、人民胜利堰节制闸、刘家道口节制闸、彭家道口分洪闸、江风口分洪闸、黄庄穿涵等 6 个直管工程。沂沭河局扎实开展各项安全工作，把安全生产作为基础性工作常态化管理。自统管以来，经历了多次极端洪水考验，均顺利完成了泄洪。自 1983 年统管至今，沂沭河局未发生过安全生产责任事故，为临沂市的社会稳定和经济发展做出应有的贡献。

沂沭河局扎实推进安全生产宣教进企业、进校园、进社区、进家庭、进农村工作，推动安全责任落实，提升沂沭河干部职工安全素养，不断提升流域本质安全水平。通过"五进"宣教，夯实了沂沭河局安全工作的基石。现将沂沭河局几点做法进行分享，希望能得到批评指正。

一、加强领导，进一步落实各项安全生产职责

沂沭河局根据领导分工，及时调整安全生产领导小组。由局党委书记、局长为安全领导小组组长，其他领导班子成员为副组长，局机关科室、直属各单位主要负责人为成员。各单位主要负责人为本单位的安全生产责任人。按照"谁主管、谁负责"的原则，落实各部门安全生产管理职责。把安全生产纳入年度考评，定期或不定期地对安全生产进行检查和抽查，实行安全生产一票否决制，全面落实安全生产职责制。安全工作主要领导亲自抓，分管领导具体抓，一级抓一级，层层抓落实，做到安全生产目标管理落实到位，职责落实到人。

沂沭河局党委多次召开安全生产扩大会议，深入学习贯彻习近平总书记关于安全生产工作的重要论述，专题部署安全生产宣教活动，从政治的高度把握安全生产，着眼践行"两个维护"来看待安全生产，围绕推动高质量发展来强化安全生产，坚持"生命至上"理念来抓好安全生产。沂沭河局党委严格按照"管行业必须管安全，管业务必须管安全，管生产经营必须管安全"、"党政同责、一岗双责、齐抓共管、失职追责"和"谁主管谁负责"的要求，完善全员安全生产责任制，建立健全"层层负责、人人有责、各负其责"的安全生产责任体系。

沂沭河局党委突出重点领域，抓好水闸工程、险工险段、涉河建设项目和附属设施用房、办公场所、院区、车辆等重点领域安全生产工作，认真抓好安全生产自然灾害隐患大排查大整治行动，深入开展水利安全生产专项整治三年行动集中攻坚，全面推进安全生产标准化工作，切实抓好重点时段、重点区域的安全管理，强化安全生产宣传教育培训，切实做好学生防溺水、安全进校园、宣传进社区、涉河企业抓安全落实等各项重点工作，防止恶性事故发生。

二、筑牢安全防线，扎实开展安全宣传"五进"工作

1. 认真落实责任，抓好涉河生产企业安全责任落实

沂沭河流域涉及跨河电缆、电力铁塔、燃气管道、输水管道、输油管道、跨河桥梁、拦河闸坝、公益性游乐场所等多个领域。沂沭河流域涉及工程大都为民生工程，涉河工程安全影响到整个临沂市的稳定。在安全管理上我们突出两个重点，一个是不能因为跨河工程影响到河道水势和行洪安全；二是涉河工程在实施、运行过程中要保证项目本身的安全，不对河道工程造成衍生灾害。

在涉河项目的实施中，我们对施工企业提前介入安全管理，首先要求涉河企业做防洪影响评价。防洪影响评价主要的指标是工程项目不能缩窄行洪断面，符合河道断面防洪标准，有防洪影响工程。跨河项目施工中有应急度汛组织机构和应急方案，要求工程在汛期完成工程主体，确保堤防及管护设施完整安全；跨河项目施工中要求施工企业工地现场符合安全文明施工要求，临电、深基坑、高边坡、高处防坠落、防溺水等措施到位；施工现场临设不得用于工人住宿；要求施工现场有疏散应急方案。

通过各种安全管理措施，达到河道行洪能力不降低，工程自身安全有保证。

沂沭河局涉河工程共 108 个，其中公益性工程和民生项目 77 个，水工类项目 31 个。沂沭河局安全责任落实做到了全覆盖、无遗漏。对违规违法项目做到了零容忍，重点地段 24 小时值班值守。

2. 多措并举，推进平安社区、平安家庭建设

沂沭河局注重平安社区、平安家庭建设。做好社区安全首先要"从我做起"，做好本单位的安全社区建设，消除安全隐患。沂沭河局共有职工宿舍 8 处，分布在兰山、临沭、郯城、兰陵四个县区。我们首先确定各单位后勤中心是安全联络单位，每个社区设安全联络人 1 名。这样就建立起了基本的安全管理网络。

沂沭河局常态化开展安全生产"进社区、进家庭"宣传活动。局水政安监科多次组织人员对所属社区进行消防专项检查，就居民用电、用气安全、消防安全常识进行解答。沂沭河局安全管理人员就灭火器、缓降绳使用进行专题培训。

通过多次开展安全"进社区、进家庭"活动，达到了预防消防事故的目的，增强社区群众安全意识和自我保护能力，营造全民参与安全生产浓厚氛围。

3. 扎实推进安全生产进校园，做好防溺水宣传教育

沂沭河局高度重视未成年人防溺水安全，局党委多次召开专题会议研究部署未成年人防溺水安全教育工作。

沂沭河局通过"安全生产进校园"活动、埋设防溺水宣传牌、直管工程范围 24 小时值班值守等，做好预防河道溺水工作。

局直属各单位结合各自实际情况，不断创新宣传方式，强化宣传效果，采取切实可行的措施，最大程度减少河道溺水事故的发生。

2021 年沂沭河局共发放宣传材料 1 500 余份，制作防溺水专项宣传视频 2 部，局机关开展专项防溺水督导检查 6 次，直属各单位 260 多人次参加防溺水宣讲活动。

4. 全员参与，推进平安沂沭河建设

沂沭河安全事关临沂市政治稳定和经济发展。沂沭河局下大力气做好沂沭河的治理和管

护。一是积极推进沂沭河上游堤防加固工作。通过这项工程的实施,把沂沭河上游防洪标准提高到 20 年一遇,大大提高了沂沭河流域上游的防洪能力。二是做好"清四乱"工作。通过清河行动,拆除了临海花田、奇园、小江南、澜泊湾等一批影响河道安全的违章建筑。三是做好现有工程的维修养护工作。2021 年,沂沭河流域投资 3 000 余万元做工程维修养护,保证现有工程标准不降低,为沂沭河安全泄洪夯实基础。四是做好水行政执法。特别是做好直管河道内盗采盗挖的打击力度,维护了良好的水事秩序,守护好沂沭河安澜。

三、沂沭河流域安全存在的隐患

1. 现有工程标准和临沂市的经济发展不相适应

山东省境内沂沭河流域面积 1.73 万 km²,随着城镇建设的发展,人民群众对沿河环境的要求日益提高。

目前沂沭河除了沂河城区段防洪标准能达到 50 年一遇,其他河段基本都是 20 年一遇,部分堤段带病运行,堤防的防洪能力已经远远落后于经济发展。

2. 沿河群众安全意识有待提高

多年来,沂沭河溺水事件鲜有发生,大多为青少年。主要原因为沿河群众安全意识淡薄,对未成年人疏于教育和管理。

3. 直管湖区封闭困难

沂沭河直管范围内有刘家道口水利枢纽、大官庄水利枢纽、江风口泄洪闸三个大型控制性工程,管理长度少则几公里,多则数十公里,沿河做维护难度大、效果差。

4. 沿河景观区管理难度大

沂沭河沿河环境优美,是沿河居民和休闲的重要场所,主要集中在凤凰广场、书法广场、阳光沙滩、百里健身长廊、儿童乐园等。沂河桃源橡胶坝景区还建设有亲水平台、游艇码头、儿童水上乐园等。

沿河景区人员多,特别节假日期间管理难度大,存在较大的安全隐患。

5. 河道内存在整体村落

目前,部分县区在河道内还有历史形成的整体村落存在,超标洪水时存在较大安全隐患。

四、常态化做好安全生产宣教"五进"工作

下一步,沂沭河局将把安全思想统一到习近平总书记关于安全生产的重要论述精神上来,牢固树立"人民至上、生命至上"理念,更好统筹发展和安全,进一步提高对安全生产宣传教育工作的认识,将"五进"活动纳入安全生产工作计划,与业务工作同谋划、同部署、同检查、同落实。加强活动组织实施,专题研究部署,明确责任单位、责任人和时间节点,做好人力、物力和相关经费保障,抓好督促检查,确保活动有力有序有效开展。

沂沭河局将按照当前疫情防控常态化和安全生产工作要求,创新宣教方式,丰富宣传手段,充分发挥各级各类媒体和网站的平台作用,积极营造关心安全生产、参与安全发展的浓厚舆论氛围。

四十载治水路漫漫　沂沭河奋勇铸辉煌

沂沭泗水利管理局沂沭河水利管理局　郑诗娟

四十载砥砺奋进,四十载长歌未央。时光荏苒,见证沧桑巨变,沂沭河局自 1983 年建局以来,一代又一代沂沭河人始终把维护河流健康生态、构建人水和谐的水生态环境、服务流域经济社会发展当作义不容辞的责任和使命,坚持以除水害、兴水利、保安澜为己任,认真履行流域机构管理职能,各项工作均取得了丰硕成果,在沂沭泗统管 40 年的恢宏画卷上谱写了浓墨重彩的华章。

一、全面从严治党扎实推进

40 年来,沂沭河局党委始终发挥把方向、管大局、保落实的重要作用,如灯塔般引领着各项水利事业发展。自党的十八大以来,沂沭河局对加强党的建设重大意义的认识更加深刻,坚持把党建作为主线贯穿工作始终,全面强化党建主体责任链条,成立局党建工作领导小组,建立局党委定期研究、督查调研机制,完善党建联系点制度,落实班子成员带头讲党课、参加双重组织生活制度,构建了全方位、立体式的党建考核体系。持续推进党风廉政建设,严格落实中央八项规定精神,深入开展廉政教育和廉政文化建设,党员干部遵规守纪的自觉性显著增强。强化基层党组织建设,建立联学共建机制,支部标准化推进、支部工作法提升、支部阵地建设三大任务基本完成,全局党员领导干部抓党建、促业务、谋发展的动力得到进一步激发。自 2016 年以来,先后开展了党建"起步年""提升年""规范年""常态年"活动,党建工作逐步走向制度化、常态化、规范化,有效推动了全局水利管理中心工作开展。

二、防洪减灾能力显著提高

沂沭河局接管时的水利工程多建于 20 世纪 50 年代,堤防单薄陡峭,险工险患众多,统管之前,沂沭河防洪整体标准不足 10 年一遇。随着沂沭泗河洪水东调南下工程、东调南下续建工程相继实施,沂河刘家道口枢纽工程、江风口闸扩大工程、沂沭邳治理工程、分沂入沭扩大工程、新沭河治理工程的完工,沂沭河骨干工程防洪标准提高到了 50 年一遇。统管以来,沂沭河主要河道得到了系统性的全面整治,防洪工程体系日趋完善,防洪能力逐步提升。沂沭河流域水旱灾害频繁,为确保度汛安全,沂沭河局充分发挥流域防洪工程统一管理、统一调度的优势,积极配合地方政府防指做好防汛工作。2019 年被山东省委、省政府授予"山东省抗击台风抢险救灾先进集体"称号,2020 年被临沂市委、市政府授予"'8·14'防汛救灾先进集体"称号。同时,沂沭河局坚持防汛抗旱两手抓,把泄洪与蓄洪结合起来,充分调动蓄洪水资源,在 2011 年年初流域 200 年一遇的特大干旱应对工作中发挥了重要作用,为地方经济社会更好更快发展提供了坚强有力的安全屏障。

三、工程管理水平稳步提升

统管以来,沂沭河局以确保工程安全为中心,以科技进步为支撑,以工程管理考核为手段,全面推进工程管理规范化、法制化、现代化建设。不断加强基础工作,积累了丰富的管理经验和大量翔实可靠的基础管理资料,培养了一批素质高、业务精的水利管理人才。探索目标管理机制,开展了"优胜红旗闸""五化堤防"等创先争优活动。推进工程目标管理考核,2006年江风口局、彭道口闸管理所在淮委系统率先被评为"国家二级水利工程管理单位",刘家道口局、江风口局、大官庄局相继通过"国家级水利工程管理单位"验收,2013年刘家道口枢纽水利风景区被评为国家级水利风景区。积极开展工程管养分离试点,2008年沂沭河局水管体制改革全面完成,彻底实现了"管养分离",管理工作走上了良性发展轨道。助力沂河成功上榜全国"最美家乡河",沂河全国示范河湖建设高分通过国家验收,"闸是风景区、堤是风景线"的直管工程新形象蔚然成型。

四、直管河道面貌明显改善

沂沭河局一直将"维护河湖健康生命"作为使命职责,1985—1987年开展了声势浩大的清障行动,用三年时间清除河道阻水林木近6万亩。随着"河长制"的全面实施,积极协同地方河长办,大力推进直管区"清四乱"和河道清违清障工作,对一些体量大、影响大的案件,加强研判分析、督查整改落实,以点带面促进了清违工作有效推进。仅2019年一年拆除违法建筑面积近90万m²,对392件"四乱"案件进行动态监管,18件重大案件建立动态台账,规模以上违建项目全部纳入立案查处程序,直管区内省河长办确认下达的747项清单问题全部在规定时间节点通过验收,中央纪委国家监委"漠视人民利益"专项整治涉及的9个案件全部提前完成整治,水利部挂牌案件澜公馆及时完成现场验收和解挂,直管区河道清违任务圆满完成,得到了上级的高度认可,受到了临沂市政府通报表扬。一大批长期存在、难以解决的违建项目得到彻底清除,岸线管理保护高压红线逐步构筑,直管河道管理秩序进一步规范,沂沭河面貌焕然一新。

五、依法管水治水不断深化

沂沭河局始终坚持以河道采砂管理为重点,不断加强水行政执法工作。自2017年6月开始,沂沭河全面禁采,"游击式"零星偷采行为日益增多,监管压力日渐凸显。沂沭河局主动与有关县区河长沟通协调,认真组织开展"河湖执法"三年执法行动,与地方政府有关部门建立打击非法采砂联动执法机制,推动建立"河道警长制",目前沂沭河零星盗采几乎绝迹,规模性非法盗采完全绝迹。统管之初,沂沭河局没有专门的执法队伍,为适应水行政管理需要,相继建立了1个水政监察支队、7个大队,水政执法队伍从无到有、从有到全,形成了体系完备、覆盖面广的水政监察组织网络,成为沂沭河打击水事违法行为的主力军。据统计,自2015年以来,沂沭河局全局共出动执法人员28 800余人次,执法车辆8 200余车次,巡查河道超过32万km,现场制止涉河违法行为1 340余起,先行登记保存非法采砂车辆(机具)1 500余辆(台)。40年来,沂沭河局认真履行职责,妥善处理各种水事矛盾纠纷,形成了较为完善的水法规体系,有力维护了流域社会稳定,树立了良好的流域管理机构形象。

六、水资源利用有效推进

统管初期,水资源多头管理、重复发证现象较为突出,直管区水资源管理工作比较薄弱,2012 年水资源科成立后,主动作为,依法履职,逐步理顺体制机制,积极落实"河长制",协调做好水资源流域与行政区域管理结合的文章,通过深入开展取水许可规范化整治,强化取用水监管,"管住用水"迈出坚实步伐,水资源管理工作取得显著成效。完成了对所有取水户的清查登记,形成了完整的取水口"一口一档"。先后配合上级完成了金牛水电站、山东泓达生物科技有限公司等 20 余个取水项目的取水许可审批工作,直管区年许可取水总量达到 6.6 亿 m³。督促推动 12 家重点取水户将取水数据接入国控系统,对直管区 33 处非农业取水口实现逐月抄表计量全覆盖。水资源有偿使用深入推进,水费收取数额连年稳步提升,目前已实现了直管区非农业取水户水费计收全覆盖。水资源管理工作经验被水利部评选为"新时代基层水资源管理典型经验"优秀案例。

七、自身能力建设显著增强

档案管理规范化建设稳步推进,全局各级机关全部通过水利部水利档案规范化管理三级达标验收,大官庄局荣获"省档案工作科学化管理示范单位"荣誉。安全生产标准化建设取得突出成绩,7 家下属单位水利部安全生产标准化创建全部达标。水利科技再添新成果,仅从 2015 年至今就有 9 项科技项目获淮委科学技术奖二等奖、三等奖,11 项科技项目获得国家实用新型专利。不断加大人才引进力度,自 2005 年公开招录国家机关工作人员合计 63 人,自 2006 年公开招聘事业单位工作人员合计 45 人,大幅优化了队伍年龄结构、学历结构和专业层次。精神文明建设扎实推进,近年来,沂沭河局始终坚持把"文明单位"创建作为文明建设的重要抓手,紧紧围绕水利中心工作,大力开展以创建文明单位为重点的群众性精神文明建设活动,精神文明建设硕果累累,局机关成功创建"省级文明单位"和"全国水利文明单位",7 家下属单位全部取得市级以上"文明单位"荣誉称号,其中 2 家荣获省级"文明单位"荣誉称号。

四十载惊涛拍岸,九万里风鹏正举。回眸历史,我们同心筑梦、砥砺前行;起航现在,我们意气风发、信心满怀。水利管理永无止境,水利管理任重道远。站在新的起点上,沂沭河人已整装待发,时刻准备好以坚如磐石的信心、昂扬向上的精神扬鞭奋蹄,战胜前进道路上一处又一处艰难险阻,奏响沂沭河水利管理工作的黄钟大吕之音!

栉风沐雨四十载,砥砺前行铸辉煌

——写在沂沭泗水系统一管理 40 周年之际

沂沭河水利管理局刘家道口水利枢纽管理局　　郑思成

彭道口闸管理所成立于 1980 年,隶属于临沂东调工程指挥部。1983 年 4 月移交沂沭泗局沂沭河管理处,2003 年更名为彭道口水利枢纽管理局。2011 年 7 月刘家道口水利枢纽竣工移交后,水利部批复组建刘家道口局,承担工程管理、防汛、维修养护等工作,依法行使水行政管理职责。

时光荏苒,岁月如歌。今年是沂沭泗水系统一管理 40 周年。40 年来,刘家道口局大力弘扬新时代水利精神,不断提高工程管理科学化、规范化水平,水利管理工作取得丰硕成果。

一部部雄伟壮丽的建设诗篇,一张张凝聚汗水的坚毅脸庞,一幕幕扣人心弦的抢险画面,交织成刘家道口局发展的画卷。经过几代水利人不懈努力,工程面貌焕然一新。

一、党建统领,固本强基

问渠那得清如许,为有源头活水来。40 年来,特别是党的十八大以来,刘家道口局坚持把政治建设摆在首位,认真学习贯彻落实习近平总书记重要讲话指示精神和党中央重大决策部署,以沂蒙红色基因为根脉,推动水利事业全面发展。

一是全面加强党的领导,强化政治担当。深入学习贯彻习近平新时代中国特色社会主义思想、习近平总书记对水利工作的重要指示精神,严把政治方向,做好工程管理、防汛、水行政执法等工作,奋力开启新时代水利事业新征程。

二是强化党建引领,推动水利管理工作不断提升。坚持把党建工作融入水利事业发展的各层面、全过程,实现党建工作与中心工作同频共振、互促共赢,真正做到党建强、发展强。党建工作取得的成效有:2019 年、2021 年被评为"淮委先进基层党组织",2003—2005 年、2018 年获得"沂沭泗局先进党支部""沂沭河局优秀党支部"等荣誉称号。

二、典型引路,勇攀高峰

"全国水利建设与管理先进集体""国家级水利工程管理单位""国家水利风景区""水利安全生产标准化一级单位""山东省档案工作科学化管理先进单位""沂沭泗局防汛抗洪先进集体""沂沭泗局水利管理先进集体"……一份份沉甸甸的荣誉背后,凝聚着几代水利人的智慧和汗水,记载着创业者的艰辛历程。

一是推进水利工程管理考核工作。统一管理前,工程面貌差、标准低,堤顶道路凹凸不平,泥泞不堪;堤身单薄、残破,杂草横生。钢丝绳和闸门锈蚀,设备老化,自动化水平低,技术力量薄弱,很多职工存在懈怠和畏难情绪。统一管理后,不断加强工程管理,提高管理水平,特别是随着水管体制改革深入开展,水利管理工作规范化、法制化、现代化水平不断提高。2005 年年初新一届领导班子成立后,抓住水管体制改革试点有利契机,强化组织领导,健全创建机制,激发创建热情,创新规范管理,于 2006 年 12 月成功创建"国家二级水管单位",实现淮委国家级管理单位"零"的突破。在此基础上,2012 年通过国家级水管单位验收,2017 年通过国家级水管单位复核。工程管理考核改善了工程形象面貌,提升了管理水平。

二是推进水生态文明建设。刘家道口枢纽工程位于"国家城市湿地、中国人居环境范例奖"临沂滨河景区下游。依托控制蓄水形成的约 10 km² 的人工湖面,建设集防洪、生态和交通等功能于一体的滨河生态景观区,取得良好经济效益和社会效益。2013 年,沂河刘家道口枢纽水利风景区被评为国家水利风景区。2014 年荣获"省级花园式单位"称号。

三是推进安全生产标准化建设。坚持统筹部署,规范管理,构建安全文化建设长效机制,稳步推进创建工作深入开展。2019 年 1 月被水利部授予水利安全生产标准化一级单位。

四是重视科技创新工作。刘家道口局工程技术人员锐意进取,研发的彭家道口分洪闸卷扬启闭机提升孔滑动式密封装置获得 2015 年淮委科学技术奖二等奖,发明的自动移动式护栏提升装置获得 2016 年淮委科学技术奖三等奖,两项发明均获国家实用新型专利。

五是推进档案规范化管理工作。设立综合档案室,制定管理制度,提高档案管理信息化水平。2012 年顺利通过山东省特级档案室考核验收,2015 年荣获"山东省档案工作科学化管理先进单位"称号;2019 年通过水利档案工作规范化管理三级标准综合评估。

三、践行突破,聚心致远

践行是使命,突破是担当;聚心是守初心,致远是发展。刘家道口人把践行初心使命体现为担当作为,全力以赴谋发展、促振兴,推进水利事业发展。

一是完成水管体制改革工作。2005 年,刘家道口局作为水管单位体制改革试点单位,初步明确管理权限、实现管养分离,顺畅管理体制。2006 年 1 月,全面实施水管体制改革。2008 年 1 月通过淮委组织的水管体制改革验收。

二是做好防汛工作,确保流域安全。多年来,刘家道口局干部职工始终保持强烈的责任感和事业心,不怕牺牲、不畏艰难,经受住大汛考验,成功战胜 2012 年"7·10"洪水、2019 年"利奇马"台风、2020 年"8·14"洪水等,为保障沿河群众生命财产安全做出重要贡献。

三是加强水行政执法、水资源管理工作。随着国家法制建设的不断推进,刘家道口局水政工作经历了从无到有、从弱到强的发展历程。目前,已初步建立水行政规章制度,水行政执法逐步纳入法治化轨道,依法行政能力不断提高。

四是管理设施发生天翻地覆的变化。统一管理前,只有十几间平房,建设标准低下,房屋狭小、破旧,个别房屋损坏有漏雨,没有必需的配套设施,办公条件很简陋。职工出行难、吃水难。统一管理后,随着社会经济发展水平的不断提高,兴建了现代化的防汛调度设施和文化福利设施。今天的刘家道口局地理位置优越,旧貌换新颜:办公楼巍然耸立,院区草木繁盛,鸟语花香,生机益然。管理设施的更新升级,不仅改善了办公生产条件,也提高了管理水平,更稳定了职工队伍。

四、精神指引,文化塑魂

秉承老一辈水利人的艰苦奋斗作风,刘家道口局积极践行新时代水利精神,把精神文明建设与水利工作有机融合,相互促进、相得益彰。

一是不断深化单位文化建设,营造健康向上、充满活力的工作生活环境。组织《我和我的祖国》快闪、"践行新时代水利精神"、党史新中国史知识竞赛等活动,进一步加深干部职工对党的理论、路线、方针的理解,坚定理想信念。推进书香单位建设,举办世界读书日等系列活动,提高干部职工文化修养。动员职工参加中华人民共和国治淮 60 周年、建党 90 周年、沂沭泗水系统管 30 周年、淮委职工运动会等活动,多名职工在文艺汇演、体育比赛、知识竞赛等项目中取得了优异成绩。

二是推进精神文明建设工作。深入学习贯彻习总书记关于精神文明建设重要论述,通过党员带动,职工参与,全面提升干部职工文明素质和文明程度。先后荣获"临沂市职业道德建设先进单位""淮委精神文明建设工作先进集体""全国水利系统职工小家""临沂市文明单位"等荣誉称号,多人受到上级表彰。

装点此关山,今朝更好看。今天的沂河两岸,呈现出经济快速发展,社会和谐稳定,人民幸福安康的美好景象。这里,展现着老一辈开拓者前赴后继、浴血奋战的丰功伟绩,抒写着新一代水利人的青春与奉献,生动诠释了新时代水利精神,也见证了我们伟大祖国的发展和进步。党的十九大指出,中国特色社会主义进入了新时代,这是我国发展新的历史方位。站在新的历史起点上,刘家道口局全体干部职工在上级坚强领导下,继续传承和发扬艰苦奋斗精神,以更加昂扬向上、一往无前的奋斗姿态,不断丰富深化水利改革的新实践,续写水利发展的新篇章!

红旗漫展遍沂州　不负江河万古流

沂沭河水利管理局大官庄水利枢纽管理局　孙　聪

临沂因临近沂河而得名,依水而建,仁水而立,是一座典型的因水而兴的城市。纵贯沂蒙大地的沂河、沭河溯沂山南麓之源,汇东西支流而聚,自北而南并驾齐驱,浩浩汤汤奔流不息,承载着东夷文化穿境而过,汇入万顷东海。水在这座年轻而又古老的城市身上留下了深深的烙印。

作为临沂人民的母亲河,沂、沭两河孕育滋生了辉煌灿烂的文化,临沂也被誉为"齐鲁襟喉、徐淮锁钥"。历史上的沂沭河流域饱受洪水侵害,形成了著名的"洪水走廊",给两岸人民带来了深重的灾难。中华人民共和国成立后,毛主席亲自擘画江河治理的宏伟蓝图,在流域人民艰苦卓绝的努力下,初步建立了相对完善的防洪减灾工程体系。然而撼山易,治水难。沂沭泗流域水情之复杂、洪涝灾害之频繁、治理任务之艰巨举世罕见,为科学调度洪水,合理利用水资源,解决省际水利矛盾纠纷,1981 年沂沭泗局正式成立。时光荏苒,沂沭泗水系统一管理已经走过 40 年历程,大官庄局牢记使命、不负重托,在沂沭泗统管 40 年的恢宏画卷上留下了浓墨重彩的一笔。

一、聚焦四个方向,水利管理工作亮点纷呈

勇举责任明晰之纲,工程管理规范有序。2020 年伊始,新型冠状病毒肺炎疫情突然爆发,全国上下都按下了暂停键,时间催人,形势逼人,任务赶人,责任压人。大官庄局上下以"等不起"的紧迫感、"慢不得"的危机感、"坐不住"的责任感全力以赴,突出以党建工作为引领的革命红色,突出以创新改革为动力的工程蓝色,突出以历史人文为积淀的文化青色,突出以职工幸福为标志的生活金色,突出以秀水泱泱为基底的生态绿色,以 956.6 的高分完成了国家水管单位创建任务。

力挈党建工作之领,夯实政治建设根基。习近平总书记强调:"党政军民学,东西南北中,党是领导一切的。"大官庄局历来高度重视党建工作,着力在"三个起来"上下功夫。一是把支部龙头挺起来。严格落实"三会一课"制度,积极发挥领导干部"头雁效应"和党支部的堡垒作用,让党支部为业务工作装配"红色引擎"。二是把党建品牌树起来。精心设计党建标志,提出"五以五促"支部工作法,以示范促带动,以文化促感召,以学习促提升,以警示促廉洁,以精神促凝聚。三是把内生动力提起来。倡导干部职工要涵养"5G 精神":甘,甘于奉献;干,干劲十足;公,公而忘私;敢,敢于担当;规,规矩意识。

狠抓文明建设之实,思想道德稳步提升。开展精神文明建设工作是实现中华民族伟大复兴梦的历史使命需要,大官庄局深入贯彻落实习近平总书记关于精神文明建设工作的重要论述精神,扎实推进各类群众性精神文明建设工作,守正创新、开拓进取。一是共建共享,把精神文明建设工作与党建工作结合起来,与城乡文明牵手共建活动结合起来,与新时代文

明实践活动结合起来,力戒形式主义,既坚持尽力而为、量力而行的原则,又至微至显善始善成。二是借势借力,把精神文明建设工作融入国家级水管单位创建过程中去、融入安全生产标准化一级单位创建过程中去、融入山东省档案科学化管理示范单位创建过程中去,实现内外兼修,既提升单位颜值,也涵养单位气质,让精神文明建设的丰硕成果为开展各项工作提供有力的思想指导、精神支撑、道德滋养。

全面规范管理之目,制度体系臻于完善。古人讲"经国序民,正其制度"。治理国家,使人民安然有序需要健全各项制度。管理单位要使职工团结进取,离不开规章制度。大官庄局以制度为抓手,完善制度细节,扎紧制度篱笆,全面提升各项工作制度化、规范化水平。一是健全日常管理制度,及时更新制度汇编,严格遵照执行,在全局形成握指成拳同频共振的团结氛围。二是健全岗位责任制度,横向责任到边,做到各股室之间相互监督;纵向责任到底,从领导班子到股室负责人再到普通职工,把责任体现到一言一行上,落实在一岗一位中。三是及时更新创建专项制度。按照创建活动中的有关要求,及时建立针对性的制度规范。通过抓好制度建设,努力做到管理无漏洞、责任全覆盖、创建无死角。

二、立足为民服务,水利管理工作卓有成效

统管 40 年,防汛工作明显优化。随着调尾拦河坝、人民胜利堰节制闸、新沭河泄洪闸除险加固等工程的完工,大官庄水利枢纽的工程防洪能力有了较大提高,为确保度汛安全,大官庄局真践实履精准落实,及早开展防汛检查,准确执行调度指令,在上级部门的领导下先后战胜了 1997 年、2012 年特大洪水及 2021 年"8·14"洪水,成功抵御"温比亚""利奇马"超强台风,为确保流域人民生命财产安全做出应有的贡献。

统管 40 年,经济实力明显增强。俗话说,宁吃开眉粥,不吃皱眉饭。把饭碗牢牢端在自己手中是历代大官庄人心心念念的愿望。为此大官庄局不等不靠、积极作为,一是坚持开源节流,创出降本增收新成果。一方面加强水费征收,与金牛水电站、石梁河水库签订新合同,提高经济收入。另一方面在全局上下厉行勤俭节约,减少一切不必要开支。二是实施创新驱动,实现经济创收新发展。利用好区位优势,深入挖掘大官庄局水文化基因,积极与沭河古道景区达成合作意向,努力打造具有一定影响力的水文化展示载体,推进文旅融合协同发展,成功实现了收支平衡、略有盈余的目标。

统管 40 年,党建工作明显提质。党的十八大以来,大官庄局对加强党的建设重大意义的认识更加深刻,抓党建强党建的良好氛围逐渐形成,通过抓好组织这个"神经末梢",抓好党员这个"肌体细胞",抓好干部这个"中坚力量",促进党建和业务工作高度融合。全面加强党风廉政建设,认真落实意识形态工作责任制,推进党建工作具体化、制度化、常态化,大官庄局党建工作不断取得新进展新成效,在沂沭河局党建考核中排名逐年上升。

统管 40 年,文明建设明显进步。如果硬件设施是一个单位的"筋骨",那么精神文明就是单位的"灵魂",一个单位长远发展既要"强筋骨",更要"铸灵魂"。大官庄局精神文明建设工作起步较早,1997 年即被评为"沂沭泗局精神文明单位",经过多年探索和实践逐步形成了"领导挂帅、分工负责、全员参与、按时调度"的文明单位创建复核机制,有效推动大官庄局先后成功创建临沭县文明单位、临沂市文明单位。

统管 40 年,职工生活明显改善。"远看是掏煤的,近看是要饭的,仔细一看是管理段的。"老一辈的大官庄人终日与风、河为伴,交通不便饮水困难,条件极其艰苦,几间破旧的平房一到下雨便是"床头屋漏无干处,雨脚如麻未断绝"。直到沂沭泗局统管后多措并举改善基础设施建设,修建了全新的办公楼并配置交通车辆,职工吃水难、用电难、出行难的局面才彻底得到改变。

三、总结治水经验,水利管理工作任重道远

一要聚焦防汛主线,不走神散光。安全度汛是水利部门的工作底线,是水利系统的头号风险,千举万变,其道一也。围绕防汛中心服务防汛大局是开展各项工作的前提,必须时刻紧绷防汛这根弦,压紧压实防汛责任,抓实抓细防汛措施,切不可顾此失彼、本末倒置。

二要注重统筹兼顾,不割裂脱节。党建工作与业务工作如同"车之两轮""鸟之双翼",两者相互影响相互促进,必须牢记习总书记关于"推动党建与业务深度融合"的重要指示精神,充分认识到抓好党建工作是最大的政绩,切实做到以党建促业务,以业务推党建,实现党建与业务齐头并进、双核驱动。

三要坚持严格管理,不松劲懈怠。面对治水管水矛盾的深刻变化,复杂多变的治水形势容不得我们躺在功劳簿上沾沾自喜。逆水行舟用力撑,一篙松劲退千寻。只有切实践行"水利工程补短板、水利行业强监管"的水利改革总基调,才能有效回应流域人民对"幸福沂沭河"美好未来的殷切期望。

四要做好文化传承,不数礼忘文。不管走了多远,都不要忘记来时的路。作为水利部门要加强对历史文化传承的重视,做好水文化的保护、传承、弘扬工作。推动水工程和水文化融合发展,在满足工程效益、确保防洪安全的前提下,灵活增添文化元素,讲好治水故事,积极打造治淮文化宣传窗口。

适逢沂沭泗水系统统管 40 年,成绩来之不易,奋斗充满艰辛。对历史最好的致敬,就是书写新的历史;对未来最好的把握,就是开创更美好的未来。在水利改革发展的新征程中,我们理应不驰于空想,不骛于虚声,以"咬定青山不放松"的勇气与毅力,"敢叫天地换新颜"的冲劲与豪迈,坚持以习近平新时代中国特色社会主义思想为指引,务实前行、砥砺奋进,努力打造人民满意的"幸福沂沭河"。

推进落实河(湖)长制　助力直管河湖更美更出彩

淮河水利委员会沂沭泗水利管理局　马　莹

2016年10月,习近平总书记主持召开中央全面深化改革领导小组第二十八次会议,审议通过了《关于全面推行河长制的意见》。2017年元旦,习近平总书记在新年贺词中特别强调"每条河流要有'河长'了"。

全面推行河(湖)长制是党中央、国务院加强河湖管理保护的重大决策部署,也是落实绿色发展理念、推进生态文明建设的重大举措。根据中央和水利部推行河(湖)长制统一部署和淮委的工作要求,沂沭泗局主动对接苏、鲁两省各级政府及河长制工作机构,全面融入河(湖)长制工作体系,积极推进直管河湖落实河(湖)长制,并以此为契机,促进直管河湖管理保护新跨越,让直管河湖更美更出彩。

一、统一思想,明确目标,全力推进直管河湖河(湖)长制落地生根

"中央直管河湖河(湖)长制"要不要建立?怎么建立?如何运行?《关于全面推行河长制的意见》没有明确意见。

"中央直管河湖河(湖)长制"对直管河湖管理保护有何影响?对直管河湖管理单位有何影响?推行之初,一切都是未知。

沂沭泗局党组中心组第一时间组织学习和讨论,深入基层一线调研,研究成立了沂沭泗局推进河长制工作领导小组制订《沂沭泗局推动直管河湖落实河长制工作方案》,在水利部和淮委指导下,积极协调流域各级地方政府,努力推进直管河湖河(湖)长制落地生根。

一是积极参与各地河长制工作方案的制订。直属单位主动采取汇报、沟通或发文等不同形式参与或建言所在行政区域河长制工作方案制订工作。结合直管河湖管理特点,就在直管河湖实施河长制的工作目标、主要任务、组织形式、保障措施等提出具体建议意见,为各地制订方案和制度提供建议,做好参谋。

二是提出直管河湖分级名录与设立河长建议。各级管理单位根据河湖的自然属性、跨行政区域情况,以及对经济社会发展、生态环境影响的重要性等,分别向各级地方政府提出需由省、市、县级负责同志担任河长的河湖名录和分级分段设立河长的建议。直管河湖已全部纳入河长制体系。

三是全面融入地方河长制工作体系。沂沭泗局及下属的直属局、基层局分别成为省、市、县河长制工作机构的成员单位,承担相应职责,参与相关工作。积极参加河长制工作会议,为各级河长及河长制办公室做好水资源保护、水域岸线管理保护、水污染防治、水环境治理、水生态修复和涉河湖执法监督等工作任务出谋划策。参加地方河长巡河调研、检查,把直管河湖基本情况、存在问题以及推行河长制工作需要重视的一些事项向巡河河长进行及时汇报,并就下一步工作开展提出建议。

二、抓住机遇，用好平台，努力促进直管河湖管理保护新跨越

河长制的实施对直管河湖的管理保护提出了新的要求，同时也为解决长期以来河湖管理保护中存在的一些重点难点问题提供了难得的机遇。沂沭泗局积极配合河长和河长制工作机构，借力河长制平台，促进流域直管河湖管理与保护相关工作。

一是开展直管河湖全面排查，建立河湖问题档案。组织专门人员，在已有工作和资料的基础上，进行了全面、系统、细致、准确的拉网式排查，利用手持 GPS 定位装置、小型无人机等设备，徒步走遍直管工程每一处，对现状情况和存在问题进行了全面排查，建立直管河湖问题档案，动态管理问题清单，并将清单报送地方河长办，推进问题清理整治。

二是推进直管河湖岸线保护和利用规划及直管河湖综合整治方案（或一河一策）。在河湖全面排查成果的基础上，调研流域各地、各行业对河道岸线的利用需求，积极开展直管河湖岸线管理规划编制工作。积极参与编制完成主要河湖综合整治方案（或一河一策），为今后相当长的一段时间内河湖治理保护提供了符合管理要求的处理意见。

三是直管河湖"清四乱"成效明显。"清四乱"专项行动开展以来，沂沭泗局组织召开 6 次专项推进会，积极参加各项清理整治行动，发挥了积极的作用，取得了显著的效果。截至 2021 年 7 月中旬，沂沭泗局各直属局、基层局与苏、鲁两省相关市、县河长办，就直管河湖共同排查认证的河湖存在问题，已完成清理整治 5 260 个；累计清除违章建设 2 380 处、违章船厂码头 123 个，清除违章种植 1 666 余亩、违章养殖 287 处、违章堆放 210 余处，清理网箱 2 367.5 万 m²，河湖环境明显改善，管理秩序明显好转。针对问题清单中剩余河湖问题，沂沭泗局组织开展了直管河湖存在问题清理整治专项行动，逐一分析研究，积极对接地方，主动推进存量问题清理整治，力争实现河湖"四乱"清零目标。

四是直管河湖划界全面完成。河湖管理范围划定事关河湖"四乱"问题的界定，与各方利益休戚相关，问题错综复杂，困难重重。2017—2020 年，按照水利部统一部署，我局加强对河湖管理范围划界工作的组织领导，不断加大工作力度，积极与属地政府沟通协调，妥善解决了各种矛盾和历史遗留问题，圆满完成直管河湖全部划界任务，并全部公告。共完成管理范围测绘 34 万亩，制作埋设界桩 35 199 个，安装告示牌 861 块。

五是河湖管理秩序明显改善。河长制推行以来，沂沭泗局各级单位主动沟通，不定期与地方联合召开座谈会统一思想，涉直管河湖重点建设项目审批前都征求相关地方意见，保障了河湖岸线资源依法有序开发利用。同时，坚持"三级巡查"制度，针对违法违章建设和采砂，加大打击力度，坚决依法制止查处。2020 年 7 月起，沂沭泗局组织开展直管河湖管理范围内"清理整治涉河建设项目遗留问题"专项行动，梳理查清 1992 年以来许可的 700 个项目中存在的批建不符、防洪影响处理工程未按要求实施等遗留问题，并针对所查问题，逐一向所在地市防指办、河长办发函督请清理整治，采取联合召开座谈协调会议和联合发文等方式，共同督导推进问题整改，取得明显效果。通过强化巡查和专项整治，涉河建设项目申报不断规范，河湖管理秩序明显改善。

六是幸福河湖建设成效初显。加强与流域各地河长制工作机构沟通协作，持续加强直管河湖管理保护力度。开展直管工程水利风景区资源调研，积极推进重点工程风景区建设。密切配合地方落实各项治理措施，打造生态景观河湖样板，沂河临沂段通过验收成为全国首批 17 条示范河湖之一，韩庄运河台儿庄段、沭河莒县段通过美丽示范河湖省级验收。

三、加强协作，联管共治，助力直管河湖"水清、河畅、岸绿、景美"

今年是"十四五"开局之年，我国社会主要矛盾新变化和经济高质量发展对河湖管理和保护提出新要求，沂沭泗局将按习近平总书记提出的建设"幸福河"的伟大号召，努力建设让人民具有安全感、幸福感与获得感的直管河湖。

一是健全完善协作联管机制。沂沭泗直管河湖工程涉及苏、鲁两省，做好河（湖）长制工作，需充分发挥流域管理机构协调作用，建立健全完善流域与区域协商协作机制、定期会商机制、联管联动执法机制，推动形成上下游联动、左右岸协同、干支流协调的直管河湖治理保护格局。抓住南四湖管理保护机遇，推动建立南四湖管理保护联席会议制度，实现联合会商、联合巡查、联合执法、信息共享等联合共治有效路径，并以此为试点逐步推广至全流域，借助河（湖）长制体制机制平台有效解决直管河湖管理保护面临的问题，进一步提升涉水事务综合监管能力。

二是持续推动河（湖）长制有能有效。积极参与淮委作为淮河流域管理机构牵头建立流域机构和省级河长制办公室协作机制，持续加强与地方政府、河长办、有关执法部门的沟通协调，以建设"健康美丽幸福沂沭泗河"为主要目标，推动直管河湖治理保护形成流域统筹、区域协调、部门联动格局，确保"有人管""协同管""管得好"，持续推动强化直管河湖河（湖）长制有能、有效。

三是协调推进"清四乱"常态化、规范化。进一步落实《沂沭泗局关于进一步加强直管河湖管理保护的意见》，坚持直管河湖三级巡查制度、对违法涉河建设组织执法力量第一时间清除、重大问题第一时间报告、坚决杜绝违章增量、对于符合立案标准的按照"有案必立、立案必查"的原则第一时间立案查处。同时进一步压实直管河湖地方主体责任，协同建立完善省、市、县级河湖"清四乱"日常监管体系，明确分级负责的责任要求，大力推动直管河湖存量问题清理整治。

四是推动"幸福河湖"建设出成效。以"双创"为抓手，充分发挥水利工程效益，持续改善直管工程和河湖面貌，同时紧抓苏、鲁两省提出的建设"美丽河湖"机遇，积极协调地方河长办和水利部门，争取将更多的直管河湖列入地方"美丽河湖"建设名录，并深挖自身潜力，配合做好建设工作，力争直管河湖全部达到"美丽河湖"标准，将沂沭泗直管河湖打造成为"水清、河畅、岸绿、景美"的幸福河湖。

当好参谋,协同推进

——上级湖局推进河(湖)长制工作纪实

沂沭泗水利管理局南四湖水利管理局 纪吉昌

一、流域机构在河(湖)长制中的角色定位

"河长制"由江苏省无锡市首先实施。2007 年 5 月,太湖蓝藻大面积暴发,水源恶化,严重影响居民的饮用水安全。由于太湖水污染治理是流域性治理,牵涉流域内各城市、各方面的协作。为此,无锡一方面按照中国国家和江苏省的统一部署,与流域内城市密切协作,实施最严格的环境保护制度;另一方面,无锡开启了"铁腕治污"时代,针对辖区内的内部河道,开展综合整治。"河长制"就是在这样的背景下应运而生。当时,无锡市要求各地党政一把手担任"河长",对水环境治理负总责,将河流断面水质检测结果纳入各地党政主要负责人政绩考核内容,各地不按期报告或拒报、谎报水质检测结果的,按有关规定追究责任。通过一系列针对性举措,太湖河湖环境得到明显改善,也因此得到了省政府及水利部的认可,并纷纷在各地展开试点,"河长制"遂正式走向全国。

全面推行河(湖)长制,在治河湖管河湖上实现行政首长负责制,表明了国家对加强河湖管理、保护的态度与决心,甚至可以说是一次历史抉择。对于流域管理机构同时而言,对加强流域管理既是机遇又是挑战。那么,流域机构在推行河(湖)长制的过程中,究竟该扮演何种角色?

按照水利部、中华人民共和国环境保护部(现中华人民共和国生态环境部)《贯彻落实〈关于全面推行河长制的意见〉实施方案》要求,流域机构在推进河(湖)长制工作中要主动作为,发挥好"协调、指导、监督、监测"作用。但无论是哪一种作用,在河长制实施过程中,流域机构的重要任务就是按照"目标一致、履职尽责、全力配合"的原则和"融入体系、当好参谋、参与联动、联合督导"的思路,加强与各级河(湖)长制组织机构及相关部门行业的协调,及时了解工作情况,借实行河(湖)长制的良机,维护流域良好的水事秩序,促进流域经济社会可持续发展。

二、上级湖水利管理局推进河(湖)长制工作成效

作为淮河的一级流域管理,机构自推行河(湖)长制以来,上级湖水利管理局(以下简称"上级湖局")严格贯彻习近平总书记"节水优先、空间均衡、系统治理、两手发力"治水方针和"水利工程补短板、水利行业强监管"水利工作总基调,贯彻落实上级部门全面推行河长制工作部署,在淮委、沂沭泗局以及南四湖局的正确领导和地方政府及各级部门的大力支持下,上级湖局充分利用河(湖)长制这个平台,及时沟通、积极对接、主动作为,"清四乱"工作成效显著,湖内非法采砂活动始终处于可控状态,湖区自然生态环境得到进一步改善。

（一）"清四乱"工作成效显著

上级湖局牢牢把握"水利工程补短板、水利行业强监管"工作总基调，紧紧抓住"清四乱"这个"牛鼻子"，与管理区域河（湖）长及时沟通、密切配合，建立沟通协商机制，在"清四乱"活动中取得了明显效果，其中，刘香庄码头群的整治工作成效较为显著。

刘香庄码头群是位于苏、鲁省际交界处的几处码头、货场的统称，位于上级湖局辖区内的码头群包括华龙港、双通港、瑞隆港、鸿达港、天安码头等五处码头及一处货场。2018年11月，上级湖局接到沂沭泗转发的《水利部淮河水利委员会关于对淮河流域河湖典型违法案件开展督办的通知》文件，文件中明确将刘香庄码头群划归"清四乱"之列。上级湖局高度重视，强化河（湖）长制这个有力抓手，在南四湖局的牵头下，积极与违法码头群涉及的沛县、微山县、鱼台县河长办联络对接，认真落实淮委督办要求，开展对刘香庄违章码头群的整治工作。通过多次召开工作座谈会、发布联合公告、开展联合执法行动、进行法律法规宣传教育等一系列得力举措，刘香庄码头群的整治工作得以顺利展开并成效明显，基本完成了淮委的督办要求。

在刘香庄码头群整治工作取得成功之后，上级湖局再接再厉，不断拓展河（湖）长制的工作模式，进一步落细工作措施，在辖区其他范围的"清四乱"活动中持续取得突破，为上级湖局水利治理工作提供了崭新的思路与方法。

（二）采砂管理形势持续稳定向好

推行河（湖）长制以后，南四湖局建立了采砂管理协调工作机制，上级湖局积极响应，认真施行，与管理范围内河长办召开采砂管理协调工作会议，定期进行联合宣传、巡查、执法活动，采砂管理协调工作机制得以有效发挥。特别是近两年来，在河（湖）长制机制的推动下，微山县加大采砂管理和巡查力度，摸排线索，对非法滞留船只进行打击，并划定留庄镇作为拆解采砂船只的定点；鱼台县成立采砂治理领导小组，制订实施方案，多次开展联合执法行动，对县所属湖区和河道进行拉网式检查。经过共同努力，目前上级湖局管理范围内的非法采砂管理取得了明显成效，非法采砂行为已基本消除，采砂管理形势持续稳定向好。

（三）大力开展推行河（湖）长制宣传工作

为有效配合河（湖）长制在上级湖局管理范围内落地，动员引导全社会参与推进河（湖）长制工作，进而推动水利事业不断发展，上级湖局积极组织开展形式多样的推行河（湖）长制工作宣传活动。将专题宣传与日常宣传相结合，利用"世界水日""中国水周"等重要节点开展河（湖）长制专题宣传教育，并将河（湖）长制主题教育融入日常的巡查、水行政执法、维修养护等工作中，同时，还充分运用"互联网＋"，将河（湖）长制相关宣传材料、活动剪影、政策文件等上传至网络平台，有效扩大推行河（湖）长制工作宣传范围，促进社会公众对河（湖）长制进一步的认识。

对于包括上级湖局在内的流域机构而言，全面推行河（湖）长制是一项全新工作，如何在此过程中，充分发挥优势促进工作开展，需要更深层次地研究和探索。但归根结底，流域机构与河（湖）长制紧密相关，应充分发挥流域机构职能，协同合作，维护河道生态环境，实现河长清、水长治。

关于"河长制"实行与邳州环境的变化

邳州河道管理局　董培正

新沂河道管理局　吴　旭　庄万里　刘少航

邳州河道管理局(以下简称邳州局)直管的水利工程主要包括邳州境内沂河、中运河、邳苍分洪道三条流域性河道以及中运河临时水资源控制工程。河道总长 110 km,堤防总长 206.66 km,与 14 个乡镇、106 个行政村接触。三条河流既要承接上游约 5 万 km² 的客水,又是邳州市防洪排涝的骨干河道,因此历来是防汛工作的重点之一。

一、邳州市河长制工作实践

(一)全面开展邳州局河湖问题排查和数据整理工作

根据江苏省全面推行河长制工作总体要求,全局全面开展直管河湖问题排查工作,2017 年 7—11 月总计历时 5 个月,委托专业勘测单位运用固定翼无人机分别对直管的中运河、沂河、分洪道沿线的占用情况进行了全线航拍并形成正射影像图,辅以人工实地勘测、甄别,归类分析整理,对管理范围内违章建设、违章垦殖、违法活动、埋坟、穿堤建筑物等问题形成详细的电子数据。

(二)积极配合地方政府开展河湖"清四乱"工作

邳州局结合直管工程实际,主动融合到河长制及各项专项整治工作中去。在邳州市"沂河采砂专项整治"、"263 专项行动"、"交通干线沿线环境综合整治五项行动"、"邳州市公共空间治理"、邳州市"两违三乱"专项整治行动以及河长制平台发挥了重要作用,非法采砂得到根治、违章建设得到大力清除、河道堤防侵占行为得到有效控制。

2018 年年初,邳州市政府决定对中运河沿线违章建筑、违章设施、违章占用、违章种植等进行全面整治,并成立专门的中运河环境整治指挥部。我局择优选派 8 名执法骨干、业务骨干脱岗进驻各工作组,增强了指挥部的执法力量。为保障整治工作的顺利开展,此次整治工作将共计 2 157 项(包括房亭河、不牢河、徐洪河)整治任务进行了细化,分发到各镇(区、街道),并制成公示牌实行挂图作战,严格按照"违建是否拆除、垃圾是否清运、土地是否复垦、道路是否切断、绿化是否开展"等五个方面的验收标准,对已完成的任务项采取"一问题一销号"。

2019—2020 年,邳州市开展"两违三乱"专项整治行动,我局利用自身工程管理优势,发挥前期勘测成果作用,与属地共同核查,全面梳理认定"两违三乱"问题 318 处(608 个):中运河有 199 处,其中重点问题有 6 处,主要集中在运河街道和开发区;沂河有 51 处,其中重点问题有 2 处;邳苍分洪道有 68 处,其中重点问题有 45 处,主要集中在邹庄镇、铁富镇。

(三)推进水利工程划界和政府公告工作

积极推进确权划界工作,2019 年邳州市政府对我局直管河道管理范围和水利工程管理与保护范围进行了公告。2020年邳州局争取经费,对直管工程进行了地籍测绘、界桩埋设、宣传牌制作安装,截至2020年11月,邳州局确权划界工作施工完毕。

（四）强化联系,打造"共建共治共享"和谐生态堤防

近年来,邳州局致力于生态和谐河道建设,为做好这一工作,引用支部联建工作思路,联合沂河港上镇,充分借助地方政府村庄环境整治、美丽乡村建设的契机,同堤防生态建设相结合,共同打造"共建共治共享"和谐生态堤防建设项目。

（五）强化工程维护,努力改善直管工程面貌

在全局范围内大力推动维修养护物业化管理工作,强化直管工程日常管理和养护。通过开展维修养护专项检查和日常管理规范化督查,不断规范维修养护和管理行为,跟踪解决历次检查中发现的问题,不断改善工程面貌,提升工程管理水平。

二、取得的主要成效

（一）直管河道生态环境显著提升

2018年,中运河各项整治工作共清理各类网箱养殖等养殖设施7 169个,总面积超过110万 m²,畅通了洪水下泄的通道;共拆除非法码头砂站117家、船厂20余家、饭店10余家、其他违章建筑物超200万 m²,清运水面漂浮、生活及建筑等垃圾超30万 m²,拆解采砂船只80条(邳州境内采砂船只全部拆解完毕),处置生活船、沉船、浮吊船等碍航设施400余条,并对5座跨河桥梁桥下空间进行了清理。

2019—2020年,我局积极运用河长制平台,借助邳州市"两违三乱"等整治契机,适时提出了"先拆公,后拆私"的公正执法理念,挂图作战,"一问题一销号",先后抽调10余名执法人员、1辆执法车全程参与整治行动,抓好中运河综合环境整治,积极承担起沂河、邳苍分洪道"两违三乱"问题清理的督查任务,各项整治工作扎实推进,在督查过程中积极协助乡镇做好建筑物、构筑物拆除法律文书的下达,开启"5+2""白加黑"工作模式,密切配合沿岸乡镇联合执法工作,通过与地方单位联合,全程参与、密切配合,清理了大批违章建房、违章搭建、养殖、堆放等各类侵占情况。牵头处置了金州加油站、二十四局施工项目部、大唐码头、通华港口、飞翔运动游泳池、邳苍分洪道农贸市场等重点违建的清除,解决了十几年来想解决而未解决的问题,赢得沿堤乡镇的高度认可。截至2020年年底,邳州市"两违三乱"问题已通过徐州市验收。

（二）依托河长制平台,大力实施河道堤防环境治理

在河长制框架下,我局联合沿河乡镇、相关执法部门统一行动,集中治理堤身违章堆放、违章种植等非法活动。同时,根据中运河各种集中整治平台推进情况以及沿堤乡村环境整治需求,利用维修养护资金,专项治理堤防环境,条件成熟一段整治一段,逐步改善堤防面貌。目前已经基本完成老化肥厂环境综合整治项目,清理堤身生活、建筑垃圾近400 t;完成红旗生态环境提升项目,实现了堤防全面绿化、美化;经与赵墩对接,实施了中运河右堤24+100～28+600范围内堤防环境全面整治工作,堤身违章种植、建筑、堆放得到全面清除,工程面貌有了很大的改善。对中运河张楼饮用水源地二级保护区范围内违法设立的部分上堤路口予以破除整治,恢复堤防原貌,保护饮用水源地水质安全。在中运河张楼饮用水源地二级保护区范围堤防边缘设立交通限高设施,控制大型货车进入水源地保护区。与赵

墩、新河镇、邳城镇、港上镇对接,形成了中运河新河段、赵墩段、邳城段、沂河港上段等示范堤段,并以此为机遇大力开展水土资源回收工作,现已与新河、车辐山、赵墩以及港上等乡镇达成协议,已回收滩地近千亩,既实现了生态效益、工程效益,也积极争取经济效益最大化。

三、存在主要问题

一是邳苍分洪道内涉及民生管护房数量巨大,排查难度大,另外易出现拆了建反弹问题。二是邳州局河道堤防普遍紧靠城镇、村庄,沿河居民侵占河道、堤防时有发生,堆放和倾倒垃圾、埋坟、违章种植、偷排污水等现象长期存在,受单位人员和资金条件限制,要长效管理难度极大。三是河长制工作仍需加大资金投入,改善河库周边环境,需要大量的工程措施和非工程措施,尤其是源头污染治理,需要投入大量的人力财力。这些都需要各级河长进一步 提高责任意识、整合各方资源、分解细化任务压实责任,不断推进。四是受人员和经费条件限制,想巩固"清四乱"成果,推进"清四乱"常态化、规范化任重道远。

四、思考与对策

一是压紧压实属地责任,形成层层抓落实的责任体系。河长制的核心就是落实以属地行政领导为河长的河湖保护责任。"清四乱"作为河长制的第一抓手,各地需进一步将辖区内包括中央和省直管的全部河湖整治纳入日常工作任务,以河长为统领,直管单位和有关部门联合整治,层层落实河湖"四乱"整治和保护责任。

二是科学处置,稳妥解决民生稳定类问题整治。对历史遗留、民生稳定问题,需根据违法情况、破坏程度发生时间分类制订方案,结合脱贫攻坚和危旧房拆迁改造综合施策,如高铁桥下、铁路工人居住场所。

三是搭建共治、共建、共享平台,营造全社会爱河护河的浓厚氛围。在联合整治的组织框架下,依托河长制平台,进一步完善区域联防联控机制。已整治的岸线一方面要及时复绿,尽快发挥生态效益服务百姓;另一方面要加大宣传力度,畅通信息渠道,通过举报电话、"随手拍"等方式鼓励社会监督,营造全社会共治共享的爱河护河氛围。

四是整合资源,创新管护模式。人员和经费问题可借助联防联控平台,协调内外部资源,整合现有人力物力。重点整合现有视频监控系统,借用卫星遥感、无人机、App 等技术手段提高信息化、现代化水平。

五是建议进一步推动河长制落实流域机构督查机制,促进河长制工作良性运行。

以多元监管为沂沭泗安澜保驾护航

沂沭河水利管理局河东河道管理局　王伟涛　周立君　黄　超

40年来,一个叫"沂沭泗水利管理局"的集体,矢志做流域水利管理的"领跑者",挥动防洪保安"指挥棒",在苏、鲁、豫、皖平原丘陵间的河流内,披荆斩棘,坚定不移;沂、沭、泗三条水系波涛涌动,江河安澜,流金淌银……

在中国共产党的领导下,从中华人民共和国成立初期的"导沭整沂""导沂整沭"开始,到"东调南下"一期工程的基本完成,经过数十年艰苦卓绝的治理,沂沭泗流域初步形成了较为完整的防洪工程体系。在上游,兴建了18座大型水库、56座中型水库、1 570座小型水库及为数众多塘坝,总库容达65亿 m³。在中游,扩大和开辟了行洪道和分洪道,建设了蓄洪及滞洪工程。开辟"分沂入沭"水道,并修建了彭家道口闸、新沭河泄洪闸、人民胜利堰闸,使部分沂沭河洪水就近东调入海;修建江风口闸,开辟邳苍分洪道,分泄部分沂河洪水入中运河等。在下游,开挖新沭河、新沂河,修建了新沂河海口控制工程,使沂沭泗洪水有了入海通道。

从"导沭整沂"和"导沂整沭",从一座水闸到万座水闸,从防洪调度到防洪与兴利相结合……职能完善、管理高效的沂沭泗水利管理体系,逐步成形。

发展好水利事业,功在当代,利在千秋。

党的十八大以来,习近平总书记多次就保障国家水安全发表重要论述,明确提出"节水优先、空间均衡、系统治理、两手发力"的新时期水利工作方针。党的十八届五中全会更是把"水利"列入基础设施网络建设之首,把防范水资源风险纳入风险防范的重要内容。在国家大力倡导生态文明建设的今天,我们更要传承和弘扬新时代水利精神,为国家生态文明建设建功立业。

作为沂沭泗流域机构,我们承担着防汛保安、工程建设、采砂管理、取水规范化管理等多项工作职责,也承担着发展国家水利事业、建设国家生态文明的历史使命,所以更应该推动基层水利工作不断走上新台阶,让水利发展更好地造福民生。

加强学习监管,强化监管意识。人无精神不立,国无精神不强。多年来,我们紧贴河道管理中心工作,深入学习贯彻习近平总书记治水重要论述精神,围绕"节水优先、空间均衡、系统治理、两手发力"治水方针和"水利工程补短板、水利行业强监管"总基调,通过组织举办专题研讨会、支部书记讲党课、撰写心得体会等形式,扎实开展学习研讨,深入分析水利管理面临的新形势、新任务、新要求,积极探讨践行"补短板、强监管"的思路举措。例如,为了强化党员干部监管,我们积极开展纪律作风集中整顿,持之以恒加强作风建设,研究制订了《党员干部纪律作风集中整顿活动实施方案》和《党员干部纪律作风整顿活动党员理论学习计划》,提升了党员干部的责任意识,倒逼了责任落实;面对巡视整改,我们开展了"三对标、一规划"专项行动,进行政治对标、思路对标、任务对标,科学编制"十四五"水利发展规划体系,确保巡视整改政治任务落到实处、取得实效,确保新阶段水利高质量发展开好局、起好步。

强化阵地监管,筑牢发展堡垒。我们规划建设了党建工作阵地,把党建中心建成党员政治学习的中心、思想教育的阵地、传授知识的课堂、宣传文化的窗口,发挥了多重作用,增强了党员的认同感和归属感,为各项工作开展提供了有力保障。经过多年的提炼、总结、提升,创建了具有河道管理特点的"知行相促"支部工作法,通过三个认同、三项行动和四个清单,从意识形态和具体行动上达到党建和业务工作的深度融合,以党建促业务工作的发展,以业务工作的提升检验党建工作的实效。

强化日常监管,全力排除隐患。认真抓好基础管理工作,做到堤防工程、河道控导工程和穿堤建筑物有专人管理、界限清楚。结合河长制及智慧水务平台的创建,对所有直管工程进行全面排查。工程完整安全运行,维修养护月度任务及时处理,工程管理成果继续巩固并不断提高。

强化执法监管,促成行政执法规范化。言之易而行之难。捍卫河道管理秩序,关键在行动。多年来,整治"四乱"是河道管理日常工作的重中之重。作为流域机构,我们充分利用河长制平台,积极推动河长制工作,按照实施方案的要求,根据"清河行动"及"清四乱"工作安排部署,对直管范围内违法建设、阻水网箱等阻水障碍物进行全面摸底排查,配合各河道联系单位履职尽责,有效地彰显了河道管理作用。采砂管理方面,重点开展夜间和节假日盗采打击行动,执法人员 24 小时不间断进行巡查,与不法分子打持久战。在巡查过程中做到了时间、空间全覆盖,及时发现、坚决查处违法侵占水域岸线的行为,促进恢复河湖生态功能,有效巩固和维护了河道管理成果。

强化合作监管,凝聚安全生产内外合力。多年来,我们与安监部门联合下文落实防汛责任,并在沿河各路口及重要堤段埋设警示牌,在电视台连续播放加强汛期河道安全管理的通告。确保各涉河建设责任单位、各业主要严格按照要求搞好安全生产,做到责任到人,措施到位,切实做好安全生产监督管理各项工作。

强化宣传监管,提高干部群众安全意识。多年来,重视对安全管理人员的教育,组织安全管理人员培训,重点学习专业技术知识和安全管理措施及方法,使之熟练掌握职责范围内的生产流程、危险源点及事故的预防方法,适应安全管理工作的需要;邀请专家讲授防汛抢险理论知识及实际操作,涵盖防汛安全工作的各个环节、各个层面,增强参训人员的防汛安全意识,提高自我保护能力。例如,面对近期各地发生的溺亡事件,我们赴学校开展防溺水安全宣教工作,通过开展安全教育讲座、悬挂横幅、发放倡议书等多种形式,切实有效地增强青少年安全意识,提高了防范能力,与学校、家庭共同开展宣教工作,营造出"人人讲安全、处处讲安全"的浓厚氛围。

水利管理,只有启动键,没有暂停键。作为新时代的河道管理人员,我们将不忘初心、砥砺前行,以沂沭泗统管 40 周年为契机,大力开展各项河道监管活动,确保一方安澜,为国家水利事业发展建功立业。

栉风沐雨　砥砺前行
做好新形势下沂沭河水行政执法工作

沂沭泗水利管理局沂沭河水利管理局　岳秀琦

沂沭河局一直以来高度重视水行政执法工作，《中华人民共和国水法》（以下简称《水法》）颁布实施以后，沂沭河局于1990年组建了专职执法部门，1997年组建专职执法队伍，依照《水法》的授权，行使水行政执法职能，积极作为、主动办案，切实履职尽责，确保直管河道水事秩序稳定可控，有效保障防洪安全与涉河工程安全。随着我国将进入新发展阶段，水利改革发展面临新形势新要求，如何把水行政工作放到新发展阶段的大局中谋划、做好新形势下水行政执法工作，值得我们去思考。

一、准确把握水行政执法面临的新形势

（1）高质量发展要求水行政执法工作必须有新站位。近年来，习近平总书记在视察大江大河以及国家战略性工程中多次提出了高质量发展要求，这是对新时期水利事业发展更高层次的要求，为水利事业发展提供了有效指引，也为我们沂沭河水行政执法工作开展提供了明确方向。高质量发展的要求进一步明确了新时代大江大河治理的使命是为人民谋幸福，新时代江河治理保护的主线是实现人民满意的"幸福河"。水行政执法工作也应从这一角度出发，依法保障执法相对人的各项合法权利，用法治保障沿河群众安居乐业，不断增强他们的获得感、幸福感、安全感。

（2）贯彻习近平法治思想要求水行政执法工作要有新担当。党的十八大以来，以习近平同志为核心的党中央从坚持和发展中国特色社会主义的全局和战略高度定位法治、布局法治、厉行法治，将全面依法治国纳入"四个全面"战略布局。2020年11月，在中央全面依法治国工作会议上，正式提出"习近平法治思想"，其中严格执法是关键环节，是发挥法治固根本、稳预期、利长远的保障作用的关键一环。沂沭河局水行政执法工作要从践行习近平法治思想，推进依法治国、依法行政，维护社会主义法律尊严的高度出发，满足人民群众在民主、法治、公平、正义、安全、环境等方面的要求，坚持依法行政为了人民、依靠人民，促进人的全面发展，努力让人民群众在每一个执法决定中都感受到公平正义。

（3）行政执法"三项制度"落实要求水行政执法工作要有新作为。2021年新修改的行政处罚法明确吸收了"三项制度"的重要内容，聚焦行政执法的源头、过程、结果等关键环节，将行政执法制度上升到法治化高度，这对我局进一步规范水行政执法程序、提升执法能力提出更高要求，我们要采取有效措施，继续推进三项制度的落实。

二、夯实水行政执法工作基础

（1）人才保障。"功以才成，业由才广。"沂沭河局一直以来高度重视执法队伍的建设与管理,目前全局共有水政监察人员149名,法学专业执法人员13名,其中8名通过了国家司法考试。通过学习培训,更主要的是通过长期高强度的水行政执法实践,已经造就了一支纪律严明、作风顽强、业务精湛的水行政执法队伍。但执法人员一般身兼多职,专职化程度低,距离"法治专门队伍正规化、专业化、职业化"还有一定差距,也难以体现执法的严肃性、公正性、权威性。要牢牢把握忠于党、忠于国家、忠于人民、忠于法律的总要求,切实加强队伍和人才保障,提高执法人员的职业素养和专业水平,努力培养高素质法治人才及后备力量,这是做好水行政执法工作的组织保障。

（2）制度保障。坚持用制度管权、管事、管人,沂沭河局制定了《水行政执法案件管理办法》,并结合法律法规变化及时进行修订,明确了水行政处罚案件从立案到结案具体操作办法;制定了水行政执法三项制度并纳入沂沭河局水行政执法案件管理办法;印发了《水行政执法常用文书格式文本》;制订预防行政公益诉讼工作方案和典型案例手册,有效防范有关风险;制定《沂沭河局工程性采砂管理办法》,明确各部门职责和处置流程,为泥沙综合利用项目实施理顺程序,做到有章可循;编写了《常用法律法规和直管河道溺亡案件民事诉讼判决书汇编》(内部管理材料),为全局执法人员日常执法、诉讼工作提供指导。目前,水行政执法制度体系基本形成,下一步,沂沭河局将进一步梳理执法事项清单和权责清单,规范自由裁量权,将执法权纳入制度"笼子",使水行政执法工作在制度框架内运转。

（3）科技和信息化保障。进一步提升水政监察工作的科技含量和信息化水平,整合人才、资源优势,稳步推进规范化执法基地建设。结合水政规范化建设,使无人机、无人船、视频监控、单兵等技术装备得到广泛运用;中远期逐步实现卫星、遥感等高精尖技术在水政监察工作中的运用;逐步建立起空、天、地一体化的执法巡查信息系统,充分运用大数据、云计算、人工智能等新科技手段,实现水政监察工作现代化。

（4）执法环境保障。拓展思路、创新举措,把习近平法治思想纳入学法、普法的重要内容,组织好"3·22世界水日、中国水周"和"12·4国家宪法日"宣传活动,面向沿河群众广泛宣传水行政执法的重要意义和主要法律依据,努力营造良好的依法治水管水氛围,全面提高全社会保护"母亲河"的思想自觉、行动自觉,为水行政执法工作开展提供良好的法治环境。

三、加强执法力度,巩固执法成果

（1）规范执法行为,不断提高水行政执法水平。坚持严格规范公正文明执法,全面推行行政执法公示制度、执法全过程记录制度、重大执法决定法制审核制度,从巡查发现、立案、查处、结案等环节入手,全面规范执法行为,提高依法行政能力,改进和创新执法方式,坚决杜绝选择性执法、随意性执法等问题,建立健全行政执法风险防控机制。

（2）加大执法力度,着力保障水事秩序稳定。加强日常管理和执法巡查,继续加强非工作时间值班巡查机制,严厉打击水事违法行为,完善有奖举报制度,开展专项执法行动,强化对水事活动的监督管理,确保违法行为发现全覆盖,及时查处涉河违法行为,以强有力的水行政执法维护良好的水事秩序。

（3）注重执法协作,构建联防联控联治新格局。《关于全面推行河长制的意见》六大任务中的"加强河湖水域岸线保护管理"与"加强执法监管"涉及水行政管理工作。我们要借助河长制平台,健全与沿河县区及有关部门的联合执法机制,充分调动地方河长积极性,尤其是村级、镇级河长的积极性,创新完善"河道＋警长"管理模式,推动行政执法与刑事司法的有效衔接,在调查取证、证据收集固定、法律适用等方面建立起高效运转机制,为河长制在直管河道内落地生根做出应有的贡献。

四、深化执法监督,形成监督常态化

(1)建设专门执法监督队伍。强化对水行政执法工作监管,敢于监督、善于监督、依法监督,发挥专业队伍优势,强化全方位、全流程监督,加大对执法不作为、乱作为、选择性执法、随意性执法等有关责任人的追责力度,落实行政执法责任制和责任追究制度,推动解决执法活动中的问题,促进执法队伍改进工作,提升执法水平。

(2)定期体检执法工作。根据《水行政执法监督检查办法(试行)》要求,每年定期"全面体检"直管河道水行政执法工作,重点对行政检查、行政处罚、执法队伍建设与管理、专项行动开展情况、水行政执法"三项制度"落实、监督举报调查核实情况等方面进行全面检查,梳理水行政执法中存在问题,落实整改措施。

(3)加强案卷评查。行政执法案卷是行政机关履行法定职责、从事行政管理活动、实施具体行政行为的记载,直接反映行政执法活动的全过程。通过开展案卷评查活动,确保水事违法案件的立案、调查、处罚直至结案都严格遵循法定程序。

(4)完善社会监督机制。对市民热线、举报电话、河长交办、上级转办等投诉事项及时核查并向举报人反馈;完善执法信息公开指南和信息公开目录,畅通各种社会监督渠道,充分发挥公民等对执法活动的监督作用,形成社会监督氛围,促进社会各界对水行政执法工作的监督步入经常化、法制化轨道。

水行政执法是水行政管理的重要内容,是贯彻执行国家水事法律法规的重要手段,是水利部门履行法定职责的主要方式,对于维护水事秩序、保护水利工程、促进资源持续利用、发挥经济效益、满足人民群众物质文化需求具有重要意义。自觉把水行政执法工作放到新发展阶段的大局中谋划,坚持以习近平新时代中国特色社会主义思想、习近平生态文明思想和习近平法治思想为指导,全面贯彻落实"十六字"治水思路,与党的十九届五中全会通过的"十四五"规划建议进行政治对标、思路对标、任务对标,加强水行政执法工作,全力提升依法治水管水能力水平,为沂沭河水利事业高质量发展提供有力法治保障。

如何做好新时期沂沭河采砂管理工作

沂沭泗水利管理局沂沭河水利管理局　　季相钒

沂沭河直管范围内的黄砂资源质量好,是工程建设不可或缺的建筑材料。随着社会的进步、经济的发展、河砂资源量的不断减少,采砂管理成为沂沭河管理工作的重点、难点和焦点。在淮委、沂沭泗局的正确领导下,沂沭河局围绕采砂管理做了大量艰苦卓绝的工作,使直管范围内的采砂管理工作从无序走向规范,实现了从粗放到精细化管理的根本转变。自2017 年 6 月以来,直管实行全面禁采管理,沂沭河局坚持对非法采砂"零容忍",露头就打,保证了沂沭河采砂管理秩序持续稳定向好。

一、沂沭河采砂管理工作

(一)逐步实现采砂管理"精细化"

(1)统一规划,建立制度。沂沭河局根据《沂沭泗水系主要河道、湖泊采砂规划报告》,按照"确保安全、布置合理、可持续利用"的原则编制采砂年度实施方案,制定了《河道采砂项目管理办法》《水行政执法案件管理办法》等制度。

(2)依法许可、化解矛盾。沂沭河局将全年许可期调整为非汛期(10 月 1 日—5 月 31日),汛期"零采砂、零船只、零码头"禁采管理制度化,确保汛期防洪安全。采砂许可坚持公开透明、集体决策、审慎审查,通过听证会、调查落实等保护利害关系人利益,化解潜在矛盾。

(3)严格监管,规范管理。建立了较为完善的精细化管理体系,采砂现场设立开采范围公示牌、警示牌,采砂船只按照许可数量统一加挂船牌,通过水域浮标、滩地保护界桩等严格控制开采范围,对砂场进行远程、可视化监控,对许可砂场实行时间与采量双控制,开展采砂专项验收,确保河道采砂与保护实现"双赢"。

(4)握指成拳,联合执法。按照"联合执法、综合管理、责任共担,利益共享"原则与沿河县区政府组建联合执法队伍,形成"上下联动、左右互动、预防为主、快速反应"的联合执法机制。

(二)打击非法采砂"常态化"

(1)加大宣传,营造氛围。沂沭河局借助电视台、宣传横幅、公示牌、公示举报电话等多种形式,向公众宣传非法采砂危害与法律后果。通过水政监察人员耐心的宣传,许多沿河群众成了打击非法采砂的"义务宣传员"。

(2)依法履职,措施有力。全面禁采以来,沂沭河局坚持对非法采砂"零容忍"、露头就打。针对非法采砂形式多变、机动灵活且主要集中在夜间与节假日的情况,广大一线采砂管理人员实行 24 小时不间断巡查值班制度,实现了"5+2""白+黑"巡查无缝连接。水政执法人员无惧三伏似火的骄阳和数九严冬如刀的寒风,面对执法中的"钢板"和"刺头",他们毫不退缩,正气凛然,果敢"亮剑"。

(3)联动执法,依法移送。2016年开始,沂沭河局与临沂市公安局建立打击非法采砂联动执法机制,并倡导推动"河道警长制"的建立。在打击非法采砂过程中,充分利用"非法采砂入刑"司法解释和"两法衔接",积极协助公安机关开展调查、固定证据,将10起妨碍公务或非法采砂情节严重涉刑案件移送给公安机关依法追究刑事责任。协同郯城县政府强化联防联控,在沿河设立警务工作站,24小时专人值守。

(三)推进流域和区域"一体化"

(1)调解纠纷,彰显优势。为妥善处置老沭河鲁、苏省界采砂纠纷问题,沂沭河局主动作为,多次召集相关市县政府及水行政主管部门等多家参与的联席会议,平息了省界采砂纠纷。对于石梁河水库上游一带的非法采砂问题,沂沭河局主动担起协调责任,一方面加大普法宣传,另一方面加强打击力度,与相关县区政府进行多次座谈,妥善解决了该处的省际边界矛盾。

(2)找准定位,主动作为。近几年,在水利部"清四乱"行动及山东省构建"无违河湖"行动中,沂沭河局找准定位,主动作为,积极落实河长要求,强力推进直管区"深化清违整治、构建无违河湖"和"清四乱"工作,持续打击非法采砂行为。

(3)做好规划,谨慎试点。为认真落实《水利部关于河道采砂管理工作的指导意见》等文件精神,配合淮委完成淮河流域重要河段采砂规划的编制。确定直管范围内河道采砂管理重点河段、敏感水域15处;明确了河长责任人、行政主管部门责任人、现场监管责任人和行政执法责任人,并在现场设立公示牌;对涉河工程泥沙综合利用开展积极探索,取得了较好的效果。

二、采砂管理面临的困难

(1)禁采压力不断增加。随着河长制的推进,临沂市计划建设沂沭河生态走廊,直管范围禁采河段不断增加,黄砂资源供不应求,禁采压力不断增加。虽然大规模的非法采砂已经绝迹,但村民自用等行为还在一定范围内存在。

(2)法律法规不够完善。《采砂管理条例》迟迟没有出台,采砂管理的法律依据不充分。相关法律、法规对河道采砂仅做了原则性和一般性的规定,操作性不强,惩戒力度不大。

(3)联合机制有待进一步完善。"河长制"与采砂管理责任制的有机结合还在摸索阶段,"河长挂帅、河道主管部门牵头、有关部门参与的采砂管理联动机制"还未完全建立,河道采砂联合监管机制还不完善,长效机制还未形成。

(4)管理队伍不足。河道采砂管理面广、线长、情况复杂、任务繁重,基层人员、装备、经费与繁重的管理任务不适应,人员少、任务重是普遍现象。

(5)水行政执法科技化、信息化程度不高,装备落后。沂沭河的水行政执法的科技化、信息化水平已经远远不能满足管理工作的需要,执法装备还停留在望远镜、单兵、照相机阶段,车辆老化严重,严重影响执法成效。

(6)生态保护与开发利用的矛盾日益突出。随着流域经济社会的快速发展,部分沿河的开发利用、河砂等资源的开发利用和生态保护是相违背的,甚至是矛盾的,这给河道管理工作、采砂管理工作带来了很多困扰。尤其是面对政府主导的一些项目,很难管控到位。

三、如何做好新时期的采砂管理工作

（1）统一思想认识，提高政治站位。要深入贯彻落实习近平生态文明思想和习近平法治思想，牢固树立"四个意识"，坚定"四个自信"，坚决做到"两个维护"，积极践行"人与自然和谐共生""绿水青山就是金山银山"的理念，正确处理河湖保护和经济发展的关系，充分认识加强河道采砂管理工作的重要性、紧迫性、艰巨性、复杂性和长期性，按照"保护优先、科学规划、规范许可、有效监管、确保安全"的原则和要求，保持河道采砂有序可控，维护河湖健康生命。

（2）理顺管理机制，落实监管责任。按照"各河段河长是相应河湖管理保护的第一责任人"原则，通过汇报、行文、联席会议等方式，主动与乡级、县级河长对接，在河长的统一领导下，探索建立健全流域与区域的协商协作机制和信息共享机制，统筹有关部门力量，建立定期会商、信息共享、联合检查、联合执法、案件移交等制度，建立起河长挂帅、河道主管部门牵头、有关部门参与的采砂管理联动机制，形成河道采砂监管新机制。

（3）完善采砂制度，加强日常监管。认真贯彻落实《水利部流域管理机构直管河道采砂管理办法》等有关政策文件，及时完善沂沭河局采砂管理制度，坚持对非法采砂"零容忍"，依法严厉打击非法采砂行为，坚持露头就打，保持高压严打态势，加大采砂管理重点河段、敏感水域的执法力度，切实维护好河道管理秩序。同时，不断完善工程性泥沙综合利用相关制度体系，规范采砂行为和管理行为，确保采砂管理秩序良好可控。

（4）强化联合监管，形成监管合力。建议将长期存在、反复发生的非法采砂河段纳入"四乱"问题清单内容，督促各县区、各部门层层压实责任、层层传导压力，对各个易发、频发的河段逐一限时清除、限时销号，对工作不力的予以问责，推动"河道警长制"有效实施。非法采砂打击是一项综合执法工作，背景复杂，涉及利益众多，没有公安机关的强力介入，难以起到很好效果。建议落实"河道警长制"，推动行政执法与刑事司法的良好衔接，在调查取证、证据收集固定、法律适用等方面建立起高效运转机制。主动对接地方公检法司系统，推进非法采砂入刑实践，树立流域管理机构的良好形象。

（5）加强队伍建设，提高管理水平。加强采砂管理队伍能力建设，不断夯实采砂管理工作基础，要将强化采砂管理机构、人员、装备、经费和基地等各项能力建设作为建设采砂长效管理机制的基础和保障。一是加强执法力量，增配专职执法人员；二是运转好涉法事务办公室，定期召开办公室会议，探索解决涉砂难题的法律途径；三是实施智慧化管理，提高采砂管理的科技化、信息化水平；四是加强执法培训，提高采砂管理人员专业知识水平和执法办案能力，提高应对法律风险的能力与水平；五是以《沂沭泗直管河湖采砂管理领域风险防控手册》为抓手，加强采砂管理工作人员的廉政教育，按照风清气正、业务过硬、执法严格的要求，打造一支忠诚、干净、担当的河道采砂监管和执法队伍。

（6）加强宣传引导，营造良好氛围。加强舆论宣传，通过各种途径加大宣传力度，利用中国水周、世界水日、"12·4法制宣传日"等活动开展专题宣传，为规范河道采砂秩序和打击河道非法采砂行为营造浓厚氛围。利用新闻媒体宣法释法，向沿河群众宣传违法采砂的危害，对采砂犯罪分子选取典型进行公审公判，起到教育警示震慑作用，积极构建"无违河道"。

流域机构基层管理所水行政执法工作体会与思考

骆马湖水利管理局邳州河道管理局　钱　淳

水是生命之源、生产之要、生态之基,水利作为国民经济和社会可持续发展的重要支撑,直接关系着人民群众的切身利益,规范水事秩序、维护河湖生态健康发展是关系民族生存和发展的长远大计。

当前,水利改革发展正迈向新的历史阶段,水行政执法是水利改革和发展的基础性、保障性工作,面临着新的机遇和挑战。加强流域机构行政执法职能,尤其是实现执法重心下移,提高基层管理所水行政执法能力建设是落实中央改革精神,促进水利持续快速发展的重要前提,是维护正常水事秩序的核心,也是水利改革的出发点和落脚点之一。要取得全面深化改革的重大突破,就要着力强化改革基层队伍,不断增强基层一线执法能力和水平,确保用真本事干实事、抓改革、促落实。

一、流域基层管理所水行政执法工作职责

基层管理所水行政执法工作,是流域水行政执法工作的基础,既是做好水行政执法工作的主力军,更是支撑和保障水利事业发展的重要力量。

(一)贯彻依法治国,推进法治进程

基层管理所作为社会水利事务的具体管理者,作为国家政策的执行者,与群众的联系最密切,在水行政执法各项工作中,更应该养成依法办事的行动自觉,严格依照法定权限和程序行使权力、履行职责,确保执法办案的圆满完成,把更多的公平正义送到人民群众手上,用依法办事实际行动推进依法治国进程。

(二)践行依法治水,呵护生命之源

水行政执法是贯彻执行国家水事法律法规和规章的重要手段之一,是水行政主管部门的法定职责,直接关系到法律的尊严、政府的权威和水利部门的社会形象,对于维护正常的水事秩序,保护水、水域和水工程具有重要的意义。尤其是基层管理所处于整个水行政管理的基础和前沿,是依法治水的践行者,与人民群众有着密切的联系和"亲密"的接触,是水利部门与社会联系的重要桥梁和纽带。强化基层管理所水行政执法,才能协调各方利益关系,监督和保护公共权益,保护群众合法权益,推进依法治水管水走上法治轨道,才能维护水资源的合理配置和有效管理。

(三)借力"河长制"管理,提升流域综合管理

全面推行"河长制"是党中央、国务院做出的重大决策部署,是落实绿色发展理念、推进生态文明建设的内在要求,是完善当前水治理体系、保障国家水安全的制度创新,对保护水资源、防治水污染、改善水环境、修复水生态,具有重要作用,为流域水行政执法工作提供了

难得的动力与机遇,也相应提出了新的任务标准与挑战。依据级别对等的原则,基层管理所打交道的对象主要是村委会和村支书,水行政执法工作要紧密结合流域管理实际,主动适应河长制,充分利用河长制,不断调整工作思路和工作方式、方法,积极与村级河长、乡镇河长办联系沟通,履行好流域机构检查、监督、协调、管理等职能。

二、流域机构基层管理所水行政执法面临的困境

流域机构基层管理所水行政执法任重道远,而且随着体制机制改革和社会经济发展还存在诸多问题。

(一)基层管理所水行政执法的社会认知度需要进一步提升

长期以来,受机构、编制、人员、职能、依据等诸多因素的影响和制约,流域基层水行政执法监督工作的社会认知度不够高,加之统一着装取消后,使原本就力显单薄的水政执法监督更加困难,暴力抗法时有发生,执法人员人身安全受到较大威胁、执法监督工作受到严重影响,监督作用发挥不够到位。

2019 年,我参与了江苏省"两违三乱"整治工作,在对一处违建房屋进行水行政执法程序时,遭到了强烈的抵触与不配合。在依法送达处罚告知书时,当事人手持烈性农药先是威胁,而后晕倒在地。水行政执法人员虽有慌乱紧张,强稳心绪拨打急救电话、报警电话,一方面及时送当事人救治,以免事态恶化;另一方面配合公安调阅执法记录仪影像,展示执法合理性、规范性。

(二)流域机构基层管理所执法主体软弱

作为水行政执法活动的承担者,执法主体水平的高低直接决定了执法的效果,然而基层管理所环境较差,基本地处偏僻的农村,新招录人员不愿来,来了也留不住,导致既懂法律又从事水行政执法工作的复合型人才少之又少。甚至一些偏远的管理所出现无人可用的现象,人员编制与所承担的任务极不匹配。缺人员、缺编制、缺装备、缺手段等问题导致水行政执法工作的要求无法满足,影响法律法规的执行。

(三)基层管理所水行政执法工作缺少激励约束机制

水行政执法工作有一定的特殊性和危险性,尤其基层管理所水行政执法队伍缺少出行工具和保护设备,现状是很多基层执法车辆运行超过 40 万 km,基层水政执法具体人员多数为事业编制,工资待遇、职称晋升问题得不到解决,水行政执法又面临着现实中和法律风险,极大地影响执法人员的工作积极性,导致执法人员心理问题严重,容易产生消极心态,影响水政执法工作的顺利开展,也影响水行政执法工作的执法效果。

(四)基层管理所水行政执法信息化建设滞后

"十三五"时期,是国家信息化建设的加速期,也是实现水行政执法转型升级发展的关键期。基层管理所虽然装备了部分调查取证执法设备,并实施了水政执法巡查监控工程和重点区域远程监控工程等项目,但覆盖面少、信息化水平不高,行政执法信息公开中缺少互动,满足不了"微时代"信息服务,同时信息公开中监督主体、救济措施不明,执法依据的索引、执法裁量权的判定、执法过程的监督等自我利用的信息化应用程度不高,信息查询、案件查询、服务指南等服务管理对象的信息程度较低,由此造成的管理效率低下带来了合法性危机。

三、进一步提升流域机构基层管理所水行政执法工作的思考

（一）规范和加强流域机构基层管理所水行政执法建设

加强水政执法，建立健全水政执法机构，是做好水利工作的必然要求。《水政监察工作章程》明确定位水政监察与法规监督检查、行政处罚和行使其他行政措施范畴，因此成立独立的专职水政监察队伍是将水政监察归回原位。树立水政监察就是水行政执法的观念，重组水政监察队伍，全面实现水政监察大队独立运行、独立办公，配足配强水政监察人员。

加强执法装备配置，落实执法经费的保障，用制度规范执法行为，探索创新水行政执法手段，水行政执法中的应用，提升新形势下水行政执法工作的水平。

（二）进一步优化水行政执法内外部环境

在加强流域水政执法的同时，借助"河长制"契机，发挥"河长制"行政管理优势，积极参与主动作为，提高流域水行政执法工作的影响力；加强和有关部门建立起协商会商机制，把水事违法行为事前预防落到实处；建立和完善联合执法机制，减少水事违法行为处罚难度；探索信息共享机制，推动水行政执法与刑事司法衔接工作；在全面推进政务公开的同时，提高执法效率，提升服务水平。

（三）推进流域水行政执法信息化建设

加强信息化、智慧化建设是解决执法突出问题的必然要求，是提高水行政执法队伍建设水平的必然要求，是更好地服务人民群众的必然要求，水行政执法应紧紧抓住"互联网＋"带来的发展机遇，充分依托科技信息化手段，探索建立以流程管理为主线，以监督制约为手段，以能力、效率、公正、公开为目标的信息化管理新模式，推动信息化建设与执法办案监督管理深度融合，运用信息技术对执法流程进行实时监控、在线监察，规范执法行为，强化内外监督，建立开放、透明、便民的执法机制。

参考文献：

[1] 李亚平.全面推进水利综合执法 努力提高依法治水能力[J].江苏水利,2014(10)：
  1-2,6.

[2] 林晓晖.基层水政执法问题研究[D].济南：山东师范大学,2015.

[3] 王海妮.中国基层水行政执法问题的研究：以陕西省旬邑县水行政执法为例[D].西
  安：西北大学,2013.

水闸工程安全管理实践与思考

沂沭河水利管理局郯城河道管理局　庞永祥　付玉超

一、水闸概况

江风口分洪闸位于山东省郯城县李庄镇,沂河右岸、邳苍分洪道入口处,相应沂河堤防桩号为 51+500。该闸是沂沭泗河洪水东调南下工程中的重要工程之一,是分泄沂河洪水入邳苍分洪道的关键控制工程,于 1954 年 11 月开工,1955 年 6 月建成,被誉为"山东治淮第一闸"。1999 年 12 月至 2001 年 1 月实施除险加固,2008 年 12 月至 2011 年 5 月实施扩孔建设。水闸现有闸门 11 孔,单孔净宽为 12 m,总净宽为 132 m,是大(2)型水闸,采用液压、卷扬两种启闭方式启闭,按照分泄沂河 50 年一遇洪水标准设计,设计分洪流量 4 000 m³/s,相应闸上水位 58.39 m,闸下水位 57.93 m,设计闸上防洪水位 58.98 m,闸上正常蓄水位 53.50 m。工程配备浮箱式检修闸门 1 扇,采用(14.35×4.0-3.70)m(宽×高一水头)平面钢闸门,检修闸门浮运最低水位为 52.60 m,最高挡水水位为 53.50 m。2014 年 10 月,该闸在安全鉴定中被评定为一类闸。

二、水闸工程安全管理的重要性

江风口分洪闸作为分泄沂河洪水的关键控制工程,对于保护沂河江风口以下沿河群众生命财产安全具有至关重要的作用,确保该闸的安全运行,关乎民生福祉,关乎沿岸经济社会稳定和可持续发展。另外,该闸已 46 年未接到调度指令,因此当前做好该闸的工程安全管理工作更显迫切和重要。

三、安全管理措施

1. 建立完善安全组织体系,强化安全认识

安全组织体系是确保安全决议及措施传达、落实的重要介体,组织体系以安全生产领导小组为体现形式,小组内形成以单位负责人任组长、部门分管领导任副组长、部门负责人及安全联络员任成员的体系。该体系的形成在整个安全管理过程中具有重要的引领地位和作用,可有效、迅速地将安全决议和整改落实措施传导到具体责任人,强化各层级对安全生产工作重要性的认识和贯彻执行力,免除不必要的阻碍和程序,对全面提升水闸工程安全管理工作效能起到引领和推动作用。安全组织体系框架围绕水闸安全管理具体事项和层级合理架构,横向到水闸各项管理事务、纵向到管理事项的第一执行人,通过强化各层级对安全生产工作重要性的认识以推动整个安全组织体系的正常运转。

2. 落实安全生产责任制,明确岗位职责

安全生产责任制是水闸工程安全管理中的核心工作,以"安全责任状"和"安全告知"等

形式,将各岗位责任具体内容和岗位职责直接传达到责任人,明确其在安全生产中应履行的职责、应承担的责任和注意事项等,使水闸工程安全管理工作责任明确、职责清晰。安全责任制务必按要求实现全员覆盖、全过程、全范围覆盖,以实现安全生产全员参与、全过程遵循安全要求的目的,同时应加强安全责任人之间的协作、配合工作,形成合力促进水闸安全管理工作的最大保障化。

3. 加强日常安全检查和隐患排查整改

日常安全检查是水闸安全管理的基础工作,通过日常安全检查,能发现工程运行过程中存在的问题、隐患和缺陷等并加以整改,以消除隐患和危险有害因素,确保工程安全运行。根据水闸工程设备各自运行特点和检查经验,安全检查频次一般分为每日、每周、每月、每季度、每半年、每年检查,各自的侧重点和检查方式又有所不同,使得检查更具有实际性、可操作性,避免重复无效的反复性检查,实现真正意义上的有效安全检查。对于检查发现的隐患,逐项建档,并落实具体措施、责任人和整改期限,整改过程中注重监督检查和整改效果验收,最终形成闭环管理,实现安全检查—整改—验收—建档各个环节的有效衔接,从而真正消除安全隐患。

4. 修订完善安全制度,严格执行安全操作规程

安全制度作为水闸工程安全管理的刚性约束和要求,对确保水闸工程安全运行具有强制性和必要性,通过不断地修订和完善闸门启闭操作、电器设备运行、监控设施操控、闸门控制运用等制度,使得安全制度与水闸的实际结合度、可操作性不断加强,为做好水闸工程安全管理工作提供前置保障,对于人的不安全行为起到警诫、提醒和纠正作用。制度完善的同时,对安全操作规程应做全面梳理和校核,制作成安全操作规程小册子发放到管理人员手中,并实行"一人操作、一人监督"的操作模式,让制度、规程贯穿安全管理各个阶段和环节,最大程度上避免人为安全操作失误,保证工程安全管理效果。

5. 做好安全管理教育培训,力求实效

在水闸工程安全管理过程中,人作为操作行为主体,起着至关重要的作用。为此,每年均按照安全标准化要求分析安全教育培训需求,编制培训计划并执行。对新员工实行三级安全教育培训,在新技术、新设备投入使用前对相关人员进行定向培训,管理人员转岗后由新部门组织安全教育培训合格后上岗操作。培训内容包含安全法律法规、安全技术条例、安全操作规程、经验教训等,培训力求与岗位职责结合,确保实际效果。通过培训,确保各级管理人员均具备正确履行岗位安全生产职责的知识与能力,消除人的不安全行为,以制度规矩引导安全管理良性发展。

6. 全力保障水闸安全经费投入和使用

通过安全经费的投入和使用,能够提高安全管理人员综合水平和经验,改善、更新安全设施设备,消除安全隐患和危险有害因素。为此,单位每年均根据实际需要和磨损定耗情况统筹安排安全经费投入和使用比例,建立规范的安全经费使用台账,确保工程设备设施能够及时得到养护管理,消除安全管理中的"短板",保证水闸各项设备处于最优运行状态,为水闸工程安全运行提供坚实基础。

四、存在问题及建议

1. 水闸工程安全管理手段相对落后，现代化水平需提升

目前，水闸工程安全管理主要依靠管理人员现场检查和检测，手段较单一、落后，发现问题具有滞后性、不确定性等缺点，不能够做到对水闸工程的实时、全天候检查和巡视，总体现代化水平不高。建议以构建智慧水闸为框架，利用三维或全息投影技术实现实时、无死角、全天候监视监控，接入实时大数据检测、分析和报警系统，配合人为检查，以实现水闸工程安全保障的最大化。

2. 安全经费投入相对不足，未设置安全专项资金

尽管安全经费投入逐年增加，但面对日益加强的安全要求和经济发展，安全投入经费显得相对不足，且水管单位未配置安全专项资金，一定程度上影响了安全设备的更新改造进程，从而形成了安全隐患。建议设置安全专项资金，向上级争取更多安全经费投入，以确保安全经费真正满足工程需要。

3. 个别管理人员安全意识仍需提高，试车演练有待加强

尽管建立了安全生产组织体系，通过签订安全生产责任状把水闸工程安全管理职责落实到具体人员，但因重视度不同、水闸 46 年未接调度指令等因素，仍存在个别管理人员安全意识不高、重视不够、缺乏实操经验等现象。建议强化安全责任监督和落实，不定期检查安全责任制贯彻执行、加强安全操作规程实操和试车演练等，从而消除安全"短板"和缺陷，提高水闸工程整体安全管理系数。

五、结语

综上所述，水闸工程安全管理受诸多因素影响和关联，水管单位务必要始终紧绷安全生产这根弦，以消除人的不安全行为、物的不安全状态、管理上的缺陷为目标，持之以恒，常抓不懈，在工程运行管理中秉承和强化规范、标准、发展理念，将安全文化建设融入日常管理，不断强化"补短板、强监管"的效能和作用，抓好"人"这个关键核心，做好安全隐患的闭环管理，方能实现水闸工程的安全可靠运行。

浅谈对基层单位安全风险管理工作的一点认识

骆马湖水利管理局邳州河道管理局　沈　硕

近些年来,各地各单位虽逐渐重视安全生产工作,但全国各地安全生产事故却时有发生。各级部门虽落实"管行业必须管安全,管业务必须管安全,管生产经营必须管安全"的安全生产方针,但在隐患排查治理过程中,依然存在检查内容不到位、检查重点不明确的情况,部分安全隐患未关注到位。

在这种情况下,基层单位应开展安全风险管控工作,了解工程运行管理过程中存在的危险源与风险等级,有针对地落实管控措施及不同级别管理人员的管理责任,有效防范和减少安全生产事故。

一、安全风险管理概念

安全风险管理的定义是:通过识别生产经营活动中存在的危险、有害因素,并运用定性或定量的统计分析方法确定其风险严重程度,进而确定风险控制的优先顺序和风险控制措施,以达到改善安全生产环境、减少和杜绝安全生产事故为目标而采取的一系列措施和规定。即通过辨识工程运行管理过程中的危险源,采取一定的风险评价方法,确定其风险等级,进而分级制定管控措施加以管控,保证工程、人员、财产等的安全。

二、危险源辨识与风险评价

(一)危险源辨识

危险源辨识是指对有可能产生危险的根源或状态进行分析,识别危险源的存在并确定其特性的过程,包括辨识出危险源以及判定危险源类别与级别。

河道堤防工程危险源主要有五类,分别为构(建)筑物类、设备设施类、作业活动类、管理类和环境类。危险源辨识级别分为重大危险源和一般危险源,其风险评价分为四级,由高到低依次为重大风险、较大风险、一般风险和低风险,分别用红、橙、黄、蓝四种颜色标示。

危险源辨识应考虑工程正常运行受到影响或工程结构受到破坏的可能性,以及相关人员在工程管理范围内发生危险的可能性,储存物质的危险特性、数量以及仓储条件,环境、设备的危险特性等因素。

危险源应由工程管理单位工程管理、安全管理和有关部门分管负责人、部门负责人、运行管理人员采用科学、有效的方法进行辨识,对其进行分类和分级,汇总制定危险源清单,并确定危险源名称、类别、级别、事故诱因、可能导致的事故等内容,必要时可进行集体讨论或专家技术论证。

危险源辨识方法主要有直接判定法、安全检查表法、预先危险性分析法、因果分析法等。

危险源辨识应优先采用直接判定法,不能用直接判定法辨识的,应采用其他方法进行判定。直接判定法应依据相关部门制定的行业标准(如《堤防工程运行重大危险源清单》等),当工程出现符合其中任何一条要素的,可直接判定为重大危险源。

（二）危险源风险评价

危险源风险评价是对危险源在一定触发因素作用下导致事故发生的可能性及危害程度进行调查、分析、论证等,以判断危险源风险程度,确定风险等级的过程。

危险源风险评价方法主要有直接评定法、作业条件危险性评价法(LEC 法)、风险矩阵法(LS 法)等。

对于重大危险源,其风险等级应直接评定为重大风险;对于一般危险源,其风险等级应结合实际选取适当的评价方法确定。

对于工程维修养护等作业活动或工程管理范围内可能影响人身安全的一般危险源,评价方法推荐采用作业条件危险性评价法(LEC 法)。对于可能影响工程正常运行或导致工程破坏的一般危险源,应由管理单位不同管理层级以及多个相关部门的人员共同进行风险评价,评价方法推荐采用风险矩阵法(LS 法)。

一般危险源的 L、E、C 值或 L、S 值参考取值范围及风险等级范围应参考相关部门制定的《工程运行一般危险源风险评价赋分表》。

（三）一般危险源风险评价方法——作业条件危险性评价法(LEC 法)

1. 作业条件危险性评价法(LEC 法)的数学表达式

作业条件危险性评法(LEC 法)的公式为:

$$D=L\times E\times C \tag{1}$$

式中　　D——危险性大小值;

　　　　L——发生事故或危险事件的可能性大小;

　　　　E——人体暴露于危险环境的频率;

　　　　C——危险严重程度。

2. L、E、C 值的取值标准

发生事故或危险性事件的可能性 L 值与作业类型有关,L 值可按表 1 的规定确定。

表 1　发生事故或危险性事件的可能性 L 值对照表

L 值	发生事故或危险性事件的可能性
10	完全可以预料
6	相当可能
3	可能,但不经常
1	可能性小,完全意外
0.5	很不可能,可以设想
0.2	极不可能

人体暴露于危险环境的频率 E 值,仅与施工作业时间长短有关,可从人体暴露于危险环境的频率,或危险环境人员的分布及人员出入的多少,或设备及装置的影响因素,分析、确定 E 值的大小,可按表 2 的规定确定。

表2 暴露于危险环境的频率 E 值对照表

E 值	暴露于危险环境的频繁
10	连续暴露
6	每天工作时间内暴露
3	每周1次,或偶然暴露
2	每月1次暴露
1	每年几次暴露
0.5	非常罕见暴露

发生事故可能造成的后果,即危险严重程度 C 值与危险源在触发因素作用下发生事故时产生后果的严重程度有关,可从人身安全、财产及经济损失、社会影响等因素,分析危险源发生事故可能产生的后果确定 C 值,可按表3的规定确定。

表3 危险严重程度 C 值对照表

C 值	危险严重程度
100	造成30人以上(含30人)死亡,或者100人以上重伤(包括急性工业中毒,下同),或者1亿元以上直接经济损失
40	造成10～29人死亡,或者50～99人重伤,或者5 000万元以上1亿元以下直接经济损失
15	造成3～9人死亡,或者10～49人重伤,或者1 000万元以上5 000万元以下直接经济损失
7	造成3人以下死亡,或者10人以下重伤,或者1 000万元以下直接经济损失
3	无人员死亡,致残或重伤,或很小的财产损失
1	引人注目,不利于基本的安全卫生要求

按照上述内容,选取或计算确定一般危险源的 L、E、C 值,由式(1)计算 D 值,再按照表4确定风险等级。

表4 作业条件危险性评价法危险性等级划分标准

D 值区间	危险程度	风险等级
$D > 320$	极其危险,不能继续作业	重大风险
$320 \geqslant D > 160$	高度危险,需立即整改	较大风险
$160 \geqslant D > 70$	一般危险(或显著危险),需要整改	一般风险
$D \leqslant 70$	稍有危险,需要注意(或可以接受)	低风险

(四)一般危险源风险评价方法——风险矩阵法(LS法)

1. 风险矩阵法(LS法)的数学表达式

风险矩阵法(LS法)的公式为:

$$R = L \times S \tag{2}$$

式中　R——风险值;

　　　L——发生事故或危险性事件的可能性;

　　　S——事故造成危害的严重程度。

2. L 值的取值过程与标准

L 值应由管理单位三个管理层级(分管负责人、部门负责人、运行管理人员)、多个相关部门(运管、安全或有关部门)人员按照以下过程和标准共同确定。

第一步:由每位评价人员根据实际情况和表 5,初步选取事故发生的可能性数值(以下用 L_c 表示)。

表 5　L 值取值标准表

	一般情况下不会发生	极少情况下才发生	某些情况下发生	较多情况下发生	常会发生
L_c 值	3	6	18	36	60

第二步:分别计算出三个管理层级中,每一层级内所有人员所取 L_c 值的算术平均数 L_{j1}、L_{j2}、L_{j3}。

第三步:按照下式计算得出 L 的最终值。

$$L = 0.3 \times L_{j1} + 0.5 \times L_{j2} + 0.2 \times L_{j3} \tag{3}$$

式中　$j1$——分管负责人层级;

　　　$j2$——部门负责人层级;

　　　$j3$——管理人员层级。

3. S 值取值标准

S 值应按照表 6 取值。

表 6　堤防工程 S 值取值标准表

工程规模	五级	四级	三级	二级	一级
S 值	3	7	15	40	100

4. 一般危险源风险等级划分

按照上述内容,选取或计算确定一般危险源的 L、S 值,由式(2)计算 R 值,再按照表 7 确定风险等级。

表 7　一般危险源风险等级划分标准表——风险矩阵法(LS 法)

R 值区间	风险程度	风险等级	颜色标示
$R > 320$	极其危险	重大风险	红
$160 < R \leqslant 320$	高度危险	较大风险	橙
$70 < R \leqslant 160$	中度危险	一般风险	黄
$R \leqslant 70$	轻度危险	低风险	蓝

三、安全风险管控措施

通过开展危险源辨识与风险评价工作,可得知工程运行管理过程中各危险源的风险等级,单位可以此对危险源进行分级管控。重大风险危险源由单位主要负责人组织管控;较大风险危险源由单位分管工程管理或有关部门的领导组织管控;一般风险危险源由管理单位工程管理或有关部门负责人组织管控;低风险危险源由管理单位有关部门或班组自行管控。

具体管控措施有以下五个方面:一是制定工程技术措施,根据风险等级,组织经常性检查和维护等具体工作措施;二是制定安全管理制度,从制度上落实安全风险管控;三是加强人员培训,根据危险源特点,对危险源管理部门职工做好专业性培训,使其在发生危险时可以自救或在隐患出现苗头时可及时消除;四是加强个体防护,通过要求职工在开展相关工作时佩戴安全帽,穿着救生衣、防护服、绝缘手套等劳动保护装备,以减少职工在发生危险时受到的伤害;五是做好应急处置措施,根据危险源特点及风险等级,有针对性地制订应急预案并加强演练,使得职工在发生安全生产事故时及时采取对应措施,减少人员伤亡和财产损失。

四、安全风险管理工作中会存在的问题

基层单位在开展安全风险管理工作的过程中,会出现危险源辨识内容不全、风险评价不准的情况,其主要原因为除负责安全管理的职工熟悉安全风险管理工作外,单位工程管理人员等有关部门人员对安全风险管理工作了解不全面。

此时需要单位安全管理人员组织其他相关人员系统学习安全风险管理工作,熟悉危险源辨识与风险评价相关文件及计算方法,依此开展相关工作。

五、结语

通过开展安全风险管理,各单位可了解工程各部位的安全风险情况,进而有针对性地加强巡查监管,发现隐患及时消除,从而保证单位的安全运行。

加强水利工程管理考核　提升基层单位管理水平
——以上级湖局为例

南四湖局上级湖水利管理局　孙魏魏

近年来,在淮委、沂沭泗局正确领导下,南四湖局上级湖局深入学习习近平新时代中国特色社会主义思想,积极践行新时代治水思路,以水利工程管理考核为总抓手,充分发挥水利工程管理考核"风向标"和"指挥棒"的作用,坚持抓考核、促管理、提效能,不断规范管理行为,有效维护工程面貌,确保工程安全运行,推动工程管理水平稳步提高。

一、基本情况

上级湖局原为山东省济宁行政公署于 1980 年组建成立的复新河闸管所,1983 年移交淮委沂沭泗水利工程管理局南四湖管理处,1990 年更名为鱼台管理所,2003 年更为现名,驻地为山东省济宁市鱼台县;2019 年 1 月,法人注册地变更为济宁市太白西路 16 号,为独立核算的正科级事业单位。上级湖局直管工程包括:南四湖湖西堤桩号 0＋000～54＋450 段(一级堤防),湖东堤桩号 0＋000～29＋457 段(二级堤防),均按防御 1957 年洪水标准设防;复新河闸(含节制闸和船闸两部分)于 1981 年建成,2007 年完成加固改造,共 23 孔,每孔净宽为 6 m,总净宽为 138 m,闸室总宽为 162.4 m,主要用途为防洪、排涝、航运、灌溉。

二、取得的主要成效

(一)党的建设更加坚强有力,职工队伍和谐稳定

一是加强党的建设,切实发挥党建引领作用。通过集中学习、开展主题教育活动、参观学习等方式加强对党员的教育和管理并形成常态化;开展一系列党建活动,如爱心捐款(每年 5 月 20 日均开展)、义务献血、给孤儿送温暖等志愿活动;与单位驻地村党支部结对共建,帮助对方建破解难题、办好实事,帮助当地村民修筑路面等,有效提升了党支部的凝聚力和战斗力。二是通过工程管理考核开展,全体职工均参与到考核工作中,强化了职工的目标意识、竞争意识和职责意识,增强了领导班子的凝聚力和职工的战斗力,提高了职工素质,促进了单位的团结和谐,促进单位的协调发展和和谐稳定。

(二)制度建设不断健全,档案管理更加规范

一是制度建设更加完善。通过多年工程管理考核工作开展,建立了较为完备的工程管理办法规程,制定了财务报销、车辆管理等一系列更具体、更切合实际、更具操作性的内控制度,为全局各项工作的顺利开展和规范管理奠定了坚实基础。二是档案管理水平更上新台阶。通过考核工作开展,每年对所有档案进行整编归档,特别是对技术资料搜集更加全面、及时、规范、翔实。我局档案管理先后被评为"山东省一级档案室""山东省档案科学化管理

先进单位",并顺利通过"水利档案工作规范化管理评估"三级标准验收。

（三）直管工程安全运行，形象面貌明显提升

一是涉河（湖）建设项目管理更加规范。对1992年以来所有建设项目进行梳理、建档；加大巡查力度，及时掌握在建建设项目进展，严格督促其按照批复实施；及时制止违章建设项目。二是强化水行政执法工作。对管理范围内"四乱"问题进行逐项核查并梳理、汇编成册；开展无堤段"四乱"问题排查；推动苏、鲁省界刘香庄码头群等一大批"四乱"问题解决；坚决打击湖内非法采砂。三是完成直管工程划界工作。完成了直管湖西大堤、湖东堤、复新河闸等管理范围地籍测绘、宣传牌、界桩制安工作，所在市（县）政府予以公示。四是加强工程维修养护，补强工程短板。除进行日常维修养护外，我局对水闸实施了"绿化、美化、亮化"形象提升工程；对堤防逐年进行堤肩美化树木种植，三年来种植美化树木9000余株，工程效益得到充分发挥，工程面貌得到明显提升。

（四）管理行为不断规范，管理水平稳步提高

一是按照考核标准要求和有关规定，定期开展水闸安全鉴定、闸门及启闭机设备管理等级评定和机电设备、避雷设施检测，对堤防开展隐患探测，规范开展工程检查观测等。二是促进工程管理规范化、标准化建设。编制《上级湖局堤防（水闸工程）管理手册》，开展工程管理规范化操作培训演练，规范了管理行为。三是积极引进先进管理手段，管理现代化水平迈向新台阶。充分运用工程管理信息系统，购置巡查无人机，探索"日常巡查＋重点检查＋无人机巡查"相结合的巡查检查新模式，发现日常检查中不易发现的隐藏问题，提高了工作效率。四是坚持创新驱动，科技创新力度不断增加。2020年完成了"复新河船闸水上ETC收费系统"国家实用新型专利，荣获淮委"科技进步三等奖"；2021年研发了一种水工闸门启闭机隔离器并获得"国家实用新型专利证书"；积极开发复新河节制闸工程管理App系统，并申报计算机软件著作权。

（五）水文化建设不断推进，树立流域机构良好形象

依托考核工作开展，不断推进水文化建设，开展水文化建设"四个一"工程。拍摄了《浩浩南阳话复新》宣传片，开展老照片、老资料搜集活动，建设水文化展览室、新时代文明实践点、孝贤文化主题检查平台，在办公区宣传孝贤文化；沿直管堤防制作安装6处高炮宣传牌，加大对外宣传力度，树立流域机构良好形象。

三、主要做法

（一）切实加强组织领导

一是各级高度重视考核工作，将工程管理考核作为贯穿我局全年的主要工作，也是对全年度工作开展情况的一次大考，我局干部职工高度重视积极参与。二是全面动员，把管理考核作为单位头等大事来抓，每年年初均成立领导机构，制订工作计划，明确人员分工，落实责任，定期调度，积极推进。

（二）注重学习培训和宣传引导

注重对工程管理考核工作的学习培训和宣传引导，不断强化学习宣传和培训，全体干部职工认真学习领会考核办法及其标准，强化标准意识和责任意识，在单位内部形成加强水利

工程规范化、标准化管理,积极营造创建国家级水管单位的浓烈氛围。

（三）合理确定重点任务,稳步提高管理水平

我局每年均根据工作实际情况,制定重点目标任务,有计划地从能力建设提升、规章制度"废、改、立"、直管工程面貌改善、重点堤段打造、管理水平提升等多方面制订计划逐步实施,不断加强软硬件建设,稳步提升管理水平。

（四）坚持"对标对表","走出去""引进来"相结合

目前,我们采取的是基层水管单位自验、直属局初验、沂沭泗局验收的三级管理考核模式。一方面,我局每年都认真准备,对照考核标准开展自查自评,针对各级考核反馈的意见逐一落实整改措施,促进管理水平不断提高;另一方面,连续多年组织职工到管理水平先进的水管单位考察学习,对标查找自身不足,学习好的管理方法、管理手段,并结合工程管理实际加以吸收、消化,学以致用,坚持"走出去"与"引进来"相结合。

四、意见和建议

（一）建议增加"水文化建设"考核内容

2019 年,习近平总书记在召开黄河流域生态保护和高质量发展座谈会时对保护、传承、弘扬黄河水文化提出了要求。水管单位在工程管理过程中,不断深入挖掘水文化内涵及其时代意义,将文化建设与工程管理深度融合,讲好治水故事,既能坚定全体职工的文化自信和荣誉归属,也是新形势下推动工程运行管理高质量发展的新要求。

（二）建议进一步完善激励机制

一是进一步完善激励机制,二是加强考核结果运用。对管理水平进步明显的水管单位（不仅仅是考核得分排名靠前的水管单位）给予物质、精神奖励,并明确具体的奖励标准,更大程度地激发基层水管单位的工作热情和工作动力。

（三）建议减少专项考核

以我局为例,除水利工程管理考核外,还有党建考核、预算执行考核（百分制）、安全生产考核（千分制）等专项考核,各种考核内容互相交叉,所准备的内业、外业内容相近,增加了被考核单位负担。建议在《水利工程管理考核办法》中明确规定,已经列入考核内容的项目不再开展专项考核。

（四）建议对部分考核内容进行修订

一是减少对基层管理单位难以解决的一些客观管理项目的赋分值,如水利工程划界确权、病险闸除险加固等。二是对部分不适宜的条款进行及时修订,如"机构设置和人员配备"中对"技术工人不具备岗位技能要求,未实行持证上岗"的考核条款。现从事运行管理岗位的管理人员和技术骨干均为通过国考招录的大学生参公人员或事业编制,这部分人员不再进行闸门运行工和河道修防工考评,无法"持证上岗",显然与实际管理需求有冲突。

浅议水闸工程在维修养护中的质量控制措施
——以复新河节制闸为例

南四湖水利管理局　陆嘉棋

水闸工程是修建在河道和渠道上利用闸门控制流量和调节水位的低水头水工建筑物，作为挡水、泄水或取水的建筑物，其应用非常广泛，与堤防、水库、大坝等其他水利工程一样，是我国基本建设中非常重要的一部分。

维修养护是对工程进行日常维修养护和岁修，维持、恢复或局部改善原有工程面貌，保持工程的设计功能。为了保证水闸在工程寿命周期内的正常运行、质量，需要对它进行一系列经常性的养护，包括闸体破损修复、闸门防腐处理、启闭机养护、附属设施维护等。维修养护是一个系统的工程，它涉及的工序和作业面非常广泛，无论哪一个环节出现了问题，都有可能直接或间接地影响到水利工程应有的功能和质量。因此，需要对水闸工程的维修养护实行严格的质量控制来保证维修养护项目的施工质量，从而让水闸工程更好地发挥效益。

一、复新河节制闸工程概况

复新河节制闸位于山东省鱼台县老砦乡，是山东省在南四湖入湖河口（距湖口约 4 km）所建第一座大型水闸，也是南四湖边界大型水利工程之一。该闸于 1980 年 11 月开工，1981 年 12 月建成，2000 年 12 月对该闸进行了安全鉴定，按照评定标准定为三类闸，2005 年 6 月进行加固改造，2007 年 11 月加固完成。该闸共 23 孔，具有防洪、航运、灌溉等功能，设计流量为 586 m^3/s，设计临湖水位为 35.51 m，背湖水位为 35.48 m。

二、质量保证体系

为了保证水利工程维修养护项目的顺利实施，达到预期目标，在工程项目的施工期全过程内都有必要建立科学、合理的质量保证体系。水利维修养护工程质量保证体系包括组织保证措施、制度保证措施和施工保证措施。

（一）组织保证措施

建立健全组织管理机构，建立以项目经理为首的质量管理组织机构体系，项目经理是施工质量第一责任人，施工负责人具体负责工程质量工作，解决工程施工中遇到的各种技术问题。

质量负责人负责工程关键工序和关键部位的质量检验和指导工作。针对现场质量管理的特点制订小组活动计划，在实施过程中做好记录，及时总结，向质量安全部提供信息。

（二）制度保证措施

健全完善管理制度即个人岗位责任制，就是要根据需要按专业、区域分片包干，建立岗位责任制。

建立相应的施工制度,包括但不限于:建立开工前的技术交底制度;建立严格的原材料、成品和半成品现场验收制度;建立原材料采购制度;建立严格的施工资料管理制度;建立测量计算资料换手复核制度。

（三）施工保证措施

严格按照工程招标范围和招标文件对施工组织设计的要求编制完善施工组织设计,并根据具体实施维修养护的工程实际既有特点组织编制。在编制过程中,项目部应将参加过施工和有丰富的施工管理经验的人员召集在一起,对方案进行集中编制,采用"集思广益、博采众长"的编制思路,力求施工组织设计重点突出,针对性、可操作性强。

三、其他质量控制措施

（一）工程质量教育培训

质量教育贯穿于维修养护的全过程,利用多样性的宣传教育形式,提高施工作业人员质量意识、观念。工程部负责宣贯国家有关工程建设的法律法规和规程规范,负责组织开展"质量月"活动。项目部负责分级开展项目的质量宣传、教育、培训工作。

（二）工程质量控制原则

施工阶段的工程质量控制遵循"事前、事中、事后"的质量控制原则,对工程施工质量实施全过程控制。

（三）材料进厂检验及验收

加强对原材料质量的控制,通过选择合格的供应商,保证物资采购能满足规定的要求,做到比质比价,质量第一,品质证明与物相符。进场材料由项目部组织验收,甲方提供材料应由项目部、监理联合验收。最后样品认可由项目部组织验收合格后,报监理或发包方验收,通过后方可使用。不得使用未经检验和试验的材料、经检验和试验不合格的材料,无标识或标识不清楚的材料,过期失效、变质受潮、破损和对质量有怀疑的材料等。当材料需要代用时,应先办理代用手续,经设计单位或监理单位同意认可后才能使用。原材料检验程序如图 1 所示。

（四）实行工程质量三检制度

为了加强项目部工程施工现场质量的过程控制管理,确保工程施工质量满足合同要求。项目部在工程实施过程中应严格执行班组初检、施工队复检、项目部专职质检员终检三级质量检测、检验体系(简称工程质量"三检"制度)。

（五）质量检查

施工质量检查是公司、项目部在工程施工过程中对施工质量进行的检查、评定活动。施工质量检查是保证工程质量满足顾客需求必不可少的管理手段,应贯穿施工全过程。

（六）原始资料的积累和保存

工程的质量记录包括:施工人员、责任人、整改方案、整改报告、自检报告、抽检报告、验收报告、隐蔽工程检查验收记录、不合格工序记录(质量报表)、审查和返工记录等。有关质量的记录由项目部负责填写整理、装订成册并交工程部,工程部移交档案管理部门存档。

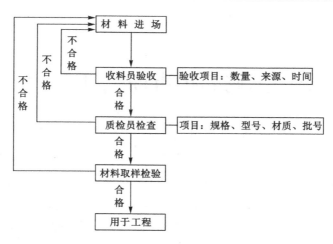

图 1　原材料检验程序

（七）质量事故汇报及处理

质量事故发生后,由现场当事人立即向项目负责人汇报,项目负责人4 h以内必须向公司分管领导或主管领导汇报;质量事故发生后,项目部要严格保护现场,采取有效措施抢救人员和财产,防止事故扩大。因抢救人员、疏导交通等原因需移动现场物件时,应当绘出标志、绘制现场简图并做出书面记录,妥善保管现场重要痕迹、物证,并进行拍照或录像;按照《水利工程质量事故处理暂行规定》(水利部第9号令)进行事故处理。

四、结语

做好水闸工程的维修养护必须严格按照国家及地方的有关规定的标准、周期和范围定期进行。水闸工程的维修养护工作在其整个运行过程中都占有非常重要的地位。对延长水闸工程使用寿命,实现工程社会、经济效益的持续发挥有着积极意义。而在水闸工程维修养护工程中,施工质量是重中之重。因此,首先要建立健全科学的质量保证体系,明确组织机构与职责,制定施工过程中应遵守的质量管理制度。其次在工程实施过程中,严把施工质量控制关,任何施工工序与环节,包括闸体破损修复、闸门防腐处理、启闭机养护、附属设施维护等,都是质量控制的重点。综上所述,完善的质量保证体系和严格的工程实施过程质量管理以及文中所提出的其他应具备的质量控制措施是工程顺利实施并实现预期目标的重要保障。

参考文献:

[1] 任国正.水利工程维修养护应遵循的基本原则和工作要求[J].黑龙江水利科技,2012,40(11):250-251.

[2] 徐光磊,周克发.病险水库除险加固工程质量评价研究[J].大坝与安全,2010(1):11-14.

[3] 殷凤涛.水利工程建设质量管理体系全过程分析[J].黑龙江水利科技,2019,47(3):158-161.

淮工集团维修养护市场化试点工作浅谈

淮河工程集团有限公司　高庆国　李兴花

2018 年,沂沭泗局维修养护业务开始进行市场化试点,淮河工程集团有限公司(以下简称淮工集团)积极参与到市场化试点工作中来,随着维修养护业务市场化的推进,淮工集团积极适应市场变化,不断总结经验教训,苦练内功,取得了明显的成效,在维修养护业务市场化竞争中进一步站稳了脚跟。

一、取得的成效与经验

（一）改善了堤防工程面貌,发挥了显著的工程效益

（1）在公司的不断努力下,直管的堤防、水闸面貌得到了很大的提升。在养护公司的积极配合下,2019 年,江风口局顺利通过"国家级水管单位"考核验收。8 个基层局通过"沂沭泗局水利工程管理"考核验收。

（2）所实施的维修养护项目质量较高,经受住了"沂河 2019 年第 1 号洪水""沂河 2020 年第 1 号洪水""沭河 2020 年第 1、2 号洪水"等大洪水的考验,有效保护了沿岸人民群众的生命和财产安全,发挥了显著的工程效益。

（二）增强了公司市场竞争意识,拓展了外部市场空间

为适应新的市场形势,保证公司的可持续发展,在确保中标局属维修养护业务的同时,公司积极拓展外部维修养护市场,并取得了一定成绩。

（三）增强了公司的忧患意识、服务意识,提高了施工管理水平

为了稳固维修养护业务,提高公司竞争力,公司从以下几个方面,加强了内部管控,强化了忧患意识、服务意识,取得了一定成效。

1. 加强企业内部管控,进一步提高了工作质量和工作效率

（1）推进标准化管理工作,公司标准化管理再上新台阶。

① 公司组织主要技术和管理骨干力量修订了维修养护管理制度,包括《维修养护合同管理制度》《材料管理制度》等 11 项制度,从维修养护项目的施工队伍备案选择、合同管理、进度控制、成本控制做了切实可行的规定,涵盖养护业务范围,通过加强制度的落实,规范养护业务开展,使养护工作有据可依、有章可循。

② 为了保证工程维修养护项目施工规范化、专业化,实现施工作业工艺流程的标准化、各项管理流程程序化,努力降低成本,提高企业经济效益和社会效益,进一步提升维修养护施工管理水平,公司组织主要技术和管理骨干力量,针对所承担的维修养护项目,总结多年来一线施工管理经验,编制了《水利工程维修养护施工工艺标准》,并已出版发行。

③ 在继续完善维修养护施工工艺的基础上,公司开展了维修养护工程资料标准化工作,对公司多年来维修养护档案资料做了总结,同时对照相关法律法规、标准规范,汇编"施工技术管理、施工管理、原材料管理"3类15项资料格式标准范本,为下一步维修养护档案资料的实施提供标准依据,也为维修养护工作程序化、标准化奠定了基础。

(2)优化了管理流程,结算效率得到了进一步提高。

实行养护市场化后,公司加强了对工程款的结算管理,合理优化结算审批流程,强化了养护资金结算管理与报批流程,使资金管理更加严格规范,同时提高了结算审批效率。

2. 强化忧患意识,增强了企业核心竞争力

(1)加大了科技创新资金投入力度,取得了一批实用性很强的创新成果。

养护市场化模式实施后,为了提高企业养护水平,加强科技创新管理成果的研发与应用,提高公司养护施工的技术水平,增强公司的核心竞争力,公司加大了科技创新资金投入力度,组织所属单位研发成功了《闸门动态水下安全平衡监测预警设备开发应用》《一种可移动式限宽装置的研究》《抗冻植被混凝土关键技术》《水闸拦河防撞系统》等一批创新成果,并获得实用新型专利,其中《抗冻植被混凝土关键技术》《水闸拦河防撞系统》《一种宽度可调节的限宽墩》《开关式路卡装置研制与应用》获得淮委"科学技术奖三等奖",有效提高了养护工作的质量与效率,同时增强了企业的核心竞争力。

(2)进一步加强了施工队伍建设管理工作,培养了一批专业的施工队伍。

维修养护市场化模式实施以来,为提高自身维修养护的竞争性,增强维修养护队伍自身素质和施工管理水平,目前公司已组建多支专业化维修养护管理队伍,如喷锌作业队、草皮维护作业队等,并通过加强培训、学习交流等方式,补齐技术能力"短板",积累经验,同时开拓水闸运行维护管理新市场,公司的综合竞争实力进一步提高。

(3)进一步做好了安全、质量责任落实工作,提高了安全生产、质量管理水平。

公司积极贯彻有关法规和标准,把安全生产、质量责任落到实处,进一步加强了维修养护项目的安全、质量管理工作,加大了对工程施工的监管力度,增强员工的责任心,从本质上提升了公司安全生产、质量管理水平。自维修养护市场化模式实施以来,公司未发生一起安全、质量事故。

3. 增强了服务意识,进一步提升了工程维护水平

实施招投标制度以来,建设单位对养护企业的考核管理模式发生了改变,由原来的基层局下维修养护月度任务书变为现在有养护公司每月上报实施计划,由原来的月度验收改为现在的阶段验收。养护公司由原来的被动接受任务变为强化服务意识,积极与建设单位沟通,并依据合同项目,结合工程实际,考虑季节特点等,统筹安排项目实施,在实施过程中,更加注重成本控制,更加注重施工质量,养护企业在降低施工成本的同时,进一步提升了工程维护水平,得到了建设单位的认可。

二、存在的问题

(1)随着公司业务的不断拓展,人才的引进速度已远远跟不上公司发展的速度,懂技术又懂管理的复合型人才偏少的局面逐渐显现,一定程度上制约了公司业务的开展。

(2)目前从事维修养护业务管理的人员流动性较小,存在管理理念、管理方式固化的趋势,长远看不利于人才的进步,也不利于维修养护管理水平的进一步提高。

维修养护业务是公司发展壮大的立足点,集团公司只有不断加强自身能力建设,进一步加强人才队伍建设,进一步提高业务管理水平,才能更好地开展维修养护工作,才能为沂沭泗局水利事业高质量发展贡献更大的力量。

水旱灾害防御与建设管理

踔厉奋发四十载 水利基建谱新篇
——南四湖局基本建设巡礼

沂沭泗水利管理局南四湖水利管理局 张志振 王建军 王 敏

岁月悠悠,斗转星移,在举国欢庆中国共产党成立 100 周年之际,沂沭泗迎来了统管 40 周年的"生日"。

回首 40 年时光,南四湖局广大干部职工在沂沭泗局党组的正确领导下,牢记初心和使命,怀着"百尺竿头立不难,一勤天下无难事"的信念,勇挑"治水保安澜"重担,攻坚克难,加快发展,圆满完成了各项水利基本建设任务,在运河岸边、四湖湖畔绘就一幅河湖安澜的幸福画卷。

南四湖由南阳、昭阳、独山、微山等 4 个水波相连的湖泊组成,为浅水型湖泊,湖形狭长,湖面面积为 1 280 km²,总库容为 60.22 亿 m³,是我国第六大淡水湖,具有调节洪水、蓄水灌溉、航运交通、改善生态环境等多重功能,亦是南水北调东线的调蓄湖泊。

受自然地理和气候条件影响,历史上南四湖是水旱灾害多发区,是有名的"洪水走廊"。据统计,仅 1949—1981 年流域管理机构统一管理前,就有 1957 年、1960 年、1962 年、1963 年、1964 年等几次较大洪涝灾害,其中以 1957 年最为严重;1959 年、1962 年、1966 年、1977 年、1978 年等发生较大旱灾,其他小涝小旱更是不计其数。加快南四湖局直管水利工程基本建设、增强南四湖防洪抗旱保安能力刻不容缓。

一、回顾过去,成绩斐然

40 年来,南四湖局直管水利工程基本建设成绩满满,流域防洪抗旱能力显著增强,直管工程面貌焕然一新,工程综合效益显著发挥,真正形成了"闸是风景区、堤是风景线"的生态水利工程。

(一)防洪工程建设卓有成效

1. 全面完成"东调南下"及续建工程

"东调南下"是指扩大沂河、沭河洪水东调入海和南四湖洪水南下的出路,使沂沭河洪水尽量就近由新沭河东调入海,腾出骆马湖、新沂河部分蓄洪、排洪能力,接纳南四湖南下洪水,涉及南四湖部分主要是"南下"和南四湖治理工程。续建工程南四湖部分主要建设内容包括南四湖湖东堤、韩中骆堤防、南四湖湖内、西股引河扩大及南四湖西大堤加固等 5 个单项工程。

截至目前,湖西大堤按防御 1957 年型洪水标准全面完成加固治理,湖东堤按照防御 50 年一遇洪水标准完成加固,老运河口至泗河段、二级坝至新薛河段达防御 1957 年型洪水标准。韩中骆堤防、西股引河扩大、南四湖湖内工程及韩庄节制闸上喇叭口左侧扩大工程全面完成。韩庄运河已按 50 年一遇防洪标准完成治理,伊家河已按南四湖 50 年一遇防洪标准参与分泄南四湖洪水,完成治理。

2. 直管病险水闸除险加固相继开展

南四湖局直管 15 座水闸、1 座泵站,其中大中型水闸 10 座,大多始建于 20 世纪五六十年代,年久失修,加之原设计和施工的问题,工程老化退化严重,许多工程存在病险隐患,防洪安全受到较大威胁,急需加固处理。

流域管理机构借助东风,抢抓机遇,病险水闸除险加固工作稳步推进:1998 年,二级坝水利枢纽第一节制闸、韩庄水利枢纽伊家河节制闸除险加固工程竣工;2000 年,蔺家坝节制闸除险加固工程竣工;2001 年,二级坝水利枢纽第三节制闸除险加固工程竣工;2005 年,韩庄节制闸除险加固工程竣工;2007 年,二级坝水利枢纽第二节制闸、复新河节制闸除险加固工程竣工;2009 年,挖工庄西闸、大王庄闸除险加固工程竣工;2010 年,苏北堤河闸除险加固工程竣工,二级坝水利枢纽三、四闸交通桥应急除险加固工程完成;2019 年,南四湖二级坝除险加固工程开工,目前主体工程已基本完成;2020 年挖工庄东闸除险加固工程完工。

(二)流域防洪抗旱能力显著增强

南四湖流域基本形成湖泊、河道、堤防和控制性水闸等组成的防洪工程体系。南四湖防洪能力由 5～20 年一遇提高到 50 年一遇,其中湖西大堤和湖东堤部分堤段达到防御 1957 年型洪水标准;韩庄运河泄洪能力由微山湖水位 33.5 m 时的 1 100 m³/s,提高到微山湖水位 36.5 m 时的 4 100～5 400 m³/s;伊家河泄洪能力由微山湖水位 33.5 m 时的 200 m³/s,提高到微山湖水位 36.5 m 时的 400 m³/s。流域防洪、蓄洪、行洪、泄洪能力显著增强。

(三)全面完成河湖管理范围和直管工程管理范围与保护范围划定工作

自 2014 年 8 月水利部部署河湖和水利工程划界工作以来,南四湖局克服直管河湖省界不清、插花地多、湖东尚有 70 km 左右无堤段等实际困难,在上级统一领导下,分年度实施划界工作。2017 年完成了上级湖局、蔺家坝水利枢纽管理局(以下简称蔺家坝局)和韩庄枢纽管理局(以下简称韩庄枢纽局)管理工程划界工作;2018 年,完成了二级坝局、韩庄运河水利管理局(以下简称韩庄运河局)管理工程划界工作;2019 年,完成了下级湖水利管理局(以下简称下级湖局)管理工程划界工作;2020 年完成南四湖湖东三段无堤段(70 km)划界工作。共计埋设界桩 6 700 余根、标志牌 200 块,界沟开挖 10.12 km。

直管工程管理范围与保护范围、河道湖泊管理范围划界成果均已完成公告,共涉及苏、鲁两省,徐州、济宁、枣庄 3 市,铜山、沛县、邳州、任城、鱼台、微山、滕州、台儿庄、峄城 9 个县(市),其中湖东无堤段划界成果由淮委进行公示。

(四)直管工程面貌不断得到改善

直管水利工程基本建设不但提高了防洪标准,消除了工程安全隐患,还大大改善了工程面貌。建设后,湖西大堤、湖东堤实现沥青柏油路面全线贯通,河口全部建设了桥梁,韩庄运河、伊家河堤防 80% 左右堤顶道路实现硬化。堤防堤身断面完整、堤顶、堤坡平顺,堤肩顺畅,形成了合理有序的林草生物防护体系。

(五)基层管理设施条件大幅改善,管理水平显著提高

随着东调南下及续建工程的实施,不仅大幅提高了防洪工程标准,同时也全面改善了基层管理条件、提升了现代化管理水平。一是南四湖局和下属基层局两级的防汛调度管理用房和专业用房不足的状况得到改善;二是基层现代化管理水平有了长足发展,建设了覆盖各

层级的通信骨干网络、计算机网络系统、防汛信息服务系统、异地视频会商系统,控制性水闸实现现地和远程计算机控制并能远程监控;三是基层单位供水、供电、供暖等基础设施有了明显改善,不仅改进了职工工作生活条件,更大大促进了管理水平的提升。

二、展望未来,任重道远

回顾 40 年南四湖水利基本建设历程,成就瞩目,不仅积累了丰富的水利基本建设经验,而且锻炼和培养了职工队伍。展望未来,机遇与挑战并存,我们仍要初心不改,使命在肩。

(一)坚持以"十六字"治水思路为指导,加快发展

2014 年 3 月 14 日,习近平总书记在中央财经领导小组第五次会议上就保障国家水安全发表重要讲话,总书记旗帜鲜明提出"节水优先、空间均衡、系统治理、两手发力"的治水思路,成为我们以后水利工作的根本遵循。今年是"十四五"开局之年,"十四五"时期是我国发展的重要战略机遇期,也是加快水利改革发展的关键期。我们必须抓住机遇,紧握时代脉搏,加快直管水利工程基本建设步伐,促进各项水利管理事业快速健康发展。

(二)全力配合做好沂沭泗河提标工作

2013 年,根据国务院批复的《淮河流域综合规划(2012—2030 年)》,沂沭泗河水系南四湖、韩庄运河、中运河、骆马湖、新沂河的防洪标准逐步提高到 100 年一遇,目前提标规划工作正在逐步开展。下一步,南四湖局将全力配合做好南四湖、韩庄运河防洪标准提标建设工作,为进一步治淮工作添砖加瓦。

(三)深入推进直管病险水闸除险加固

南四湖局直管的 16 座水闸(泵站)中,二级坝一闸、蔺家坝闸、韩庄闸、伊家河闸、老运河闸、复新河闸、刘桥提水站等 7 座水闸(泵站)被鉴定为三类病险闸,二级坝二闸交通桥、韩庄闸交通桥被鉴定为四类桥,存在交通安全隐患,已实施限行交通管制措施。目前,老运河闸、伊家河闸除险加固可行性研究(报告)已获批复,其余各病险水闸除险加固前期工作也在有条不紊地展开。下一步,我局按照上级工作安排,全力推进病险水闸除险加固基建前期工作,争取尽快完成病险水闸除险加固任务。

(四)信息化建设短板明显,迫切需要提高

我局信息化整体水平相对较低,现有的防汛会商系统、水闸自动控制系统、防汛信息系统在水旱灾害防御工作中发挥了积极作用,但与习近平总书记要求的"提高抗御灾害能力,在抗御自然灾害方面要达到现代化水平"的要求尚有差距。系统建设时间较早,缺乏足够的维护经费,设施故障较多、问题频发,给水工程调度、会商决策等工作带来较多不利影响。需尽快补齐信息化"短板",全面提升水利管理现代化水平。

40 年弹指一挥间,成绩已然成为过往。新征程已开启,随着流域经济社会的不断发展,随着新发展理念的深入贯彻,流域人民对生态水利的要求也越来越高。我们坚信在上级部门的正确领导下,南四湖直管水利工程基本建设必将迎来崭新的春天,为建设人民满意的幸福河湖奠定坚实基础。

以基建项目提升管理效能　提升沂沭泗人"幸福感"
沂沭泗河流域防汛调度设施建设助推沂沭泗局新发展

淮河水利委员会沂沭泗水利管理局　李光森

沂沭泗局成立于 1981 年,建局初始没有办公场所,临时在徐州市白云山租赁房屋办公。1986 年建设沂沭泗局办公微波楼,终于有了"栖身之所",办公微波楼建筑面积约 4 100 m²,另有职工食堂、供暖锅炉房等附属设施面积约 1 800 m²,经 20 多年的运行,设施陈旧、结构老化,无法满足现代化办公需要;2008 年,结合东调南下续建韩庄运河、中运河及骆马湖堤防工程、南四湖湖西大堤加固工程、沂沭泗局计算机网络及供电工程等,建设沂沭泗河流域防汛调度设施;2012 年在院内建设沂沭泗局档案管理用房……沂沭泗局旧貌换新颜,办公环境得到彻底改善,管理能效得以大幅提升。

(1)履行管理职能,满足办公需要,基础设施得以改善。从 1981 年国务院批复成立沂沭泗水利工程管理局,到 1994 年更名为沂沭泗水利管理局,沂沭泗局从建局初期的 3 项主要职责到 2002 年上级授予的 9 项主要职责,职责范围在不断延伸和扩展,管理内涵也在不断丰富,主要是增加了对沂沭泗水系的水资源管理与保护、水行政执法、建设项目管理、水利基本建设管理、取水许可管理、河道采砂管理和流域水污染防治监管等工作,沂沭泗局被定性为沂沭泗河流域的水利管理机构,是具有水行政管理职能的事业单位,赋予了沂沭泗局在流域内的社会管理和公共服务职能。2005 年,国家防汛抗旱总指挥部《关于沂沭泗河洪水调度方案的批复》(国汛〔2005〕8 号)文件中,对沂沭泗局在流域洪水调度中的责任与权限又做出了新的规定,沂沭泗局在流域洪水调度中的责任进一步得到明确。当流域发生暴雨洪水时,作为流域洪水统一调度的中心枢纽,沂沭泗局必须在较短的时间内准确收集、处理各种雨情、水情、汛情、工情信息,及时预报,快速决策,并及时与国家防汛抗旱总指挥部,淮河防汛抗旱总指挥部,苏、鲁两省防指及有关地市防指进行会商,拟定调度实施意见,在最短时间内,对全流域洪水做出安排,要求高,时效性强。

随着本地区社会经济的快速发展,对流域水利管理提出了更高的要求,管理内容、技术、设施和手段必须不断更新和完善。防汛微波楼设施是基于建局初期的工作职责而配置的,设施简陋,难以很好地履行新形势下上级赋予的工作职责,必须加强沂沭泗河流域防汛调度设施和档案管理用房的建设,以满足新形势下流域管理的需要。

(2)适应徐州市整体规划,办公进驻新城区。按照江苏省委、省政府提出的"三圈、五轴、四个特大城市"的发展战略,徐州市于 2002 年起开展了新一轮城市总体规划的修编工作。随着经济和社会发展步伐的加快,原有的城市"单核心、圈层式"空间结构已经不能满足发展的需要,为改变原来的单核式的城市空间结构"摊大饼"式的发展趋势,在新一轮总体规划中采用了"双核心、五组团、生态型"城市空间结构,以满足未来建设 300 万人口特大城市的发展需求。根据徐州市新城区规划,搬迁市行政办公机构,建立行政中心,主要是作为起步区的突破口,聚集人气,带动整个起步区的发展,同时也能提高办事效率,促进经济发展。沂沭泗河流域防汛调度设施入驻新城区,为沂沭泗局长远发展提供更好支撑。

(3)立足长远,注重规划统筹协调。沂沭泗河流域防汛调度设施和沂沭泗局档案管理用房位于徐州市新区,位于元和路与镜泊东路交叉点东南侧,与徐州市行政办公中心对角相望,东邻徐州市电信局,南邻徐州市水利局,地理位置十分优越。办公设施是集防汛调度管理、行政办公为一体的综合建筑,在设计理念上力求既满足建筑自身功能的要求,采用新而可靠的技术、材料、结构形式和设备,处理好建筑与人的关系,又能协调好与周围环境的关系,充分体现新世纪的时代特点、美学特点和科技特色,为城市建设增添亮点。

① 建筑外形力求庄重而不失灵活,建筑"表情"反映建筑性质。主楼部分注重各种现代材料的表达,运用穿插、凹凸、组合、对比等多种建筑处理手段打破主楼方正的形体,通过构造手法盘活主楼。外墙采用灰麻石材,在体现地域特色的同时又不失简洁明快的现代感。中庭及门厅顶部采用玻璃网架结构,充分利用自然采光,适应办公建筑的特点。附楼延续了主楼的设计风格及造型特点,并且考虑了沿街界面的处理,使之能和城市融为一体。整个建筑既特色鲜明,又能很好地融入整个新城区行政办公的大环境中。

② 建筑设计采用了开放式的总体布局,体现了开放、现代的特点,院区内绿化将与市政绿化景观更好地融合和共享,相比原主楼、附楼分别布置在地块北、西部的封闭型布局来看,外部视觉上更为开阔的视野,大气、自然、开敞的布局将为市政景观起到更好的美化与融合功能。

③ 使用功能上更为人性化和舒适化。主楼采用了带有中庭的方案,中庭一楼布置绿化景观,不仅很好地解决了走廊和北边办公用房的采光和通风不足问题,也使办公的环境变得美观、舒适,富有情趣。

④ 建筑细节更好地满足市政规划需求。根据徐州市新城区办公区地块规划设计要点,建筑高度不得高于 24 m,由于沂沭泗河流域防汛调度设施防汛抗旱管理需求,部分专业用房的高度需求较大,使得建筑面积与地块尺寸之间存在一定的制约因素,而本设计采用含有中庭的布局则解决了该困境:突出的白色建筑体块不仅体现了建筑格局的富于变化、充满情趣,而且解决了专业用房的高度控制也带来了适当的自由;附楼与主楼相互呼应,相映成趣,而且很好地将职工食堂、大型会议室等与办公区得以区分,方便使用,美化布局;地下室车位的增加将减少地面停车数量,起到美化院区环境的作用,开间的加大也给地下停车带来了方便。

⑤ 建筑造型与布局更加融合周围环境。灰麻石材饰面的突出体块与元和路以西的徐州市档案馆相呼应,大面积灰麻石材饰面的总色调又分别与紧邻徐州市水利局、电信局建筑色调融合一致;开敞式的总体布局,也给院区绿化景观与市政绿化景观的融合一致带来最大的可能。

(4)不断完善,管理现代化水平不断提高。2012 年年底,沂沭泗河流域防汛调度设施投入使用,随着沂沭泗局防汛抗旱、水行政执法、水利工程管理、水资源管理等业务工作对于会商和视频业务的需求不断提高,视频会商系统使用频繁,年运行时间超过 1 000 h,远超过设计使用寿命,存在诸多隐患。2020 年,在防御"8·14"特大洪水的关键时刻,持续与部、委及下属单位连线会商,异地会商系统数次黑屏中断,不能正常运行,严重影响信息上传下达、决议的执行及防汛工作的正常开展。按照推进建立智慧水利建设,落实"创新会议形式,减少会议数量,减小会议规模,缩短会议时间,要尽可能利用现代通信手段沟通联系,提倡召开电话会议、网络视频会议"精神要求。2021 年,结合沂河、沭河上游堤防加固工程,采用统一平台,建设覆盖沂沭泗局本部—沂沭河局—沂河局、沭河局的三级视频会商管理系统,建成后局本部可组织召开全体直属局的视频会议,沂沭河局可单独组织召开本单位及沂河、沭河局的视频会议。视频会商管理系统建设完成后,将进一步提高沂沭泗水利管理现代化水平,充分开发沂沭泗水利信息资源,拓展水利信息化的深度和广度,以水利信息化带动水利管理现代化。

沂沭泗河流域防汛调度设施的建设实施,是沂沭泗局直管钟点工程建设带动办公环境和管理能力提升的一个缩影。从沂沭泗河洪水东调南下工程,到二级坝一闸、二级坝三闸、伊家河闸、蔺家坝节制闸、彭家道口分洪闸、韩庄节制闸、二级坝二闸、复新河闸、宿迁闸、嶂山闸、新沭河泄洪闸、黄庄穿涵进口闸及排灌闸、沭河官庄闸、挖工庄西闸、大王庄闸、江风口闸分洪闸、苏北堤河闸、胜利渠首闸、人民胜利堰节制闸等病险闸除险加固工程,以及南四湖湖西大堤加固工程等堤防工程的建设,无不为沂沭泗局的管理能力、形象面貌带来提升。

正在建设的沂沭河上游堤防加固工程、南四湖二级坝除险加固工程,正在组织进行前期工作的老运河闸、伊家河闸、蔺家坝闸、韩庄闸,项目储备中的沂沭泗河洪水东调南下工程提高防洪标准规划等,将为沂沭泗局的监管能力、水利工程管理与防汛抢险能力以及水利信息化等方面带来提升,进一步助推沂沭泗局高质量发展。

南四湖治理话古今

沂沭泗水利管理局南四湖水利管理局　李相峰　邱蕾蕾

一、南四湖的形成

南四湖地区具有形成湖泊的基础地质、地貌条件。根据地质资料和地貌形态分析,新生代以来,受大地构造控制,鲁西地区长期处于强烈下降过程,形成凹陷,成为广阔的平原,东部毗邻鲁中山丘区,其相接处具有水流滞积形成湖泊的地质、地貌条件。

黄河夺泗是形成南四湖的主要因素。黄河侵泗,最早的记载见于《史记·封禅书》。汉文帝十二年(公元前 168 年),"黄河决酸枣,溢而通泗"。之后,汉武帝元光三年(公元前 132 年),"河决瓠子,东南注巨野,通于泗淮"。此次决溢,至元封二年(公元前 109 年)始塞。黄河流经泗、淮 23 年。入宋后,黄河决溢次数逐渐增多。南宋建炎二年(公元 1128 年),东京留守"杜充决黄河,自泗入淮以阻金兵"。决口地点在鱼台谷亭北,此后多年,该段泗河一直作为黄河叉流。黄河长期夺泗淮入海始于金章宗明昌五年(公元 1194 年),黄河决阳武故堤,主流由封丘沿汴水至徐州夺泗,直至公元 1855 年黄河铜瓦厢决口改道止,长达 661 年。致使徐州以下泗、淮下游河床逐渐淤浅,徐州以北原注泗入淮的河流泄水不畅,失去出路,渐渐潴积在泗水东岸济宁至徐州间的洼地里,先后潴蓄形成昭阳湖、独山湖、微山湖、南阳湖,至清朝同治年间,四湖已连成一片,称南四湖。

运河的开发对南四湖起到了造型作用。南北运河的开挖,形成堵截西来黄淤的自然防线。古泗水经兖州向西南流,经鲁桥、南阳至谷亭东,折而南,过湖陵城西、沛县城东、留城西,至徐州,折东南流入淮河。元至元二十年(公元 1283 年)济州河开成,同时疏浚了济宁至鲁桥间一段洸水,鲁桥以下段泗水借用为粮道,成为南北大运河的组成部分。明永乐九年(公元 1411 年),重开会通河,鲁桥以下段仍借用泗河,直至隆庆元年(公元 1567 年)漕运新渠掘成,这 157 年间,黄河泛滥频仍,据记载,其间在南四湖西、西南、西北面大的决口就有20 多次,其中淤塞南四湖段运道达 16 次之多。黄河"势悍而流浊,塞之则复决,浚之则辄淤,事在往代及先朝者姑弗论,即嘉靖间疏筑之役屡矣,而卒未有数岁之宁"(漕运新渠碑碑文)。南四湖段的运道(泗河)因黄河多次阻塞而多次疏挖,为了防止黄河的再次淤积,高培堤岸,作为堵截西来黄淤的防线。而这条防线不时被冲垮,为保漕运,冲垮一次就疏浚一次,堤防也加高一次,为南四湖的形成提供了人造防线。

演变至今,南四湖位于东经 $116°34'\sim117°21'$、北纬 $34°27'\sim35°20'$ 之间,地处黄河南堤与废黄河之间,苏、鲁两省交界地区。南四湖由南阳、昭阳、独山、微山等四个湖泊组成,流域面积 31 200 km²,在南四湖湖腰最窄处(即昭阳湖中部)建有二级坝枢纽工程,将南四湖分为上级湖和下级湖,是我国第六大淡水湖,也是北方地区最大的淡水湖,具有防洪、排涝、蓄水、引水、灌溉、城市供水、水产养殖、航运、旅游、候鸟栖息、改善生态环境等多种功能。

二、南四湖的治理历程

中华人民共和国成立之前,历朝历代虽对泗水及其演变而来的南四湖进行了不同程度的治理,但由于历史及技术、生产力等条件的限制,始终难有系统和全面的整治。中华人民共和国成立以来,南四湖治理取得了辉煌成就,前后主要分为以下几个阶段。

(一)中华人民共和国成立之前

明宣德年间(公元 1429—1435 年),平江伯陈瑄筑沛县昭阳湖长堤,为南四湖筑堤之始。明弘治年间(公元 1498—1503 年),曾两次修筑昭阳湖堤。明嘉靖二十年(公元 1541 年)和明隆庆六年(公元 1572 年),山东曾两次开挖运河、修筑昭阳湖堤。清雍正二年(公元 1724 年),修独山湖与昭阳湖临运大堤,留 18 个水口,在运河南岸修 14 座桥。清乾隆七年(公元 1742 年),建微山湖吴家桥湖面大石工,长 180 丈(明清时,1 丈≈3.11 m)。清乾隆二十四年(公元 1759 年),修微山湖葛墟店湖面碎石工,长 2 km。清末民初,江苏境曾筑过三道子堰。1931—1932 年,山东从运河西堤石佛村起经大小周庄、袁注、刘香庄至欢口修筑湖埝长71.6 km,做土方 159 万 m^3。1935 年,黄河在董庄决口后泛入南四湖。江苏省自姚楼河开始经龙堌集东、大屯、胡寨东至张谷山筑起全长 80 多 km 的苏北大堤。

(二)中华人民共和国成立初期

中华人民共和国成立后,1950 年开始修筑南四湖堤防。1950 年春,山东省调集 10 余万民工培修南四湖湖西大堤。大堤北起石佛,南至程子庙,长 54 km,堤顶高程约 36.0 m。1954—1957 年,两省还整治了万福河、复新河、大沙河、杨屯河及惠河等,疏浚了伊家河。

(三)1957 年流域大洪水后治理

1957 年,沂沭泗流域发生大洪水,南四湖入湖洪峰达 10 000 m^3/s。15 天入湖洪量为106 亿 m^3,30 天入湖洪量 114 亿 m^3。湖西大堤矮小,尚有 54 亿 m^3 洪水留在湖外,湖西一片汪洋。当时尚未建二级坝,7 月 25 日南阳水位达 36.48 m,8 月 3 日微山水位达 36.28 m,均为有记录以来最高水位。由于洪水下泄困难,35.0 m 以上水位维持了 84 天,洪涝灾害深重。1958—1959 年,苏、鲁两省结合京杭运河开挖,全面培筑了湖西大堤,北起石佛村,南至蔺家坝,全长 131.45 km。其中南阳湖西堤为原堤裁弯调整,比原堤向西退 0.5～1 km;昭阳湖西堤,北段基本沿原堤,南段及微山湖西堤基本沿湖西小堤修筑;微山湖南段 28.5 km结合航道向东改线 0.5～1.5 km。堤基高程二级坝以上为 33.5 m,二级坝以下为 33.0 m,山东段自石佛至刘香庄长 54.4 km,堤顶宽 6 m,堤顶高程为 39.0～39.5 m,临水坡边坡比为 1:6.5,背水坡边坡比为 1:3。1958 年 3—6 月底完工,完成土方 473.3 万 m^3。江苏段从刘香庄到蔺家坝(包括山东插花地)长 77.05 km,堤顶宽 8 m,堤顶高程为 39.0 m,临水坡边坡比为 1:5,背水坡边坡比为 1:3。1958 年春开工,分 3 期施工,至 1960 年完成。江苏部分堤段,在 1962—1964 年及 1972 年,扩大顺堤河时又加高培厚。1960 年修筑南四湖石佛至青山(白马河口)长 31 km 的堤防,堤顶高程为 38.5 m,顶宽为 4 m,迎水坡边坡比为1:3,背水坡边坡比为 1:2。山东省还修筑了二级坝枢纽,兴建了韩庄闸、伊家河闸,疏浚了惠河、万福河、洙水河、赵王河,开挖洙赵新河和东鱼河调整水系。

(四)1971 年治淮战略性骨干工程实施情况

山东省增建二级坝三、四闸,开挖了三闸下游西股引河中段 9.4 km 和二闸下游东股引河 23.3 km;按微山湖水位 33.5 m 时设计流量为 2 050 m³/s,扩建了韩庄闸;扩挖了韩庄闸下 9 km 河槽的大部分。

江苏省与山东省共同治理了复新河,开挖了顺堤河和苏北堤河,兴建江水北调,可经不牢河送水以 100 m³/s 的速度入微山湖。

(五)1991 年沂沭泗河洪水东调南下工程实施情况

湖西大沙河至蔺家坝段按防御 1957 年洪水标准加固(上级湖洪水水位为 37.0 m,下级洪水水位为 36.5 m),大沙河以上段除老运河—梁济运河段约 3 km 按 1957 年洪水标准加固外,其余均按 20 年一遇防洪标准加固;山东境内按微山湖水位为 33.5 m 时韩庄出口泄量为 1 900 m³/s(含伊家河 200 m³/s、老运河 250 m³/s),微山湖水位为 36.0 m 时韩庄出口排洪为 4 000 m³/s(含伊家河 400 m³/s、老运河 500 m³/s)规模扩大韩庄运河,修建了老运河,开挖韩庄闸上喇叭口。南四湖湖东堤、部分湖西堤、西股引河上段开挖和湖腰扩大未实施。

(六)2003 年沂沭泗河洪水东调南下续建工程实施情况

在南阳镇附近和二级坝上、下扩挖 4 条浅槽,湖西堤按防御 1957 年洪水加固;修建湖东堤,大型矿区和城镇段堤防,防 1957 年洪水,其他堤段按防御 50 年一遇洪水修建加固;设置湖东滞洪区;按行洪 4 600~5 400 m³/s 扩大庄运河,续建韩庄上游喇叭口工程。

自 2005 年开始,沂沭泗河洪水东调南下续建工程陆续开工建设,至 2016 年各单项工程相继通过验收,基本完成设计任务、实现规划目标。同期,还进行了部分病险水库和病险水除险加固、涝洼地及支流治理、城市防洪及航道等一系列治理工程,使南四湖的防洪、除涝、灌溉、航运标准有了较大提高。

虎踞龙盘今胜昔,天翻地覆慨而慷。古往今来,一代代水利人从未停止过对南四湖的治理与保护的脚步,到如今,南四湖整体防洪标准已达到 50 年一遇,湖泊生态明显改善,逐渐成为沿湖居民心中的"幸福湖"。站在新的历史节点上,新时代的南四湖水利人定将不负历史期待,坚决贯彻落实"十六字"治水思路,不断推动南四湖治理与保护,为地区经济社会高质量发展做出积极贡献。

栉风沐雨守初心　众志成城担使命

——直击沂沭河局郯城局抗击 2020 年"8·14"沂沭河洪水现场

沂沭河水利管理局郯城河道管理局　庞永祥

2020 年 8 月 13 日晚至 8 月 14 日凌晨,沂沭河流域出现暴雨到大到暴雨,局部地区出现特大暴雨。受强降水影响,沂河发生自 1960 年以来最大洪水,沭河发生自 1974 年以来最大洪水。14 日 12 时 50 分,郯城局接到关于做好邳苍分洪道行洪准备的紧急通知。面对汹涌而来的洪水和紧急通知,郯城局认真贯彻落实习近平总书记关于防汛救灾工作的重要指示精神,坚持"人民至上、生命至上"的原则,切实把确保人民生命安全和河道行洪安全两项防控目标落到实处。全体职工不畏艰险,奋勇抗击,特别是广大青年职工、党员纷纷冲在一线,在防御大洪水中锤炼自己,用实际行动捍卫在党旗下的誓言,践行沂沭河水利人的初心和使命,交出了一份防汛大考的合格答卷。

一、科学防控,精准施策

摆在郯城局全体职工面前的第一道难题,是如何科学做好沂河接近河道设计流量、沭河超河道设计流量洪水的防控和履行好邳苍分洪道行洪职责。郯城局现有在职职工 25 人,负责管理郯城、兰陵两县境内的沂河、沭河、邳苍分洪道河道总长度为 134.04 km、堤防工程总长度为 200.36 km,人均管理河道 5.36 km、堤防 8.01 km。面对严峻形势,郯城局党支部发出号召令,局防办认真分析研判,制定了科学防控措施并精准发力,确定整体防汛目标为:标准内洪水不出意外,标准外洪水不打乱仗。局防汛抗旱办公室本着"整体把控、重点关注、新老搭配、防办调度"的防汛理念对人员进行了合理分组,就河道工程及本次洪水情况、历史洪水及出险状况、重点防守堤段及注意事项、现状标准内洪水的防御措施、超标准洪水的对策等进行了详细介绍和分析,并结合沂河、沭河部分工程防汛实例做了精准部署和措施安排。通过科学合理安排和精准施策,抗击本次洪水的中心思想和整体脉络清晰、具象,做到"未雨绸缪严防控、有的放矢重落实"。随着总指挥张传秋同志的一句"出发",在沂河、沭河两岸,在红色沂蒙革命老区,沂沭河水利人用满腔的热情和坚定的信念书写着对党的忠诚、对人民的赤诚。

二、为民服务,当好参谋

摆在郯城局全体职工面前的第二道难题,是如何将防汛流域管理与区域管理有效衔接、融合,实现防洪阻击战的全面胜利。郯城局主动对接郯城、兰陵两县防指总指挥汇报了相关汛情,主要负责人和分管负责人立即分赴两县防汛抗旱指挥中心指参与防汛会商,分别向两县防指总指挥详细汇报了本次洪水及我局防范布置情况,对沂河、沭河、邳苍分洪道工程情况、重点部位及薄弱环节做了介绍说明,并针对防范沂河、沭河大洪水及做好邳苍分洪道行洪准备提出了针对性的建议措施,为郯城、兰陵两县打好本次防汛攻坚战提供了资料支撑和技术参考。各包河包段人员也积极跟沿河乡镇、村庄对接,实地对沂河、沭河两岸的巡堤查险员进行技术指导和查险要点讲解,现场耐心给予演示并答疑解惑,督促沿岸各级防汛三线队伍、防汛物料落实到位,随时做好抗洪抢险准备。郯城局依托这种与县、乡、村三级防汛机构的联防联控体系,使得流域与区域相结合的防汛保障作用得以充分发挥,将防汛理念和措施真正贯彻落实到防汛阵地的最后一千米。"多亏了你们来给我们讲解,我们心里悬着的石头才真正落了地,以后一定常来给我们村指导啊!"沂河右岸北新汪村支部书记郑洪兴握着沂河所所长周先强的手说。"百姓期盼的,就是我们要做的!"沂沭河水利人用朴实无华的行动诠释着共产党人的初心和使命。

三、四融四合,敢打敢拼

摆在郯城局全体职工面前的第三道难题,是面对沂河接近设计标准洪水、沭河超标准洪水的本领恐慌。郯城局25名职工中,有实践防汛抢险经验的职工只有四五名,所有人员都是第一次面对这么大的洪水,特别是沭河还是超标准洪水、邳苍分洪道46年未启用。在局防汛抗旱办公室通报可能会出现超大洪水时,有28年工作经验的沭河管理所所长房保刚心里也没底,大家的心也都揪了起来。沉默了一会,党支部书记张传秋号召大家要发扬"讲政治、顾大局、敢打拼、乐奉献"的郯城精神,凝心聚力,坚决啃下这块硬骨头,打赢这场攻坚战。25个不同的声音发出了斩钉截铁的答复:"好!""百舸争流,奋楫者先;千帆竞发,勇进者胜。"郯城局党支部充分发挥基层战斗堡垒作用,将"四融四合"支部工作法融入了这次洪水考验,党员突击队引领职工在防汛阻击战中发挥了先锋模范作用。

钉钉群里不时闪动的消息、深夜2时各组的互相问候、闪耀灯光扫过的汹涌浪花、浸满汗渍的橙黄色工作背心、重要工程部位坚守的背影,无不彰显着沂沭河水利人的忠诚和担当。他们当中有刚做过心脏支架手术依然带头对重点隐患彻夜防守的老职工;有即将临产仍坚守岗位传递防汛一线讯息的青年女职工;有强忍胸闷等不适全程指挥的中坚力量;有身受疾病困扰仍奋力抗击洪魔的党员先锋……这一个个最可爱的人,在叙述着沂沭河水利人与时间赛跑、与洪水较量的决心和勇气,演绎着沂沭河水利人绝不向洪魔低头、不为困难屈服的那股坚韧和不服输的品格。

四、河湖安澜,负重前行

8月15日0时40分,接通知不启用邳苍分洪道;8月15日9时10分、13时10分,沂河、沭河洪峰分别顺利通过郯城境内,河道水位开始消退,河道内泛起的浪花仿佛也露出了笑容。至此,28个小时的较量告一段落,但这仅仅是本次洪水考验完成的第一步,后面对整个洪水消退过程的检查。同涨水一样重要,需要沂沭河水利人继续负重前行,肩扛守护鲁南苏北安澜的使命,昼夜守护这片他们深爱的沂蒙热土和沿河万千人民。每个沂沭河水利人在经历这场洪水后,心中对水利事业的热爱愈加浓厚和明朗,心中镶嵌的"洪水不退,我们不退"的印记越加清晰……

下午稍做休整后,郯城局全体职工又匆匆奔赴沂河、沭河一线,对洪水消退过程进行检查,一个个熟悉的面孔又奔走在河道两岸,仿佛一面面行走的旗帜,将对党和人民的诺言、对水利的热爱撒播在沂沭河两岸。

五、理念转变,成效显著

完善有效的水利工程体系是打赢本次水旱灾害防御攻坚战的基础,沂沭河流域的河道治理是中华人民共和国水利事业发展的一个缩影。早在中华人民共和国成立初期,山东、江苏就分别开始了"导沭整沂"和"导沂整沭"大规模治理,特别是 1974 年大洪水过后规划实施沂沭泗洪水东调南下工程,并在 2003 年淮河大水后全面实施续建工程及病险水闸除险加固,沂沭河中下游河道防洪标准达到 50 年一遇,成为成功防御本次洪水的重要支撑。"行百里者半九十",自 1981 年沂沭泗水系统一管理以来,沂沭河局郯城局认真贯彻"绿水青山就是金山银山"的理念,以"四融四合"支部党建工作法为引领,构建了较为完善的防汛综合指挥体系,统筹做好水生态文明建设、河道治理和防汛救灾工作,逐步由过去的改变自然、治理自然转变为尊重自然、顺应自然、保护自然。努力实现保护沿河人民群众生命财产安全和满足人民群众对美好生活向往的双重目标。通过 30 多年的系统治理,共硬化堤顶防汛道路105 km、维修加固控导工程 85 处 68.59 km、修筑丁坝 47 道、修建小涵闸 50 座,不断提升管理的 134.04 km 河道、200.36 km 堤防工程的防洪标准,基本实现了保证沂沭河安全这条底线,并朝着全流域水清岸绿的目标不懈努力。

"沧海横流方显英雄本色,急难险重更知砥柱中流。"通过迎接本次大洪水考验,检验了沂沭河水利人招之即来、来之能战、战之能胜的能力和品质,印证了他们践行新时代水利精神的初心。他们用坚定的步伐和从容的笑容弘扬着沂蒙精神,在鲁南、苏北书写着对党和人民的忠诚与坚守、使命与担当!他们将对工作的热爱和对人民的许诺镌刻在了河道水尺刻度上、书写在了飘扬的突击队队旗上、融入进了百里长堤上抗击洪水留下的一道道足迹里……

论水利工程建设水土保持工程实施与成效
——以南四湖二级坝除险加固工程为例

沂沭泗水利管理局防汛机动抢险队　周守朋

南四湖水利管理局二级坝水利枢纽管理局　高繁强

淮河水利委员会沂沭泗水利管理局　辛京伟

一、防治标准和分区

（一）防治标准

二级坝除险加固工程位于南四湖湖腰,行政区划涉及江苏省沛县和山东省微山县。工程区所在地江苏省沛县属于国家级水土流失重点预防区,微山县属于山东省省级水土流失重点预防区。根据《开发建设项目水土流失防治标准》,该工程水土流失防治标准执行建设类项目一级标准。

（二）防治分区

本工程水土流失防治划分为 3 个防治分区。

1. 主体工程区

主体工程区主要工程内容包括堤顶道路改建、堤坡防护、一闸及溢流坝除险加固等。堤顶道路改建后路面硬化,两侧边坡及路肩设置排水沟及绿化;堤坡防护施工前清基,后期采取植物措施进行防护;护岸工程施工结束后,对裸露地采取乔灌草相结合的防护措施。

2. 弃渣场防治区

对于大沙河取(弃)土场区在取土前进行表土剥离,剥离的表土堆放在取(弃)土场区;在取(弃)土场四周设置栏栅土埂;在取(弃)土场坡脚及坡面设置排水沟;对(弃)土场进行临时拦挡覆盖;工程结束后对取(弃)土场边坡采取林灌草结合的植物措施。

3. 施工临建工程区

施工前,对施工临建工程占用的可剥离表土区域进行表土剥离,施工结束后对可绿化区域进行土地整治,回覆表土;施工结束后,对施工临时占地铺设草皮进行防护;施工临时道路一侧开挖临时排水沟,剥离的表土运至施工生产生活区集中堆放,并采取临时拦挡、覆盖措施进行防护。

二、水土保持措施

（一）主体工程区

主体工程区主要包括改建后的堤顶道路两侧及护坡设置排水沟及绿化、堤坡清基、堤坡采取植物措施进行绿化美化、护岸工程结束后采取乔灌草结合防护措施进行绿化美化。

二级坝一闸至二闸间上游侧护堤地被风浪淘刷损毁,仅剩 22.0 m 护堤地。为防止风浪进一步淘刷堤脚,本工程结合溢流坝开挖弃土、堤坡清基弃土等恢复原 50 m 宽护堤地,在护堤地外侧新建 M10 浆砌石护岸,并采用乔灌草相结合的防护措施进行绿化美化。

（二）弃渣场区

本工程产生弃土(渣)运至大沙河闸附近弃渣场集中堆放。

1. 工程措施

在取土前进行表土剥离,集中堆放在取(弃)土场。剥离表土在取(弃)土场南北两侧堆放。弃土结束后,对取(弃)土场区坡面进行表土回覆和土地整治。

弃土堆放结束后在坡面和坡脚设置畅通的排水沟,坡面排水沟与顶部复垦排水沟及坡脚排水沟相连,坡脚排水沟与取(弃)土场东侧河沟相连。取(弃)土场场区沿坡脚线设置坡脚排水沟,坡脚排水沟为土沟。坡面设置梯形结构浆砌石排水沟。取(弃)土场周围布设拦渣土埝,土料直接采用工程弃土,土埝顶宽 2 m,高 2 m,边坡比为 1∶2.5。

2. 植物措施

工程弃土(渣)运回大沙河取(弃)土场区后,对取(弃)土场区坡面采取乔灌草相结合的防护措施进行绿化。乔木选择水杉,灌木选择紫穗槐,乔灌木下铺设马尼拉草皮。

3. 临时措施

根据"先拦后弃"的水土保持要求,在弃土堆存前、在弃土场周边采用袋装土拦挡,土料直接利用工程弃土,袋装土码放成梯形,顶宽 0.5 m,底宽 1.5 m,高 1.0 m。取(弃)土场表土剥离后剥离表土堆放在场区内,在表土回覆前对剥离堆放的表土采用彩条布临时覆盖;在植物措施发挥水土保持效益前,若遇降水,对弃渣表面采用彩条布临时覆盖。

（三）施工临建工程区

本工程施工临建工程区主要包括施工临时道路及施工生产区。

1. 工程措施

施工前,对施工临建工程区扰动地表区域的表层土进行剥离,集中堆放在施工生产生活区范围内,后期用作复垦用土。表土剥离厚度为 0.30 m,采用推土机推土。

施工结束后,对施工临时工程区进行土地整治,为后期植物措施创造条件。

2. 植物措施

施工临建工程区占地均为临时占地,工程结束后对施工临时占地采取种植水杉并铺设狗牙根草皮的防治措施。

3. 临时措施

（1）道路排水沟开挖

在施工临时道路一侧开挖临时排水沟。排水沟简易梯形土沟,底宽 0.3 m,深 0.4 m,边坡比为 1∶1。

（2）弃土临时防护

工程施工前剥离的表土集中堆放在施工生产生活区一角。为防止降水产生水土流失,对表土采取坡脚装土编织袋拦挡,采取表面彩条布覆盖、周边开挖排水沟措施进行临时防护。表土集中堆放,堆高 2.5 m,边坡比为 1∶1。在临时堆放的表土坡脚处采用袋装土拦挡,袋装土码成梯形断面,顶宽 0.5 m,底宽 1.5 m,高 1.0 m。为了防止来水的冲刷,在表土堆存场周边设置临时排水沟。临时排水沟土质梯形断面,断面尺寸为底宽 0.3 m、深 0.4 m,边坡比为 1∶1。

三、水土保持监测

(一)监测内容

水土保持监测的主要内容为项目区的水土流失,以及水土保持各项治理工程实施后的保水保土效益,主要内容包括以下四个方面。

(1)扰动土地情况

扰动土地情况监测的内容包括扰动范围、面积、土地利用类型及其变化情况等。

(2)取弃土监测

要求对生产建设活动中所有的取弃土场和临时堆放场进行监测。监测内容包括取弃土场及临时堆放场的数量、位置、方量、表土剥离、防治措施落实情况。

(3)水土流失情况

监测主要包括土壤流失面积、土壤流失量、取弃土潜在土壤流失量、未按水土保持方案实施且未履行变更手续的取弃土数量。

(4)水土保持措施监测

水土保持措施监测包括工程措施、植物措施和临时措施的监测,包括措施类型、开(完)工日期、位置、规格、尺寸、数量、林草覆盖度、防治效果、运行状况等。

(二)监测点位布设

本工程共布置监测点 4 处,分别在主体工程区堤坡、主体工程护岸工程恢复护堤地、大沙河弃渣场及溢流坝施工生产生活区。

(三)监测时段与频次

监测时段从施工准备期开始,至设计水平年结束。扰动土地情况实地量测监测频次每季度不少于 1 次;弃土场面积、水土保持措施每月监测记录不少于 1 次,正在实施弃土场方量、表土剥离情况每 10 天监测记录不少于 1 次,临时堆放场监测频次每月监测记录不少于 1 次;土壤流失面积监测每季度不少于 1 次,土壤流失量、弃土场潜在土壤流失量每月不少于 1 次,遇暴雨加测;工程措施及防治效果每月监测记录 1 次,植物措施生长情况每季度监测记录 1 次,临时措施每月记录 1 次。

四、水土保持实施成效

水土保持工程以工程措施为主,植物措施和土地整治措施为辅,工程措施、植物措施和土地整治措施有机结合,临时性措施与永久性措施相结合。充分发挥工程措施的控制性和时效性,保证在短时期内遏制或减少水土流失,再利用植物措施和土地整治措施蓄水保土,保护新生地表,实现水土流失彻底防治,并绿化美化环境。水土保持措施的实施减少了南四湖二级坝除险加固工程建设期间的损失,实现生态和环境的双重效益,现阶段已完成生态护坡建设 41 000 m²,整理绿化用地 7 100 m²,栽植法桐、女贞等 4 200 株,种植石楠、卫矛等6 800 m²,铺设草皮 43 000 m²,后续施工正在有序开展,通过水土保持工程实施,二级坝枢纽整体环境面貌得到极大提升,生态环境效益、社会效益明显。

关于有效开展水利工程档案管理的对策分析

淮河水利委员会沂沭泗水利管理局　辛京伟

沂沭泗水利管理局防汛机动抢险队　周守朋

沂沭河水利管理局防汛机动抢险队　冯玉红

水利工程档案是水利工程建设项目在前期、实施、竣工验收等各阶段过程中形成的,具有保存价值并经过整理归档的文字、图表、音像、实物等形式的水利工程建设项目文件。水利工程档案管理是一项纷繁复杂的综合性工作,在工程建设中,会涉及较多的信息,给档案管理工作带来更加复杂的问题,如何有效开展水利工程档案管理是目前亟待解决的问题。

一、水利工程档案管理的重要意义

(1)水利工程档案为水利工程提供历史支撑。水利工程档案管理始终贯穿于整体工程建设的各个阶段,与建设进度及质量有着直接的关系。水利工程档案的质量是衡量水利工程质量的重要依据,作为客观记录工程建设过程的档案资料,也是参建各方维护自身权益,进行事故分析、合同纠纷的重要依据;在《水利工程建设项目档案管理规定》(水办〔2021〕200号)中明确规定,凡是档案内容与质量达不到要求的水利工程建设项目,不得通过档案验收;未通过档案验收或档案验收不合格的,不得进行或通过竣工验收。

(2)水利工程档案为水利工程提供未来决策。水利工程档案是工程完工后对工程进行维护、检查、使用和管理的依据,对工程项目的监督和验证有着重大的作用,对于水利工程的运行管理承担着基础性的保障工作。另外,水利工程建设并不是一次性项目,档案管理对后期工程扩建、改造、相关设计的开展有着紧密的联系,可为后续工作提供有效、真实可靠的资料,促进水利工程顺利发展。

二、水利工程档案管理存在的问题

1. 思想上不重视

在水利工程建设中,参建单位往往重工程建设、轻档案管理,重工程进度和质量、轻档案质量。具体表现在:档案工作与工程建设没有同步,导致后期档案管理混乱,存在收集不完善、缺失、丢失等问题;档案工作人员配备不到位,对档案管理的实际要求和规范不能全面掌握;档案信息化认识不够,严重阻碍信息化背景下水利工程档案管理有序开展。

2. 制度上不完善

由于档案管理制度不完善,应用中缺乏可操作性,导致档案资料的收集、整理、归档没有规范化,更没有建立起档案管理相关的领导责任制和岗位制,档案管理工作效率低;实践中对档案管理制度落实不到位,管理工作质量缺乏保障,档案资料利用效果不理想。

3. 执行上不规范

档案信息记录不及时,使档案不真实、不全面,文件材料的归档率、完整率有待提高;收集的文件种类不齐全,有的参建单位只注重纸质档案的收集,忽视了音像、实物档案的收集、整理;对工程中一般应形成哪些档案、何时形成、如何收集与整理等难以做到心中有数,档案误编、漏编、混编等情况较多,整编质量满足不了当前档案高质量发展的要求。

三、有效开展水利工程档案管理的对策

1. 加强领导,强化管理思维

为有力推动工程整体质量的提升,参建单位各级领导高度重视,按照统一领导、分级管理的原则,对档案管理工作进行统一协调;加大档案管理宣传力度,树立全体参建人员档案管理的意识。南四湖二级坝除险加固工程(以下简称"二级坝工程")在开工伊始,建设单位就要求各参建单位把档案管理当成一项重要任务来抓,加强工作指导,对工程前期阶段的档案资料按照相关规定及时进行收集整理,保障档案管理高效高质量开展。

2. 建章立制,强化制度落实

全面做好整体工作的统筹,建立健全档案工作制度,达到规范档案资料的收集、整理及归档的目的。为保障二级坝工程档案管理工作"有法可依、有章可循",建设单位根据国家档案局、水利部关于档案管理规范、规定文件要求,结合二级坝工程建设实际,制定了《南四湖二级坝除险加固工程档案管理办法》《南四湖二级坝除险加固工程档案整理整编细则》,编写了资料收集整理、保管和利用,工程档案分类相关方案,各参建单位在建设单位的指导下,健全制度、狠抓落实,为档案管理工作正常稳定运行提供可靠保障。

3. 抓好质量,强化过程管理

水利工程一般建设周期长,涉及部门和单位众多,文件收集不及时是导致档案不完整的主要原因。坚持文件收集管理与工程建设同步是解决这一问题的有效措施。在开展二级坝工程建设过程中,参建单位各自对文件做好收集并及时归档。建设单位加强对档案资料完整性、规范性的检查,层层传导档案管理责任,树立工作重在平时的观念。在每次单位工程验收时,参建单位按照验收规范及档案管理要求做好资料整理与归档,确保档案内容完整、翔实。

4. 加大培训,强化人才培养

水利档案管理工作具有较强的政策性和专业技术性,不仅要掌握档案管理知识,还要了解水利工程建设专业知识。在二级坝工程建设过程中,建设单位组织参建各方集中学习《中华人民共和国档案法》《水利工程建设项目档案管理规定》等,调动工作积极性;邀请档案馆专家开展档案管理培训,对案卷目录、卷内目录、各参建单位主要归档内容、竣工图章样本等档案管理工作的重点内容进行了详细的阐述,创造了宝贵的交流学习机会,为后续档案管理工作开展起到了良好的指导作用。

5. 转变方式,加强信息化建设

2021年1月1日正式实施的新修订的《中华人民共和国档案法》增加了"档案信息化"的章节,新档案法提出应当加强档案信息化建设,提高档案信息化建设水平,并采取措施保障档案信息安全。水利工程参建单位要同时做好纸质档案存储和电子档案存储工作。在二级坝工程建设中,研发了工程建设管理系统和运行维护管理系统,系统设置了工程概况、规

章制度、质量管理、安全管理、合同管理等诸多模块,实现了将工程建设全过程以电子档案的形式予以呈现和保存;同时运行维护管理系统,也为后续管理单位进行工程管理、维修养护、检查观测等资料记录提供了电子档案数据库;另外,工程集成整合的视频监控系统,能够实时记录和保存工程监控录像和照片,实现了档案管理方式的多样性。

四、结语

水利工程建设事业不断发展,水利工程档案管理不仅是一项基础性工作,也是水利工程建设中不可或缺的重要一环。当今水利档案管理工作必须要紧随新时代的发展,加大档案管理工作力度,有效提高档案管理水平,充分发挥水利工程档案的社会应用价值,更好地服务于我国水利工程建设事业的高质量发展。

参考文献:

[1] 胡志琴.重大水利工程档案工作存在的问题及对策[J].办公室业务,2020(5):64,67.

[2] 李玲霞.新档案法下水利工程档案信息化管理发展探讨[J].海河水利,2020(6):51-53.

沂沭泗流域堤防混凝土路面裂缝处理技术改进与应用探讨

淮河工程集团有限公司宿迁分公司　张建贵

一、实施背景

沂沭泗水系统一管理 40 年来,流域内堤防面貌显著改善,防洪能力不断提升,其中堤防堤顶路面变化最为显著,从以前的泥泞破败到现在的平顺畅通,从以前的一路扬尘到现在的安全通行,流域范围内堤防堤顶路面硬化情况已经普遍,其中混凝土路面占比较大。以新沂河堤防为例,混凝土路面占比约为 75%,此类混凝土路面具体技术参数大致为:路面宽 4.5 m,下铺 10 cm 碎石垫层,上铺 18 cm C30 混凝土。其中大部分混凝土路面使用年限已超过 10 年,在土质堤防沉降变形、重型车辆挤压、温度急剧变化等情况影响下出现大量贯穿裂缝、沉降断层裂缝,裂缝宽度、延展度不断变化。

按照建设单位实施方案及工程实体实际需要,在保证堤防标准不降低前提下,混凝土路面裂缝处理凸显出其重要性与必要性,同时采裂缝处理的技术标准提出了更高的要求。

二、主要技术方法及施工工艺

在进行维修养护作业过程中,我们组织技术人员对已有的混凝土路面裂缝处理技术进行总结与分析,同时采用公路混凝土路面、沥青混凝土路面等常规养护方法加以结合。

(一)机械设备准备与选用

主要机械选用以下 2 种。

200 L 牵引式热熔灌缝机:采用"液化气＋导热油"加热方式,外置手持式喷嘴。

50 L 手推式热熔灌缝机:利用燃气加热装置保持灌缝材料液熔状态,底部含漏斗式喷嘴。

次要机械、小型机械为小型运输车、小型开槽机、小型汽车 、小型吹风机。

(二)材料准备与选用

主要材料如下。

沥青冷补料:作为裂缝处理骨料使用,增加处理后裂缝刚度。

沥青灌缝密封胶(混凝土专用):具有热熔快、易施工、密封持久、良好的低温柔性与高温稳定等特点,可实现 60 ℃不黏连,能适应混凝土路面裂缝伸缩特性。

次要材料为黄砂、熟石灰。

(三)主要施工工艺

(1)作业准备阶段:包括材料设备进场、裂缝处理工作路段选择、安全交通指示牌布设等。

施工路段安全管理与安全预警工作始终处于优先位置,各类警示标语、限制通行路障标志,配备专门人员协调交通等工作需系统安排。

(2)裂缝处理前工作:包括裂缝开槽阔缝、清理清除杂物残留物、采用吹风或吸尘等方式处理附着物、残留物等。

裂缝处理前工作是裂缝处理必不可少的环节,该工序可增加灌缝材料与混凝土裂缝断面结合度,提高灌缝质量。

对部分碎裂裂缝进行开槽阔缝处理(图 1)。

图 1　开槽阔缝处理前后对比

利用开槽机、切缝机等对裂缝进行处理,形成较为平滑工作面。清理裂缝内碎石、杂草、泥土等杂物。利用吹风机清理裂缝,保证接触面清洁。

(3)裂缝灌缝:包括宽缝骨料填充、灌缝胶加热熔化后灌缝、表面处理及当日找补等。

人工对较宽裂缝填筑沥青冷补料,作为骨料减少沥青灌缝胶用料,增加灌缝强度,填筑后需用橡胶锤砸实。

利用中型热熔灌缝机加热沥青密封胶,对处理后裂缝进行灌缝,在灌缝同时对裂缝顶面进行刮平,沥青密封胶冷凝后略高于混凝土路面 2~3 mm。

在施工过程中,对较大裂缝可以直接利用小型热熔灌缝机进行灌缝,灌缝材料为液体沥青灌封胶和黄砂的混合物。该工艺可适当加快施工进度,缩短施工工期。

(4)养护与二次处理:常规养护及一周后二次局部灌缝作业。

灌缝工序结束 3~5 min 后沥青灌缝胶初凝,车辆即可通行。在部分车辆密集路段,可在灌缝后铺撒石灰对灌缝表面进行处理,可实现车辆不间断通行。当日施工务必预留 1 h 左后对当日施工路段进行找补作业。

在灌缝实施结束一周后,需对裂缝进行一次找补工序,对零星漏灌、裂缝填筑料沉降等情况进行找补。

(四)技术实施结果分析

分析目前已实施混凝土路面裂缝灌缝处理情况:路面裂缝延展情况得到较好控制,路面损坏程度未进一步加深,裂缝灌缝断面保有度较为良好。同时,该施工工艺可将混凝土路面裂缝处理周期从 1~2 年一次降低到 3~4 年一次。

建筑施工企业全面预算管理对策分析

淮河工程集团有限公司　谭　涛

随着社会经济环境的不断变化,人们对建筑的需求逐渐增加,在一定程度上促进了建筑工程的发展和完善。建筑工程项目管理作为建筑工程管理的核心,以建筑质量管理、安全管理为主要管理内容,直接影响着建筑工程的发展和效益提升。因此,需要科学编制预算方案,严格按照该方案管理成本,实施全面的预算管理。

一、全面预算管理的必要性

建筑企业在我国经济建设中发挥了无可替代的作用。但建筑施工企业的经营模式比较粗放,对规模更加看重,导致企业的管理水平始终无法得到有效的提升,呈现出明显的高产值低效益现象,没有制订合理的计划扩张市场份额,基础管理不够完善。而全面预算管理可以进一步强化基础管理工作,对日常经济活动进行有效的控制,在一定程度上促进企业经营管理水平的提高。

全面预算管理可以保证企业严格按照预先的规划方向发展,使企业的需求被有效满足。全面预算管理以量化指标为依据,逐步落实管理工作,保证每一笔成本费用支出的规范性,避免随意支出影响成本控制,并为成本管理提供准确的参考。

二、建筑企业全面预算管理现状分析

(一)建筑施工企业没有形成良好的全面预算管理意识

目前,建筑施工企业主要以经营管理和预算管理作为研究内容,企业管理者没有形成良好的预算管理意识,只是将经营管理作为管理重点,但对预算管理相对比较轻视,导致施工企业预算管理水平始终无法得到有效提升,虽然经营管理和预算管理都属于管理的重点内容,彼此具有相同性,但两者并不等同。企业全面预算管理虽然在企业中占据重要的地位,在一定会程度上影响企业的发展,但目前的企业经营者对预算管理的重要性没有明确认识,认为企业财务部门是预算管理工作的主要负责者,在这种情况下始终无法有效提升施工企业的预算管理效率,也难以发挥预算管理的真正作用。

(二)全面预算管理体系落后

近年来,信息技术不断发展,直接影响了建筑企业管理工作,但仍然有很多企业在进行全面预算管理时没有合理使用管理软件。建筑施工企业每天面临的预算管理项目众多,如购买和运输原材料、采购建筑设备等。由于我国许多地方的建筑施工企业的预算管理信息化程度有待强化,需要依赖大量的内部人员才能完成预算管理工作。员工的手动操作有时会受到主观因素的影响出现错误,这在一定程度上对建筑施工企业管理工作的稳定发展产生制约。

在企业全面预算管理过程中,企业所采取的管理方式和管理软件,与企业实际情况存在较大的差异,进而导致企业预算管理体系实施面临许多的困难。国外早在很多年以前就已经运用现代化技术进行预算管理,但我国一些企业并没有意识到信息化的重要性,所以在企业内部还没有大范围应用信息化技术。导致企业现有的预算管理体系不能协调企业内部工作,对企业正常运行产生不利的影响。

三、建筑施工企业全面预算管理对策

(一)更加重视预算管理

针对预算管理中存在的问题,建筑施工企业需要积极改善思想,更加重视预算管理,对预算管理和经营管理之间的区别有明确的了解,不断强化预算管理意识。当企业制定预算后,企业各部门需要以相关规章制度为依据,在企业内部实施全面的预算管理。只有强化不同部门人员的合作,才能更好地发挥预算管理的作用,全面整合资源,合理利用资金。企业管理者需要以先进性的思想管理企业,结合时代发展需要,将预算管理作为企业管理的重点,加强预算管理学习和教育力度,使预算管理人员可以具备多元化的知识和较强的专业能力。另外,在全面预算管理开展过程中,当遇到问题时,管理人员需要采取有效的措施积极解决,以保证顺利开展预算管理。

(二)完善全面预算管理体系、实行信息化全面预算管理

随着建筑项目的逐渐增加,为了更好地参与市场竞争,建筑施工企业必须结合实际需要建立完善的全面预算管理体系。全面预算管理体系可以为企业实行全面预算管理提供稳定的基础,建立多元化的建设项目数据库。特别是建筑施工项目的数据库,不仅可以及时更新施工企业的成本,还能够充分发挥信息化技术的优势实施全面的预算管理工作,对建筑施工企业全面预算管理的独特性进行有效的展现,保证全面预算管理体系的规范性。这样就可以为建筑企业在社会中树立良好的信誉提供保障,使我国建筑企业在世界范围内占据重要位置。

(三)全面分析调研市场、适当调整预算

为了使全面预算管理工作可以落到实处,必须准确分析,做好市场调研,对市场信息进行全面搜集。施工企业在编制预算前,需要增加资金投入,选择专门的人员准确分析市场发展的趋势和特征,对内外环境变化有准确的把握,从多元化的渠道搜集与本地区发展相符合的政策,明确供应商的经营状态。同时还需要以企业经营现状为依据,合理定位企业,制定统一的经营目标和发展方向,为编制出具有可行性的预算提供保障。

受到社会经济环境的影响,经常因为某些原因突然发生风险因素,因此施工企业存在许多不确定性的风险,为了使施工企业风险降到最低,处于可控制的状态,企业需要对社会经济市场变化情况有明确的了解,结合这些情况科学调整预算管理工作,以动态化的方式管理预算。一旦发生可能发生的风险因素,必须采取切实有效的措施加强预防,有效控制风险,保障施工企业不会出现重大的损失。

(四)加强考核

全面预算管理对人的需求更加重视,是一项全施工企业共同参与的系统性工程。为了

全面完成预算的各项指标,必须依据实际制定科学的预算考核方法,严格按照各部门的预算执行成果,实施规范性的绩效考核。第一,需要对预算考核的主体和对象有清晰的界定。按照全面预算指标,对企业内部各级预算责任人加强考核。第二,根据考核结果采取奖惩措施,通过激励政策,促进职工们工作积极性的提高,在建筑施工企业内部形成良好的竞争氛围。在考评中需要结合市场环境,制定合理的考评方法,准确评价员工的工作情况和预算管理效果。在此基础上还需要建立完善的监督机制,对企业全面预算管理工作的执行情况进行全面监督,使考评机制可以与监督机制相结合,及时发现全面预算管理过程中存在的问题,有效保证全面预算管理效果。

四、结语

随着国家对基础建设工作重视程度的增强,国家相继投入了大量的资金,为建筑领域发展提供了资金方面的支持。在此基础上,全面预算管理逐渐受到建筑施工企业的关注和重视。建筑施工企业需要准确把握市场机遇,在企业内部全面实施预算管理工作,建立完善的预算管理体系,使企业的经营情况得到有效的改善,从根本上提高企业的市场竞争。

参考文献:

[1] 刘江玉.施工企业全面预算管理存在的问题及对策研究[J].财会学习,2020(9):112-113.

[2] 马雪.建筑施工企业全面预算管理的实施[J].中外企业家,2019(2):85-86.

[3] 王媛.全面预算管理模式及其在建筑施工企业的应用[J].中小企业管理与科技(中旬刊),2019(1):58-59.

[4] 武雪霞.建筑施工企业全面预算管理存在的问题及解决方法[J].财会学习,2019(12):73,75.

[5] 向叶冰.建筑施工企业全面预算管理的困境及对策探讨[J].中国乡镇企业会计,2019(10):45-46.

关于施工资料管理工作的思考

淮河工程集团有限公司　单　彬

水利工程的施工资料管理属于工程管理的重要一部分内容,其真实反映了整个施工过程,也是工程管理运行与验收的重要技术文献资料,同时又是衡量施工质量的主要依据。水利工程资料管理的规范性以及是否完备是处理安全事故、合同纠纷等的主要依据,由此可知,在水利水电施工中很有必要做好施工资料的管理。国家和地方针对工程的整编与管理制定了一定的规范与标准,然而在实际的施工中大多数单位只注重工程进度与质量,并不注重资料的管理工作,这就需要工作人员提高对资料管理的重视。

一、水利工程施工资料管理存在的问题

(一)档案管理人员整体素质不高

从我国水利工程分析,施工资料管理工作起步时间相对较晚,且部分施工企业并不重视施工资料的整编与管理,因此并不注重资料管理人员的培训工作。此外,部分从事资料整编管理的工作人员可能为其他部门人员临时调任,无法避免出现难以应付的问题,这也是水利水电工程资料管理工作人员整体素质不高的主要原因。

(二)规章制度落实不严格

为了规范水利市场,在管理施工资料需要施工单位建立更为完善的规章制度,这也是规范资料管理的前提。然而从实际的情况可知,企业在建立档案管理规章制度时仍然存在诸多问题。施工资料管理专业性很强,内容也极为复杂,尤其是在监督检查以及落实中需要花费较多的精力。但当前大多数施工企业都存在"重外轻内"的问题,开展施工作业仅是为了顺利交工,资料管理流于形式,工作的执行也停留在纸面上,并没有落实管理工作,因此无论是在维护施工秩序还是提高服务施工质量方面都无法起到促进作用。

(三)施工资料滞后于工程进度

目前,还有相当一部分水利工程在记录现场施工资料以及质检资料时仍然使用传统的手写方式,费时又费工,加之只配备 1~2 名资料员,因此工程开始时很多工作人员需要结合现场情况加班加点编写资料,很容易存在资料员疲于应付的问题,而工程资料填写错误时传到监理才发现,导致资料需要返工,因此资料远远滞后于工程进度。此外,施工现场技术员与资料员沟通不及时或不顺畅也会出现资料错误或缺失等问题。

(四)资料归档随意拼凑

当前,在水利工程资料管理中经常存在虚构问题以及后补现象。单位聘请的临时资料员并没有进行现场跟班,因此为了完成任务临时编写各类报表,因而做出的资料脱离实际,且严重缺乏逻辑关系,非常不利于施工单位顺利开展项目管理,尤其是在材料验收与质量检

查中虚构的材料,可能给工程项目建设造成巨大的隐患。

二、水利工程施工资料管理对策

(一)提高重视程度,强化制度执行力

企业要想在当前激烈的市场竞争中脱颖而出,就要弥补自身"短板",全面提高自身管理水平。同时,从思想上高度重视,将施工资料业内与施工现场外业放在同等重要的位置,避免存在资料管理流于形式的问题。应严格按照资料管理三个"同步"原则,即工程筹备开工与收集档案、工程施工与资料形成积累、工程竣工验收与资料完成验收三者同步。对所有施工资料进行"三把关",即资料员、资料负责人以及项目经理,坚持将资料管理当作考核员工的重要内容,将其与其他的施工任务共同列入工程进度计划中,保证施工资料管理制度可落到实处。

(二)验收施工资料,编制施工管理报告

通常情况下工程验收资料包含验收施工管理报告、部分项目工程验收签证签订书等。其中验收施工管理报告属于验收重点。总体来说,编写施工资料报告需要包含各个施工阶段的实施情况,如施工进度完成情况、施工现场布置情况、施工方法的具体应用情况等。在编写施工资料时还需要写下施工工况,如施工中存在的问题以及采取的处理方法等。严格来说施工管理报告与其他资料编写不同,其需要工作人员以数据证明施工中应用的材料,且在后续的施工管理中需要工作人员结合施工管理报告中的数据施工。在具体的编写工作中,工作人员应结合自身经验合理编写数据资料,不可以持主观编写态度,避免给其他工作人员编写造成不必要的麻烦。

(三)配备专门资料管理人员

施工过程中会形成各种水利工程资料,然而由于施工工种存在差异,因此产生的资料也是不同的。但在实际的工程建设中,每个不同部分的资料都应由专人负责,这不仅造成人力浪费,还可能导致资料管理不连续的问题。比如负责安全方面的管理人员掌握的只有安全方面的资料,负责质量检查的只有质量评定以及检验资料。但水利工程资料是一个有机的整体,且其具有系统连续性,需要专人负责搜集、整理以及指导。因此,企业应配备专门的资料管理人员,提高施工资料管理效率。

(四)收集整编资料,保证资料质量

质量资料保证主要包含施工过程中应用的原材料试验检测记录、相关构件以及混凝土机构检测记录,钢筋强度检测、原材料出厂证明等,这些都是需要工作人员进行搜集,如此才能保证资料质量。在归档整理施工资料时工程技术人员以及设备管理人员应于工地开工进材时搜集各施工材料的出场资料,如材料是否符合安全应用标准、施工材料比配置是否达到标准等。此外,工作人员应搜集厂家提供的材料合格证明材料,便于后续工作人员开展检测工作。在具体的施工中,工作人员应先将相关施工材料配送至检测部门中,对施工材料进行审核与评定。这个过程中工作人员要准确记录检测结果,将记录结果收集到整编中,这也是确保材料质量的关键。值得注意的是,工作人员应结合实际情况科学收集整编,完整且详细地记录每一道施工工序,避免存在纰漏,要保证工程主体的质量。

（五）完善奖惩措施，促进资料与工程同步

就项目管理层面分析，应结合工程的情况配备的工程资料员，强化施工现场技术人员与资料人员的沟通以及现场反馈，将其工资绩效考核与工程资料完成情况有效挂钩，采取奖惩措施。从监管单位层面分析，监理单位与建设单位应提高对工程资料的重视程度，实施资料完整和规范程度与工程进度款的支付结合方式对施工单位起到督促作用，使其按照要求编制整理工程资料，这也是促进资料与工程同步的关键。

三、结语

对企业而言，工程施工资料管理属于比较基础的内容，同时这也是衡量企业管理水平高低的标准。因此，资料管理人员应以高度责任感与紧迫感做好工程施工资料管理工作，切实提高工程质量，让施工资料更好地服务于水利事业。

参考文献：

[1] 代晓伶.新时期加强水利工程档案管理工作的思考[J].办公室业务,2017(20):154.

[2] 邱敏.关于如何加强水利工程施工管理的思考[J].水能经济,2018(1):294.

[3] 童敏,柳宁.新形势下水利工程档案管理工作的思考[J].江苏水利,2016(3):70-72.

浅谈施工中混凝土质量控制

淮河工程集团有限公司　　郑申申

一、前言

建筑工程"百年大计，质量第一"。混凝土工程是建筑工程的重要结构材料，随着我国经济的发展，环境保护压力越来越大，各地环保要求越来越严，多地相继发出禁止使用自拌混凝土的通知。商品混凝土具有降低噪声污染、粉尘污染和水污染，减少施工场地使用，生产更加专业化等优点，符合建筑行业发展行情，混凝土的商品化已是建筑行业发展的必然趋势。如何在施工中保证商品混凝土质量，正是我们施工所需要考虑的问题，笔者结合二级坝施工相关经验进行了以下思考。

二、目前商品混凝土质量控制缺陷

（一）原材料无均化

混凝土生产中存在部分企业为了降低原材料资金、储存场地占用经常会保持很低的库存，造成原材料质量波动很大，或者在生产旺季得不到足够数量的原材料，造成沙石等原材料未经检验直接使用，严重违反施工要求的"先检验后使用"的基本原则。混凝土行业对于这种质量波动毫无治理措施，或者在波动发生后采取消极的措施应对，如频繁调整配合比等，这些质量管理极其粗放。

（二）计量误差大

对于混凝土这种短流程的生产工序，计量误差对预拌混凝土强度影响十分明显，特别是对水灰比的称量结果，因为预拌混凝土的水灰比与强度呈线性关系。在预拌混凝土生产中，由于采用了机械或电子秤对混凝土生产所需的材料进行精确的计量，混凝土能够按配方进行严格的配料，这使混凝土的离散性大大减小，但这个优势建立在精确的计量之上，目前很多厂家为控制成本、节省时间未能按照要求定期对称量系统用砝码校验，也未能及时对搅拌设备进行保养，一味提高产量，随意缩短混凝土搅拌时间，造成混凝土的质量难以保证，其优势也不复存在。

（三）配合比设计的管理粗放

混凝土配合比设计是保证混凝土质量的核心环节，如果没有合理的配合比和相应的严格管理制度，即使有优质的原材料、良好的生产设备和工艺，也不可能生产出既优质又经济的商品混凝土。目前很多混凝土搅拌站未高度重视混凝土配合比的设计与控制管理，缺乏专业人才和实验室。不分条件及场合的生搬硬套配合比，也未能在生产过程中对配合比进行动态调整。

（四）沟通少、服务意识淡薄

混凝土工程技术是一项材料科学和施工技术紧密结合的应用科学，商品混凝土的质量如何，最终要体现在施工现场的工作性以及入模成型后硬化混凝土的强度、耐久性及其他物理力学性能。因此，商品混凝土在现场的质量管理及服务是一道十分重要的工序。现在很多混凝土生产厂家对混凝土出厂后的跟踪、服务意识不够，混凝土出厂后就不管不问、材料一些特点不及时知会施工单位，无服务人员或技术人员了解现场情况，导致混凝土生产和使用几乎完全脱离。

三、混凝土质量控制措施

（一）混凝土供应商选取

施工单位对商品混凝土的质量管理必须从选取混凝土供应商时开始，二级坝项目部不仅对混凝土供应企业的生产能力和组织管理能力做调查，也对供应企业的资质、质量控制部门的资质和硬件设施、相关从业人员（试验员、质检员、搅拌机操作员）的数量和资质、是否建立质量保证体系、信誉、企业荣誉等方面进行了综合评价，最终择优选取。

（二）原材料质量控制

质量控制应从源头抓起，混凝土质量控制的源头就是原材料的质量，二级坝项目部为应对商品混凝土原材料质量控制上的缺陷具体有以下措施。

（1）在合同中约定本工程所用混凝土必须单独备料，由项目部质检部门按照规范、标准、检验批次取样送检，严格遵守"先检验，后使用"的基本原则。

（2）为保证原材料均化，减少混凝土生产厂家资金占用，项目部采用给混凝土厂家预付款的形式集中采购同一产地的地材，既增加了物料存储量，保证了物料较长时间质量的稳定，同时物料的密集堆放也减少了水分波动对混凝土质量的影响。

（3）施工过程中选用同一厂家、统一牌号旋窑生产的水泥，总体来讲，旋窑生产的水泥质量稳定，各生产批次之间强度及矿物组成波动小，有利于混凝土质量控制。

（4）混凝土外加剂具有掺量小、价格高、影响大的特点，若使用不当，其造成的危害和经济损失远远大于其本身价值。项目部综合考虑了外加剂质量稳定性、厂家信誉及售前、售后服务后，最终选用了南京水利科学研究院生产的综合性能最优的聚羧酸系高性能减水剂。

（三）配备比设计

为保证所用混凝土配合比满足实际施工需要项目部委托南京水利科学研究院进行配合比设计，多次邀请南科院专家结合工程设计要求、施工工艺、原材料性能状况、混凝土厂家的工艺设备及生产技术管理水平以及水利行业特点在商品混凝土厂家实验室进行试配、调整，并在生产中进行动态控制。

（四）驻站检查

商品混凝土的搅拌是商品混凝土企业内部控制的重要环节。在这个环节可以实行首次供应、特殊时期和重点工程、重点部位施工时驻站检查。施工中项目部具体检查如下。

（1）检查搅拌机是否按照要求定期标定。

（2）检查理论配合比和施工配合比的换算过程是否正确。

（3）搅拌机操作人员配合比输入是否正确，操作过程中有没有改动过配比。

（4）在开盘前检查原材料，水泥、粉煤灰等是否受潮，砂石骨料、外加剂是否用的是项目部单独备料。

（五）人员管理和培训

人是质量管理中最重要的因素，使现场管理人员都了解商品混凝土的有关知识，熟练地掌握应该掌握的技术技能，了解材料的特点，进行正确的施工操作，出现问题及时沟通、反馈给商混厂家，是把握出厂后混凝土质量控制的关键。针对这些问题项目部多次邀请混凝土厂家试验室主任进行现场培训，要求出现问题厂家配合服务人员及时到场，使混凝土生产和使用结合起来更好地控制混凝土质量。

四、结语

混凝土搅拌站是建筑行业的一个主材加工单位，混凝土拌合物仅仅是半成品而并非成品，使用单位一定要摒弃"商品混凝土质量由厂家保证，使用单位不需要在生产过程中控制"的这种思想。对混凝土生产来讲，深入源头从混凝土生产的上游开始控制往往比控制下游更简单、更主动，付出的成本更低，获得的效益更好，更能保证混凝土质量。

圆柱形钢制取水头部的设计与应用

中水淮河规划设计研究有限公司　舒刘海
沂沭泗水利管理局沂河水利管理局　单连胤

一、前言

河床式取水构筑物主要由泵房、集水间、进水管、取水头部等部分组成,原水由取水头部的进水孔流入,沿进水管流至集水间,然后由泵抽走。取水头部主要功能是导引过栅水流,对引用的原水进行初步拦污。

二、目前常用取水头部类型和构造

取水头部的类型很多,常用的型式有喇叭管、蘑菇形、鱼形罩、箱式等。

(一)喇叭管取水头部

喇叭管取水头部是设有格栅的金属喇叭管,用桩架或者支墩固定在河床上。这种头部优点是构造简单,造价较低,施工方便;缺点是喇叭管直径不宜过大,导致过流面积不足,易被漂浮物堵塞。该取水头部适合在中小取水量时采用。

(二)蘑菇形取水头部

蘑菇形取水头部是一个向上的喇叭管,其上再加一个金属帽盖。河水由帽盖底部流入,带入的泥沙及漂浮物较少。头部分几节装配,便于吊装和检修,但头部高度较大,所以要求设置在枯水期时仍有一定水深,适用于中小型取水构筑物。

(三)鱼形罩取水头部

鱼形罩取水头部是一个两端带有圆锥头部的圆筒,在圆筒表面和背水圆锥面上开设圆形进水孔。由于其外形趋于流线型,水流阻力较小,而且进水面积大,进水孔流速小,漂浮物难于吸附在罩上,故能缓解水草堵塞情况,适用于水泵直接从河中取水。

(四)箱式取水头部

箱式取水头部由周边开设进水孔的钢筋混凝土箱内的喇叭管组成。由于进水孔总面积较大,能减少冰凌和泥沙进入量,适合在冬季冰凌较多或含沙量不大,水深较小的河流上采用,中小型取水工程中用得较多。

三、目前常用取水头部存在的问题

目前常用取水头部类型很难适应不同河流、不同规划时期取用水规模的要求。河道水位在汛期和枯水期变化较大,取水头部设置高程很难适应,若进水高程设置偏低,容易引入悬浮质及推移质泥沙及污物,且有可能被淤积掩埋;若进水高程设置偏高,又容易引入冰凌和漂浮物阻塞进水孔。

箱式取水头部的钢筋混凝土箱体积较大,容易影响航道内的航运安全,即使布置在航道外,也要考虑船舶失控可能偏离航道并撞击取水头的可能;过大的箱体结构减小了河道行洪断面,危及行洪安全,同时箱体外形规整,易被水流冲刷侵蚀;箱体整体固定布置,无法移动,后期清淤、检修困难。

鉴于以上不利因素的影响,开发研制体型适当、安全可靠、引用流量可调、运用安装便利的通用型取水头部是非常必要的。为此,这里提出一种适用范围较广的通用型取水头——圆柱形钢制取水头部,为今后规范和简化取水头部设计提供参考。

四、圆柱形钢制取水头部设计

圆柱形钢制取水头部由钢制圆筒、全圆进水格栅、顶部锥形帽盖、底部锚固系统等组成。其结构如图1所示。

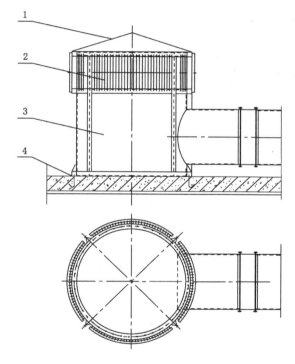

1—顶部锥形帽盖;2—全圆进水格栅;3—钢制圆筒;4—底部锚固系统。

图1 圆柱形钢制取水头部结构示意图

(一)钢制圆筒

圆柱形钢制取水头部主体为钢制圆筒,可直接采用卷制钢管,在上部侧向合适位置设置全圆进水孔,下部开孔与进水管连接管焊接连接。取水头部采用圆形结构,水流阻力较小,能较好地适应水流方向的变化,减小水流对构件的冲刷,且构件结构简单,制作安装方便。钢制圆筒可根据进水孔面积要求选定钢管直径,能满足各种规模取水泵站需求,同时其内部可设置绗架结构加强刚度,满足吊装、运输刚度需求。

（二）全圆进水格栅

钢制圆筒进水孔外设置全圆进水格栅，即沿圆筒外径周长布置圆形进水格栅，可根据河道水量情况和近期或远期引水规模要求调整进水格栅的高度，或者根据河道水量、含沙量及漂浮物情况，设置上、下双层进水格栅分层取水；还可以适当调整栅条角度，利用进水产生的动力进行离心式初滤，使水中泥沙沉淀，杂物甩出栅外，净化水体；也可以结合栅格可调角度，以适应不同河道流速条件下的取水要求。

（三）锥形帽盖

为防止淤积物堆积在取水头顶部，可以将取水头顶部制作成锥形帽盖，减小污物的积存，同时可在顶部设置航标，防止船只撞击。

（四）底部锚固系统

圆柱形钢制取水头部不设底板，采用圆形断面钢筒加法兰做底支承，沿法兰布置锚栓，将取水头部锚固在混凝土基座上。

取水头固定混凝土基座底部预留不封底沉淀孔，可将吸入的泥沙沉淀在孔内，既不影响取水水质，又能防止淤积堵塞减小过流面积。取水头部通过锚栓固定在混凝土基座上，当需要清淤、检修时，可将锚栓拆卸，采用临时措施将取水头部吊出水面，操作方便简单，安全可靠。

五、圆柱形钢制取水头部布置

（一）进水孔位置

为了保证原水水质和避免推移式泥沙淤积，取水头部的进水孔布置在构件侧向，底部进水孔下缘高出河底 1.0 m 以上，枯水期顶部进水孔上缘淹没深度不小于 0.3 m。在进水断面不足的情况下，可以考虑增加部分顶部边缘进水模式。

（二）进水孔流速和面积

进水孔的流速要选择恰当，流速过大，易带入泥沙、杂草和冰凌；流速过小，又会增大进水孔和取水头部的尺寸，增加工程造价和水流阻力。进水流速应根据河中泥沙及漂浮物的数量、有无冰凌、取水点的水流速度、取水量的大小等确定。河床式取水构筑物进水孔的过栅流速一般有冰凌时取 0.1~0.3 m/s，无冰凌时取 0.2~0.6 m/s。

六、结语

圆柱形钢制取水头部由于具备结构简单，制作、安装方便，进水孔布置灵活可靠，后期清淤、检修方便等优点，是一种全新的通用型取水头部，适用于各种规模、各类型取水泵站，希望能为今后取水头部简单化、标准化设计提供借鉴和参考。

参考文献：

[1] 季则舟,杨永,张立本,等.田湾核电站取水头部总体布置中考虑的几个问题[J].中国港湾建设,2005(2):17-20.

[2] 黎广.凤凰山水库取水头部技术改造[J].中国给水排水,2005,21(7):46.

[3] 唐明启,叶国和.温州市藤桥水厂取水头部简介[J].山西建筑,2008,34(18):185-186.

探索与交流

栉风沐雨四十载　沂沭河水资源管理谱新篇

沂沭泗水利管理局沂沭河水利管理局　徐强以　赵言国　秦　涛

2021 年是沂沭泗水系统一管理 40 周年,40 年来,沂沭河局水资源管理工作在水利部淮委、沂沭泗局的正确领导和地方政府大力支持配合下,依法履职,积极作为,走出了一条又好又快的绿色发展、高质量发展之路,为流域经济社会持续健康发展提供了坚实的水资源保障。

一、沂沭河流域水资源概况

沂沭河流域跨苏鲁两省,水资源相对丰富,沂河河道全长 333 km,流域面积为 11 820 km²,多年平均年地表水资源量为 30.92 亿 m³,沭河河道全长 300 km,流域面积为 6 400 km²,多年平均年地表水资源量为 18.19 亿 m³。

沂沭河局直管河道总长 517.4 km,直管河道内蓄水、引水、提水、调水工程众多,取水量大,用途多样,现有取水口 235 处,其中农业用水为 172 处,非农业用水为 63 处,年许可水量总计约 61 874.34 万 m³,其中农业为 27 761.36 万 m³、生活为 1 948.26 万 m³、工业为 5 627 万 m³、火电为 1 523.52 万 m³、水电为 25 000 万 m³、园林绿化为 14.2 万 m³,水资源管理任务艰巨、责任重大。

二、水资源管理历程

历史上,沂沭河地区因争夺水资源纠纷不断。统一管理以来,由于法律法规不健全,管理矛盾凸显,取水许可证重复发放,管理主权边缘化现象突出,管理一度混乱。后来,水资源管理法规、制度不断健全,加上沂沭河人的规范管理、扎实工作,目前流域管理和区域管理机制、体制理顺,沂沭河水资源管理在流域经济社会发展中发挥着越来越重要的作用。

1981 年 10 月,为协调解决省界地区水事矛盾,充分发挥水利工程作用,合理配置利用水资源,在《国务院批转水利部关于对南四湖和沂沭河水利工程进行统一管理的请示的通知》发布后,沂沭泗局成立。1983 年 4 月,成立沂沭河管理处。1988 年,我国颁布了第一部《中华人民共和国水法》,第一次以法律形式规定了取水许可制度。

1992 年,为加强对沂沭泗水系河道、湖泊和枢纽工程及水资源的统一管理,沂沭泗水利工程管理局更名为沂沭泗水利管理局,明确进一步加强对沂沭泗水资源的统一管理。1994 年,授予淮委取水许可管理权限;同年 10 月,淮委明确沂沭泗直管河道取水许可实施全额管理。

2003 年 3 月,沂沭河管理处更名为沂沭河水利管理局。2006 年《取水许可和水资源费征收管理条例》(国务院令第 460 号)、2008 年《取水许可管理办法》(水利部令第 34 号)相继出台,依法管水稳步推进。2012 年,沂沭河局成立水资源科,负责所辖范围内水资源的统一管理。2013 年 9 月 21 日，临沂市人民政府印发了《临沂市水资源管理办法》（临政发〔2013〕33 号），专门对流域管理机构在直管河道的水资源管理职责进行了明确。

专业化的管理队伍、有效的运行机制基本建立，各项工作逐步走向正轨。近年来，沂沭河水资源管理栉风沐雨、砥砺奋进，经过不断探索和实践，取得了显著成效。

三、水资源管理成效

（一）不断夯实水资源管理工作基础

1. 健全机构，因地制宜制定水资源相关制度

建立健全水资源管理机构，沂沭河局成立了水资源科，7 个基层局分别成立了水政水资源股或明确了水资源专管人员，形成了一支人员齐备、结构合理的水资源管理队伍；先后制定了《沂沭河局落实最严格水资源管理制度实施方案和工作分工》《沂沭河直管范围内非农取水管理办法》《沂沭河局水资源管理工作要点》等有关制度，明确细化水资源监管各项职责任务，完善了直管区水资源管理制度体系。

2. 摸清家底，详查细究建立取水口动态台账

2018 年以来，沂沭河局通过开展取水工程（设施）清查，对直管区所有取（排）水口、水功能区进行详细调查，建立完善了取水口"一口一档"，其中包含取水户调查、取水口照片、取水许可审批等全套材料；严格水资源有偿使用，在深入调研和广泛征求意见基础上，研究"一户一策"工作方案；全面建立沂沭河水资源管理信息动态台账，包含各取水口的位置坐标、联系人、现状、许可情况、实际取水量、监管情况等 20 多项信息，全面摸清了"家底"，奠定了沂沭河水资源信息化管理的基础。

（二）水资源流域与行政区域管理有效结合

1. 建章立制，理顺流域与区域管理权限

2013 年，沂沭河局会同地方有关部门积极推动出台了《临沂市水资源管理办法》，全文共 6 章 54 条，其中第二条明确规定："流域管理机构在所管辖的范围内履行法律、行政法规规定的和国务院水行政主管部门授予的水资源管理和监督职责。"这有效理顺了管理权限，为直管区水资源流域与区域管理有机结合打下坚实的制度保障；水资源工作成效得到上级充分认可和肯定，2020 年，沂沭河直管区水资源流域与行政区域相结合的管理工作经验入选水利部"新时代基层水资源管理典型经验"优秀案例。

2. 深化合作，促进流域水生态文明建设

近年来，沂沭河局全面贯彻国家关于生态文明建设战略部署，将生态文明理念融入水资源开发、利用、治理、配置、节约、保护的各方面。沂沭河局作为沂沭河流域的"代言人"，在水资源配置与调度、生态补水、黑臭水体治理、岸线利用与保护等方面发挥流域管理优势，进一步深化与地方水利、生态环境等部门交流合作，统筹推进水生态文明建设。沂沭河流域水资源、水环境、水生态状况持续向好，在全国首届"寻找最美家乡河"大型主题活动中，沂河成功入选 2017 年度"最美家乡河"；2020 年，沂河高分通过国家示范河湖验收，是全国首批 17 个示范河湖建设名单中唯一一条中央直管的河流。

3. 密切沟通，推进河长制逐步落实见效

"河长制"全面实施以来，沂沭河局密切配合地方河长制办公室，多次组织对直管范围内取(排)水口、水功能区有关信息进行核实上报,为沂河沭河"一河一策"制定、"一河一档"建立完善等提供准确翔实基础资料;积极推进流域与区域信息互通共享,实现对大中型灌区、非农取水等重点取水户取用水数据的全面掌握,打通了流域与区域的信息隔阂,为"河长制"落实见效提供了更全面的数据支撑。

(三)着力抓好日常取用水管理

1. 坚持问题导向,深入开展取水许可规范化整治

根据淮委统一部署,自2018年以来,沂沭河局全面开展取水许可规范化管理工作并取得了显著成效,完成对所有取水户的清查登记,形成了完整的取水口"一口一档";组织做好取水许可证批量延续,对许可证到期取水口实际取用水情况进行核查,完成取水许可证延续118份、注销27份;深入推进无证取水口整治,有效推动50余处无证取水口逐步开展了取水许可手续申报工作;坚持问题导向,有力推进对个别取水户多证合一变更、地方发证等难点问题的规范化整治。

2. 提升服务意识,配合做好直管区取水许可审批

对拟在直管河道申请取水的单位和个人,沂沭河局积极督促指导其按照规定程序申办取水许可,近年来先后配合上级完成了金牛水电站、山东泓达生物科技有限公司等15个取水项目的取水许可审批工作;积极推动取水许可"放管服"不断在直管区落地见效。自2019年以来,沂沭河局已先后配合上级组织了对直管河道内涉及沂水、兰山、河东的4处取水项目进行了水资源论证技术审查、现场核验,有力推动直管区取水许可工作更加便民、高效。

3. 落实刚性约束,强化取用水"全过程"监管

扎实做好日常水资源巡查检查,基层管理人员每月至少对取水口巡查两次;强化对取水户实际取用水、计量设施安装运行等情况的监督检查,先后督促推动12家重点取水户将取水数据接入国控系统,对直管区33处非农业取水口实现逐月抄表计量全覆盖,抄表数据经取水口值班人员签字确认后存档,实现对重点取水户实际取水量的及时掌握;推进对重点取水户计划用水、节水、退水的监管,逐步强化了取用水管控。

4. 树立节水标杆,探索对取用水户先进典型进行表彰

坚持节水优先,广泛开展节水宣传教育,积极组织开展节水机关建设,所属7家创建单位全部通过验收。认真落实水利职工节约用水行为规范,广大干部职工节水意识明显增强;认真贯彻落实最严格水资源管理制度,鼓励企业提高对水资源节约保护的意识。2015年,组织对直管区内取用水管理和节约用水成效突出的华盛江泉集团有限公司等5家取水单位进行了表彰,树立节水用水标杆,总结好经验,收集好做法。这也是沂沭河局为强化水资源管理进行的一次有益探索和尝试,发挥了较好的激励和引导效果。

(四)扎实做好直管枢纽水量调度

1. 参与临沂市沂沭河流域重要水源统一调度管理

2018年以来,会同临沂市水利局、园林局开展了临沂市中心城区生态流量调度方案制订工作,推动将水利部批复的沂河、沭河流域水量分配方案中生态流量指标纳入调度方案;积极参与临沂市沂沭河流域重要水源统一调度管理,在前期筹备和调度管理过程中多次提出建设性意见并被采纳,参与制定《临沂市沂沭河流域重要水源统一调度管理制度》和《临沂市沂沭河流域重要水源统一调度管理制度实施细则(试行)》,积极协调流域与区域管理事

宜,为加快推进沂沭河流域重要水源统一调度做出了重要贡献。

2. 沂河、沭河水量调度全面进入实施阶段

配合上级参与制订了沂河、沭河的水量调度方案、《沂河、沭河2020—2021年度水量调度计划(试行)》《沂沭泗局关于印发刘家道口、大官庄枢纽工程水量调度实施方案》等计划方案;2020年10月以来,根据上级部署启动实施沂河、沭河水量调度,指导刘家道口局和大官庄局按照要求逐步开展直管枢纽的水量调度工作,严格落实水量调度期间有关取用水管控和信息报送,切实保障生态流量与水量。目前沂河、沭河水量调度全面进入实施阶段,为优化流域水资源配置格局发挥了有力的推动作用。

(五)履职尽责,高质量完成水利部水资源督查工作

2020年,抽调水资源骨干力量组成检查组代表水利部对山东省开展水资源督查,9—11月期间先后对山东德州、济南、济宁有关县区开展2020年水资源管理、节约用水、取用水管理专项整治行动3项监督检查,共检查取用水户150余家,累计发现问题40个,督察成果得到上级充分认可,高质量地完成督查任务,为国家水资源领域强监管做出积极贡献。

(六)坚持问题导向,落实水资源有偿使用制度

针对直管区内取水口及取用水单位情况复杂的特点,我局在深入调研和广泛征求相关业务科室及基层局的建议后,制订出《沂沭河局水利工程水费收取"一户一策"工作方案》,落实水资源有偿使用制度,要求各有关基层局对辖区内的每一个非农取水口进行认真分析,明确收费思路和手段,研究对应的收费目标,提出可行的推进收费的措施,并结合实际制订本局"一户一策"实施方案,即明确责任人员、明确收费目标、明确收费措施、明确时间进度。实现对所有非农取水口水费收取工作的规范化管理,全部做到抄表计量到位、协议签订到位、收费标准到位、水费收取到位。

"关山初度尘未洗,策马扬鞭再奋蹄。"站在新征程的起点上,立足"两个一百年"目标的历史交汇期,我们要深入贯彻党的十九届五中全会精神,以"创新、协调、绿色、开放、共享"的新发展理念为引领,积极践行"节水优先、空间均衡、系统治理、两手发力"的治水思路,紧紧抓住高质量发展这个主题,统筹发展和安全,落实最严格水资源管理,强化水资源刚性约束,不断夯实水资源管理基础,努力实现沂沭河流域水资源管理更高质量、更可持续、更为安全的发展。

浅谈沂沭河水量调度与实践

淮河水利委员会沂沭泗水利管理局　姚欣明　李　素

一、基本情况

（一）沂沭河流域基本概况

沂河、沭河是淮河流域沂沭泗水系的重要支流之一，流经山东省、江苏省。沂河位于沂蒙山前与沂沭丘陵之间的山前冲洪积平原以及沂沭河冲积平原，地形为西北高、东南低，干流全长为 333 km，流域面积为 11 820 km²，多年平均水资源总量为 39.10 亿 m³，其中地表水资源量为 30.92 亿 m³。沂河干支流上建有田庄、跋山、岸堤、唐村和许家崖 5 座大型水库及昌里等 22 座中型水库，总库容为 22.45 亿 m³。沂河在刘家道口处辟有分沂入沭水道，由彭家道口闸控制。沭河位于鲁南山区山前冲洪积扇的边缘，流经马陵山丘陵区谷地，地貌以冲洪积平原为主，全长为 300 km，流域面积为 6 400 km²，多年平均水资源总量为 22.84 亿 m³，其中地表水资源量为 18.19 亿 m³。沭河干支流上建有沙沟、青峰岭、小仕阳和陡山 4 座大型水库，沭河与分沂入沭水道在大官庄枢纽处汇合后，向东经新沭河闸入新沭河，向南由人民胜利堰闸入老沭河。

（二）水量调度进展情况

沂沭泗局积极贯彻落实部委决策部署，严守水资源开发利用上线和河湖生态底线，配合完成沂河、沭河水量分配方案以及调度方案的编制与审查工作。2016 年 7 月，沂河、沭河流域水量分配方案获中华人民共和国水利部批复，2020 年 2 月淮河水利委员会印发沂河、沭河水量调度方案。依据《沂河、沭河水量调度方案》和《沂河、沭河 2020—2021 年度水量调度计划（试行）》等，2020 年 12 月发布《沂沭泗局关于印发刘家道口、大官庄枢纽工程水量调度实施方案》，并组织做好 2020—2021 年度刘家道口、大官庄枢纽工程水量调度工作。

二、沂沭河水量调度执行情况

（一）水量分配方案及控制性指标

沂河流域河道外地表水多年平均可分配水量为 19.66 亿 m³，其中山东省分配水量为 16.30 亿 m³，江苏省分配水量为 3.36 亿 m³。沂河水量调度主要控制断面为临沂、港上和沂河末端，主要控制指标见表 1。

沭河流域河道外地表水多年平均可分配水量为 11.54 亿 m³，其中山东省分配水量为 8.52 亿 m³，江苏省分配水量为 3.02 亿 m³。沭河水量调度主要控制断面为大官庄、红花埠、老沭河末端，主要控制指标见表 2。

表 1　沂河流域主要断面控制指标

断面名称	多年平均下泄水量/亿 m³	最小生态下泄流量/(m³·s⁻¹)
临沂	14.27	2.48
苏鲁省界(港上)	9.64	1.74
沂河末端	9.56	1.97

表 2　沭河流域主要断面控制指标

断面名称	多年平均下泄水量/亿 m³	最小生态下泄流量/(m³·s⁻¹)
大官庄	7.07	1.14
苏鲁省界(红花埠)	3.90	0.65
老沭河末端	4.62	0.94

（二）调度工程与调度期

（1）水量调度工程。沂河水量调度范围为沂河末端以上干支流及相应骨干工程,主要水量调蓄工程有田庄水库、跋山水库、桃园橡胶坝、小埠东橡胶坝、岸堤水库、唐村水库、许家崖水库、刘家道口枢纽、李庄闸、马头闸、授贤橡胶坝,涉及沂沭泗直管的主要水量调蓄工程为刘家道口枢纽。沭河水量调度范围为老沭河末端以上干支流及相应骨干工程,主要水量调蓄工程有沙沟水库、青峰岭水库、龙窝橡胶坝、华山橡胶坝、小仕阳水库、陡山水库、大官庄枢纽、清泉寺闸,涉及沂沭泗局直管的主要水量调蓄工程为大官庄枢纽。

（2）水量调度期为当年 10 月至翌年 9 月,即 2020 年 10 月至 2021 年 1 月。

（三）沂沭泗直管区水量调度开展情况

沂沭河水量调度内容包括控制断面下泄水量调度、最小生态下泄流量调度。下泄水量调度以淮河水利委员会下达的年度水量调度计划和月水量调度方案确定的月下洪水量指标为依据,以年总量控制为目标,根据上游水库及工程调控来水情况,及时加大刘家道口闸和人民胜利堰闸(或南灌溉洞)下泄水量。最小生态下泄流量调度以保障旬平均最小生态下泄流量为目标,以生态预警流量为调度启动指标,配合上下游调蓄工程适时调控刘家道口闸和人民胜利堰闸(或南灌溉洞)下泄水量。在不影响沂河刘家道口闸下泄水量控制指标的前提下,可适时开启刘家道口枢纽彭家道口闸,联合调度沂沭河水量,保障沭河人民胜利堰闸最小生态下泄流量。根据新沂河水情及江苏墒情,按照淮河水利委员会协调意见,调度新沭河闸向东调水,兼顾新沭河、石梁河水库沿线用水。

沂沭泗局直管区水量调度实行统一调度、分级负责、水量调度服从防洪调度。沂沭泗局本级按照淮河水利委员会下达的年度水量调度计划、月调度方案和实时调度指令组织实施调度,根据调度需要与苏、鲁两省水行政主管部门进行沟通协调,并对刘家道口、大官庄枢纽工程的调度执行情况进行监督管理。沂沭河局负责实施调度,根据调度需要及时与临沂市水行政主管部门及沿河有关单位沟通协调,并对刘家道口、大官庄枢纽工程的调度执行情况进行监督检查。刘家道口局、大官庄局负责所属工程水量调度的具体执行,按照有关规定组织编制刘家道口、大官庄枢纽工程水量调度操作规程,调控所属工程下泄水量,并加强与上下游相关运行管理单位的信息沟通,及时通报下泄流量信息。

（四）信息报送

水量调度时段内，沂沭泗局加强监管管理，每月报送水量调度执行报告，内容包括上游来水情况、枢纽水量下泄情况、监督检查情况及枢纽启闭台账。刘家道口局、大官庄局建立水量调度信息台账，形成执行情况总结，于每月3日前上报沂沭河局，沂沭河局于每月5日前汇总上报沂沭泗局。沂沭泗局每月及时编制刘家道口、大官庄枢纽工程水量调度执行情况的报告并上报淮河水利委员会水资源处，并于年底报送年度水量调度工作总结。

三、水量调度存在的问题及建议

沂沭泗局强化组织领导，认真执行沂沭河水量调度方案，每月顺利完成水量调度任务，但由于沂沭河水量调度自2020年底开始执行，尚处于摸索阶段，工作也存在一定困难。

（一）存在问题

（1）信息共享不畅。淮河流域主要跨省河湖水量监测信息与直管枢纽水量下泄情况存在偏差，存在与流域直管工程实际调度执行情况不吻合现象，给流域直管工程调度工作带来困扰。

（2）控制指标多样。水利部第二批重点河湖生态流量保障目标，其中沂河、沭河各主要控制断面以满足月生态水量为目标，而淮河水利委员会年度调度计划以最小生态下泄流量为目标。

（3）水资源经费不足。沂河、沭河水量调度已经试行，沂沭泗局承担相应的水量调度任务，但缺少经费保障必将对水量调度执行和现场监管带来影响。

（4）汛期调度难以保证。汛期水量调度服从防洪调度，刘家道口枢纽和大官庄枢纽的调度主要以调令为准，受上游来水和灌溉洞下泄能力等因素制约，难以保证下泄指标完成。

（二）相关建议

（1）健全水量调度机制体制。成立沂沭河水量调度领导小组，深化与苏、鲁两省水行政主管部门的沟通协商，建立联系人制度，确保水量调度工作落到实处。依托国家水资源监控信息系统，构建水量调度信息共享平台，实现沂沭河上下游工程的调度信息共享。

（2）完善水量监测及预警体系。加快推进水资源监控能力建设，实现重要控制断面和管理断面下泄指标全部监测，提高监测数据精度与时效。建立生态流量预警机制，密切跟踪控制断面流量，发现问题及时处置。

（3）强化水资源经费保障。积极争取经费支持，拓宽经费来源渠道，保障水量调度工作正常开展，改善或增设必要的小流量泄放设施。

（4）加强监管巡查。取用水高峰时段加强取（退）水工程和闸坝等监督检查，在断面下泄流量持续不满足要求的情况下，对影响断面下泄流量的水利工程开展重点检查。

四、结语

实施沂沭河水量调度，有助于推进沂沭河流域水资源合理配置，规范流域用水秩序，提升水资源开发利用监管能力。做好沂沭河水量调度执行与监督管理，充分发挥沂沭泗流域机构的协调、监管作用，严格控制重要断面下泄水量和生态流量，加强流域生态文明建设，维护河湖健康生态，保障流域水安全。

沂沭泗水文工作 40 年来发展历程和展望

沂沭泗水利管理局水文局(信息中心)　赵艳红　詹道强

一、引言

沂沭泗既古老又年轻,她北倚雄奇秀丽的泰山,南襟蜿蜒曲折的淮河,东临浩瀚无垠的黄海,西连古老辉煌的中原大地,是中华民族古代文明发祥地之一。她经历过黄河南徙 600 多年的摧残,中华人民共和国成立后 70 余年的治理,如今已形成由水库、河湖堤防、控制性水闸、分洪河道及蓄滞洪工程等组成的防洪工程体系。

而水文是既古老又现代的工作,她是伴随着人类社会文明进步和经济不断发展的。都江堰立石人水尺观测水位、长江白鹤梁石鱼题刻,近代设立正规水文测站,中华人民共和国成立后水文事业得以快速发展。沂沭泗统一管理以来,流域水文工作经过 40 年的发展,积累了多年长系列水文资料,在历年的防汛抗旱减灾、水资源开发利用、生态环境保护、水利工程建设管理等工作中发挥了不可替代的作用。

二、沂沭泗水文发展历程

(一)水文自动测报站网

沂沭泗局的水文自动测报系统始建于 1990 年。1990 年汛后开始在骆马湖及周边主要控制站建设水文自动测报系统,1991 年 7 月建成了骆马湖洋河滩、新沂河沭阳站遥测站。1992 年汛前扩建完成了骆马湖水情自动测报系统。1997 年开始,对已达到设计使用年限的水文自动测报系统进行了设备更新,并扩建了部分站点。2003 年建成了包括 1 个中心站、3 个分中心站、6 个中继站以及 40 个各类测站组成的沂沭泗水文自动测报系统,信息点到分中心站的数据传输采用超短波传输方式,分中心站到中心站采用计算机网络传输方式,信息落地点分别为南四湖分中心站、沂沭河分中心站、骆马湖分中心站和沂沭泗中心站,并与淮河水利委员会,苏、鲁两省实现信息共享。2004 年底,使用 MOSCAD-M 对骆马湖分中心及所属测站进行了设备更新改造。之后,2005 年、2006 年先后对沂沭河分中心及南四湖分中心所属测站进行了设备更新和改造。2007 年以后,沂沭泗东调南下续建工程开始实施,采用工程带水文项目又陆续增建了部分站点。在 2012 年以前,沂沭泗水文测报系统信息传输主要采用超短波方式。随着地方经济的快速发展,城市建设的发展步伐也越来越快,新建高楼越来越多。到 2012 年年底,水文自动测报系统陆续出现传输信道被新建楼房阻挡的情况,因此 2012 年、2013 年先后对测站传输信道进行了改造,改造后的所有测站全部使用公网 3G 信道进行信息传输,解决了传输通道阻挡的问题。目前,沂沭泗局现有水文自动测报站点 63 个。

（二）水文情报

1993 年 5 月，沂沭泗局开通使用分组数据交换网传递水情电报，开发自动译电及水情查询系统，在 1993 年的防汛工作中发挥了很好的信息支撑作用。1996 年，建成全国防汛计算机网沂沭泗局节点，通过广域网接收水情电报。长期以来，水情信息是以电报形式传送的，被称为水情电报，其格式是按照原中华人民共和国水利电力部 1964 年 12 月颁布的《水文情报预报拍报办法》中规定的 5 位电报码格式，拍报项目有降水、水位、流量、闸坝开启变化情况、水文预报、特殊水情等。随着水情信息传送内容的不断增加，原水情电报越来越不适应防汛抗旱、水资源管理等方面的要求。2005 年，水利部颁布了《水情信息编码标准》（SL 330—2005），该标准对原水情电报格式做了重大改革，同年，《实时雨水情数据库表结构与标识符标准》（SL 323—2005）也颁布实施，实时水情信息按新标准数据库结构存储。自 2006 年汛期起，沂沭泗水系各级水文部门按照新的《水情信息编码标准》，正式采用新的 8 位编码标准报送水情信息。2011 年 5 月，完成了水情信息传输系统升级改造中的新系统搭建工作，保障水情信息接收、存储、检索的无缝对接。流域范围内江苏省全部地级市、山东省部分地级市采用数据交换系统传递报汛数据。至 2012 年汛前，流域范围内的山东省水文局的地市也全部采用数据交换系统传递报汛数据，至此，原有的采用广域网接收水情电报完成了其历史使命，正式退出历史舞台。

（三）洪水预报

洪水预报是建立在充分掌握客观水文规律的基础上预报未来水文现象的。

实用洪水预报方案是沂沭泗水系洪水作业预报的主要技术手段，从 20 世纪 80 年代起步编制，不断修订、完善、增加并沿用至今。1983 年 4 月，淮委防汛抗旱办公室和沂沭泗局在山东、江苏两省已有洪水预报方案的基础上，对主要控制站的洪水预报方案进行了分析和补充，并汇总形成《沂沭泗流域洪水预报图表》；1990 年，沂沭泗局主持了沂沭泗水文预报方案第一次修订工作，1993 年 4 月，汇编完成《淮河流域实用水文预报方案》第三册"沂沭泗河道"部分和第四册"沂沭泗水库"部分；2000 年，沂沭泗局主持了沂沭泗水文预报方案第二次修订工作，在上次汇编方案的基础上，补充了 20 世纪 90 年代雨洪资料，2001 年 10 月汇编完成《淮河流域沂沭泗水系实用水文预报方案》，包括沂河、沭河、新沂河、中运河以及南四湖、骆马湖等主要河道及湖泊控制站和流域内 18 座大型水库共计 56 个控制断面的洪水预报方案；2011 年，沂沭泗局启动了沂沭泗流域水文预报方案第三次系统性修订工作，在上次汇编方案的基础上，补充了 1999—2010 年的雨洪资料；2014 年 3 月修订完成《淮河流域沂沭泗水系实用水文预报方案》。

水文模型是沂沭泗水系水文预报方法的重要补充，新安江模型、水力学模型和分布式水文模型在沂沭泗水系均有探索和应用。

自 20 世纪 90 年代开始，沂沭泗局走上了将洪水预报模型与计算机技术、数据库技术和模型技术有机结合的道路，试着开发了一些单站的零散的洪水预报软件；2000 年，沂沭泗局采用 Microsoft Visisual Basic 6.0 编程，采用 Microsoft Access 数据库进行数据管理，自主开发了沂沭泗流域洪水预报系统。2016 年，以淮河水利委员会水文局（信息中心）开放式水文预报通用平台为基础，开发了沂沭泗流域开放式洪水预报系统；2019 年，沂沭泗局水文局（信息中心）和淮委水文局（信息中心）联合开发了基于 B/S 结构的沂沭泗河洪水调度系统；

2020 年,沂沭泗局水文局(信息中心)和中国水利水电科学研究院共同开发了集合分布式水文模型和经验相关方法的沂沭泗河洪水预报系统。

三、结语和展望

(1)沂沭泗水系统一管理 40 年来,沂沭泗局的水文自动测报系统从无到有,不断扩充,系统的正常运行为防汛调度及洪水预报全天候提供水情信息,发挥了不可替代的作用。实用水文预报方案作为沂沭泗水系水文作业预报的主要技术手段,从 20 世纪 80 年代开始编制,经历了 3 次全面的补充修订,不断完善。随着计算机技术的发展,洪水预报系统将水文预报方案与计算机、数据库、预报模型等技术有机结合,形成多河、多站、多种预报模型同时计算、比较、分析的方法,已经成为洪水预报作业的主要内容;多年来在生产实践中先后研制了一些 C/S 结构的洪水预报系统,B/S 结构的预报系统也在陆续开发并完善中,各种洪水预报系统为沂沭泗水系的防洪调度提供了有力支撑。

(2)沂沭泗水文监测站网基本实现了大江大河大库的控制,但中小河流、中小型水库,拦河闸坝监测程度低,需完善水文监测站网布局和功能。充分依托现有站网进行水位自动测报站和流量在线监测站的扩充,增大流域自动测报站密度;充分利用物联网、雷达遥测、视频监控、3S(遥感、地理信息系统、全球定位系统)等新技术和新手段,提升水文装备水平,完善测站功能,实现水文要素自动在线和可视化监测;以增强水利行业强监管的水文基础服务能力为目标,构建布局合理、结构完备、功能齐全、透彻感知的现代化水文站网体系。

(3)增强水文自动监测能力。加快水文基础设施提档升级,广泛采用声光电先进技术手段和新仪器新设备,大幅提升水文监测自动化水平。实现水文要素监测自动化,实现水文站、水位自动测报站视频监控的有效覆盖。

(4)提升水文信息智能处理服务水平。加强水文业务系统和信息服务平台开发,将大数据、人工智能等先进技术与水文业务相融合,开发智能化水平更高的水情信息综合服务系统,建立完善信息共享机制,提升水文信息处理和服务智能化水平。

(5)进一步加强水文气象的耦合,提高降水预报的精度,从而延长洪水预报预见期,加强雷达测雨、卫星遥感、地面观测等多源信息的分析和应用,提高流域面降水量估算精度,进一步研究适合沂沭泗流域的预报方法,更新洪水预报系统,提高洪水预报的精度。

(6)持续增强水文发展保障能力。增加专业技术人才总量,进一步加强青年人才培养力度,建立健全人才补位机制,多措并举引进高层次人才;丰富水文文化内容,加强业务学习,提升水文文化工作的专业化水平。

沂沭泗水文四个"四十年"

沂沭泗水利管理局水文局（信息中心）　胡文才　李　智

一、水文局简介

沂沭泗局水文局（信息中心）是沂沭泗局下属的具有行政职能的正处级事业单位。自1981年沂沭泗局成立时就设置了水情处，1985年改名为水情调度处，1991年改为水情通信处，2002年更名为水情通信中心，并确定为独立核算的事业单位，2012年3月更名为沂沭泗局水文局（信息中心）。

水文局内设综合科、水情科、通信科、信息化科，编制为26名，目前有在职职工22人。主要职责为组织或指导流域水文情报、预报工作；承担沂沭泗局水利信息化、水利通信业务建设工作，参与编制全局水文事业发展、水利信息化、水利通信发展规划。承担沂沭泗局通信、计算机网络、视频监控、视频会商等水利信息系统运行、管理和维护工作等。

二、建设发展"四十年"

（一）水文

1982年，沂沭泗局成立后，水文工作处于"白手起家"阶段。首先从江苏和山东两省已有的方案中，组合形成了《沂沭泗流域洪水预报图表》，这是沂沭泗局第一套比较完整的洪水预报方案。1989年和1999年分别进行了沂沭泗流域洪水预报方案修订，并于2002年正式印刷出版。2007年以后，沂沭泗河洪水东调南下续建工程陆续开始建设，由于工程建设改变了河道行洪条件，而2002年出版的洪水预报方案是基于天然河道研制的，已经不适应当前行洪条件。为了提高预报精度，2012年根据新的工况条件再次修订沂沭泗流域洪水预报方案，并于2014年正式印刷出版。为了进行多方案比较，水文局分别研制了经验方法、新安江模型和分布式洪水预报模型，为沂沭泗流域洪水预报提供了技术支持。在迎战台风"利奇马"、抗击2020年"8·14"洪水发挥了重要作用。

1990年，沂沭泗发生建局以来第一次较大洪水，峰高量大，来势凶猛，传统水文报汛无法满足沂沭泗流域防洪调度对实时水情信息的需求。因此，1991年开始在骆马湖周边建设水文自动测报系统，随后根据洪水预报调度的需要，陆续在沂沭泗河、南四湖等关键部位建设水文自动测报站点，并根据需要进行不断调整，目前建成了55个测站、1个接收中心的规模。

（二）信息化

沂沭泗局信息化系统于1982年起步于淮河水利委员会水情科，当时在小型电子计算机上做《沂沭泗流域洪水预报图表》的优选校核预报，自此开启了沂沭泗局的信息化工作。

1984年开始使用PC-1500袖珍计算机，1985年开始使用IBM微型计算机。1992年建成了沂沭泗局机关防汛计算机局域网;同年 10 月连通了淮河流域防汛水情信息传输系统;1993 年开始准备建设计算机网远程工作站,1994 年连通 3 个直属局,为直属局提供水情信息服务;1995 年、1996 年和 1997 年,分别进行了网络系统改造,建成了 WindowsNT 局域网,通过路由实现了沂沭泗局和 3 个直属局网络互联。2000—2006 年对沂沭泗局和直属局之间的传输网络系统进行升级改造,实现了沂沭泗局和直属局之间视频、音频和数据统一传输。

2006 年,出于对网络安全的重视建设了网络安全系统,安装了入侵检测分析及网络防病毒软件。

2007—2010 年,随着沂沭泗河洪水东调南下续建工程的建设,由工程建设带动信息化建设,逐步建成了直属局至基层局的网络系统。由此建成了"沂沭泗局—直属局—基层局"的三级网络系统。

2014 年、2015 年和 2018 年连续建设了沂沭泗局直管重点工程监控与自动控制系统、淮河水利委员会水政监察基础设施建设项目(一期)、淮河水利委员会水政监察基础设施建设(二期)等项目。建成沂沭泗局前端视频信息采集、传输、存储和应用一体化系统,初步建成一站式登录平台和遥感系统,大大提高了沂沭泗局信息化水平。

(三)通信

沂沭泗局防汛通信网络系统始建于 1983 年,首先在南四湖地区建设无线通信网络系统;1984 年建设沂沭河无线通信网络;1985 年建设了从徐州至临沂的超短波通信干线;1987 年将电路进行了扩展,在韩庄分支到薛城,在台儿庄分支到邳州、宿迁;形成了沂沭泗局至 3 个直属局的超短波无线通信网络。

1989 年,建设了南四湖湖西大堤防汛抢险通信网;同年 6 月,建成了沂沭泗局至淮河水利委员会的微波通信网络。1996 年建成全自动拨号通信网络系统,并接入全国水电通信网络系统。1997 年对基层局通信网络系统进行了扩容。2007 年开始,在沂沭泗河洪水东调南下续建工程中通过 7 大分项工程建设了沂沭泗局防汛通信工程,至 2010 年底,建成了由数字微波(光纤)通信骨干网络、无线接入通信系统、有线通信系统和沂沭泗防汛调度设施通信系统。

2010 年以后,随着城镇建设步伐的加快,微波通信信道受到高楼阻挡,无法继续使用,沂沭泗局通过租赁数字电路的方式,顺利解决了传输信道的问题。

三、人才培养"四十年"

沂沭泗局建局初期,水文局(信息中心)人员主要由工人、中专毕业生和大学本科毕业生组成。为了鼓励人才培养,水文局(信息中心)根据沂沭泗局的有关政策制定了人才培养办法,鼓励在职职工继续教育。1 名 1995 届本科毕业的同志经过培养,取得了硕士学位;1 名 1997 届本科毕业的同志先后拿到硕士学位和博士学位;3 名 2001 年和 1 名 2006 年参加工作的同志通过培养先后拿到硕士学位;1 名 2012 年和 1 名 2013 年参加工作的同志分别攻读工商管理硕士和工程硕士。

2003 年 1 位同志被评为高级工程师(正高级),2007 年 2 名同志被评为正高级工程师,2019 年、2020 年和 2021 年连续有 3 名同志通过正高级工程师评审。目前,沂沭泗水文局(信息中心)22 名职员(工)中,有高级工程师(正高级)5 人、高级工程师(副高级)4 人、工程师7人。

经过四十年的探索,沂沭泗水利管理局水文局(信息中心)人才培养方面探索出了一条顺畅的道路,形成了良好的人才培养氛围。

四、技术传承"四十年"

技术传承是一个很重要的人才培养方式。沂沭泗局水文局(信息中心)经过反复探索,形成了一个优良传统——无私的技术传承。

水文局(信息中心)建局以来就形成了良好的技术传承风气,开始只是口头约定一名老同志指导一名新同志。到了2017年,通过双方签订协议的方式将"老带新"办法落到实处。要求每一名具有高级职称的老员工带领一名新入职的年轻人,将自己掌握的技术、经验和工作方法传给年轻人,使其迅速成长起来。

经过老员工无私地传授,沂沭泗局水文局(信息中心)培养出了一批批技术人才,为沂沭泗局水文、通信和信息化的发展起到了添砖加瓦的作用。

五、科技发展"四十年"

水文局(信息中心)注重科技发展。通信方面引入一点多址微波通信;网络方面在2001年就引入千兆网络交换,2014年率先在水利系统建成视频监控4G专网传输系统;水文测报方面引入了ADCP测流、二线能坡法、雷达波在线测流;洪水预报方面引入了新安江模型、分布式洪水预报模型;洪水传播方面引入了一维水力学和二维水力学模型等新技术。

2005年以前,水文局(信息中心)获得淮河水利委员会科技进步奖二等奖2项、三等奖3项。水文局(信息中心)主导的"4G多媒体水利专网智能监控平台关键技术""远程可视化采砂计量技术与应用""水政监察多源融合一体化管理技术与应用""三维全景模式下的嶂山闸工程智慧管理系统"分别获得2016—2019年淮河水利委员会科技进步二等奖。2020年,"沂沭泗河湖综合调度关键技术与实践"获得淮河水利委员会科技进步一等奖和大禹科技进步二等奖。2021年,"数据与机理驱动的沂沭泗河洪水预报技术研究及应用"获得淮河水利委员会科技进步一等奖,"沂沭泗河湖监管遥感监测关键技术研究与应用"被黄河水利委员会信息中心授一等奖。

水文局(信息中心)主导的"一种水政执法监督管理巡查设备""复合材料缆道测船牵引绳"分别获得2017年和2020年国家实用新型专利;2017年"沂沭泗水情信息服务系统"和"水政执法监督管理系统"、2018年"沂沭泗河洪水预报调度系统"和"沂沭泗河洪水预报系统"分别获得国家软件著作权。

沂沭泗水文发展四十年,也是科技创新的四十年。

六、结语

经过近四十年的建设、培养、传承,水文局(信息中心)职工秉承"献身、负责、求实"的水利行业精神,埋头苦干,取得了骄人的业绩,在沂沭泗流域水文、信息化和通信方面起到了领头作用。沂沭泗水文四十年是沂沭泗水利发展四十年的一个缩影,回首过去,立足现在,展望未来,沂沭泗的明天将会更加美好。

遥感技术在沂沭泗局监管领域的应用

沂沭泗水利管理局水文局(信息中心)　温佳文
黄河水利委员会信息中心　申　源

一、引言

淮委沂沭泗局作为沂沭泗直管区水行政执法和管理的主体,依据《水政监察工作章程》(水利部令第 20 号),代表流域机构对公民、法人或者其他组织遵守、执行水法规的情况进行监督检查,对违反水法规的行为依法实施行政处罚,开展管辖范围内的水行政执法工作。

通过淮河水利委员会(以下简称"淮委")水政监察基础设施建设,沂沭泗局已经配备了部分水上、陆上水政执法设备,调查取证设备,执法信息处理设备,建设了南四湖、骆马湖水政等执法码头。已建项目为沂沭泗局水政监察工作打下了良好的基础,但水政执法基础设施仍难以适应流域内经济社会发展对水行政执法能力提出的要求。为进一步提高沂沭泗局水政监察队伍综合执法能力,在淮委水政监察基础设施建设项目(一期)基础上,进行淮委水政监察基础设施建设(二期),(二期)项目包含卫星遥感遥测监控工程建设等。

二、遥感影像采集与后处理

遥感影像采集与后处理包括沂河(跋山水库—骆马湖口)、祊河(姜庄湖拦河坝—入沂河口)、邳苍分洪道(江风口闸—中运河)、总干排、分沂入沭(彭道口闸—入老沭河口)、沭河(青峰岭水库—口头)、汤河下段、新沭河、南四湖、韩庄运河及中运河、伊家、老运河、骆马湖及新沂河(嶂山闸—入海口)河道 0.5 m 分辨率航空遥感影像采集与后处理,总面积约4 820 km²。

利用航空遥感手段采集沂沭泗流域直管区 0.5 m 空间分辨率遥感数据,并对采集的遥感数据进行数据后处理,获取直管区 0.5 m 分辨率的正射影像。沂沭泗流域本底数据遥感调查航空遥感影像采集与后处理主要包括航空摄影和正射影像制作。

(一)航空摄影

采用框幅式数码航摄仪搭载 IMU/GPS 辅助航空摄影技术开展摄区航空摄影任务,包括资料的收集、航摄飞行的设计、航摄任务的执行、数据的预处理、质量的检查、成果资料的整理与移交等环节(图 1)。

(1)航高计算

项目要求地面分辨率(P_{GSD})为 0.5 m,数码航空摄影的地面分辨率(P_{GSD})取决于飞行高度,按照以下公式获得相应 P_{GSD} 的飞行高度:

$$\frac{a}{P_{GSD}}=\frac{f}{h}, 即 h=\frac{f\times P_{GSD}}{a}$$

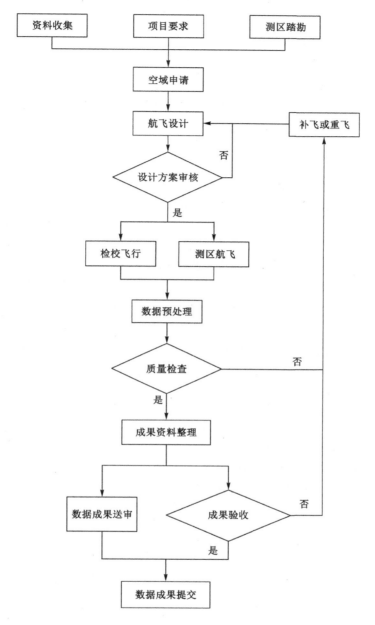

图 1　航摄作业流程图

式中　h——相对航高；

　　　f——镜头焦距(取 70.5 mm)；

　　　a——像元尺寸(取 6 μm)；

　　　P_{GSD}——地面分辨率。

按照公式计算得出,设计地面分辨率为 0.5 m 时,相对最低点航高不小于 5 875 m。

(2)航线设计

根据以上原则及相对航高,考虑到地形起伏变化的影响,故项目设计相对航高为 5 500 m,

最低点的地面分辨率均优于 0.5 m。

项目摄区设计航线敷设方向为沿着摄区形状,航向重叠度为 65%,旁向重叠度为 30%,航线左右各超出边界两条基线。

（二）正射影像制作

共完成本底面积约为 4 820 km² 的 1∶10 000 比例尺数字正射影像（DOM）图 94 幅（其中 39 带 117°投影 56 幅,40 带 120°投影 38 幅）。

三、本底信息遥感解译

本底信息遥感解译基于获取的监测范围内遥感影像,依据解译标志库建立的解译标志,采用全数字化人机交互解译判读方法,根据监测对象以及遥感影像人机交互解译要求进行监测区域内采砂、圈圩、文体旅游、光伏电厂、码头、造船厂、房屋（含窝棚）、养殖、芦苇、橡胶坝（拦河闸坝）、跨河桥梁、片林、上堤路、穿河管线、穿堤涵闸、堤防、取（排）水口、泵站、采砂船、鱼塘、堆放、养殖场、湖田、坟头等河道监测对象信息解译。

（一）目视解译的方法

遥感影像解译过程中,利用解译标志来认识地物及其属性,通常可以归纳为以下方法。

（1）直判法。解译人员深刻理解地物类型并了解其含义,通过遥感影像的解译标志,直接确定为某一地物对象类型。一般具有明显色彩色调特征、空间特征的地物类型多运用这种方法进行解译。

（2）对比法。对比法是指将解译地区遥感影像上所反映的某些地物与另一已知的遥感影像样片相比较,进而确定某些地物的属性的方法。

（3）逻辑推理法。借助各种地物或自然现象之间的内在联系所表现的现象,间接判断某一地物或自然现象的存在和属性。

本项目涉及地域范围广、地理环境复杂、解译地物对象众多,在解译过程中,需要综合运用直判法、对比法和逻辑推理法进行信息解译。

（二）技术流程

监测对象解译作业主要包括:资料准备、遥感影像处理、水政监测对象信息初步解译与外业调查、室内详细判读、野外现场核实、形成最终解译成果、成果编码、数据统计、专题图制作和成果报告编制（图 2）。

四、解译标志库

（一）解译标志建立方法

结合项目实际需要,对沂沭泗直管河道监测对象进行深入理解与分析,理解到位是正确建立解译标志的重要前提。在此基础上,对项目工作范围内遥感影像进行初步判读,结合以往解译经验和野外查勘,根据遥感影像分辨率、时相、河湖地域分布、河流上下游、水域与滩地分布情况,分析监测对象的色彩色调、大小、形状、阴影、纹理、位置、组合、图案等影像表现特征,建立河道监测对象解译标志,为监测对象解译提供依据。

（二）解译标志建立流程

在对沂沭泗直管河道监测对象充分理解的基础上,根据采集的遥感影像和野外获取的

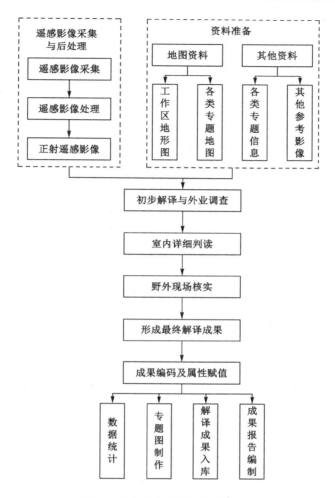

图 2　本底信息遥感解译流程图

现场照片筛选出能够代表监测对象典型的影像样图和照片样图,进行样图制作。结合收集的其他资料,比对遥感影像样图和现场照片样图分析监测对象典型特征,采用简练的文字进行概括提炼。遵循实用、高效、可扩展的设计原则,进行解译标志库设计和开发解译标志库。将采集整理的影像样图、照片样图、特征文字描述等数据进行入库。建设解译标志库建立技术路线如图 3 所示。

五、结语

随着科学的进步,遥感技术不断得到开发和创新,加大遥感技术在沂沭泗局的应用,成为推动沂沭泗流域水利发展的必然举措。目前,遥感技术在水资源调查、洪涝灾害监测评估、旱情监测、水库库容和湖泊动态变化监测、河道、河口、河势动态监测中均有应用实例。沂沭泗局开展卫星遥感遥测监控工程建设,利用遥感技术进行本底遥感调查,建设遥感遥测信息管理系统,摸清沂沭泗直管区监测对象数量与分布及其变化情况,实现监测信息的统一管理、快速查询与浏览、高效对比分析,提升沂沭泗局对直管区水事活动监管能力,为水政监

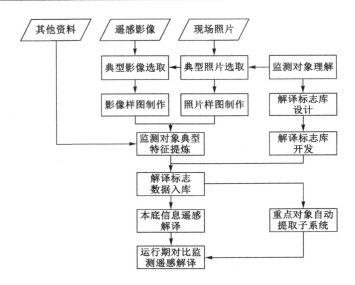

图 3　解译标志库建立技术路线流程图

察执法提供信息和依据。下一步沂沭泗局将在淮委水政监察基础设施建设（二期）搭建的综合信息展示平台的基础上，进一步进行软件功能开发，强化沂沭泗局直管河段水政监察执法工作，提高沂沭泗局水政监察队伍综合执法能力，为实现沂沭泗流域的"河畅、水清、堤固、岸绿、景美"的目标而不懈奋斗。

沂沭泗局视频会商系统构建及应用

沂沭泗水利管理局水文局（信息中心）

王　磊　阚向楠　张大鹏　温佳文

一、引言

2003 年,沂沭泗局本部建成了向上连接水利部和淮委,向下连接南四湖局、沂沭河局、骆马湖水利管理局(以下简称"骆马湖局")的视频会商系统。系统运行以来,在收听收看水利部和淮委重要会议、沂沭泗局监控信息展示、本地会议会商、异地会商、与兄弟单位间交流沟通等方面发挥了巨大的作用。2006—2009 年,在沂沭泗河洪水东调南下续建工程中,又建设了 19 个基层局的视频会商系统并升级改造了 3 个直属局的视频会商系统。

2020 年,受疫情影响,沂沭泗局全年参加及组织召开视频会议超百次,参会人数超过5 000 人,大屏幕开启时间超过 1 000 小时,尤其是"8·14"特大洪水期间,持续与水利部、淮委及下属单位连线会商,视频会商系统超负荷运行,多次发生故障影响正常工作。面对疫情防控、智慧水利建设、水旱灾害防御、水行政执法、水资源管理及工程管理的新形势新要求,沂沭泗局水利信息化在支撑业务工作方面的短板也愈发明显,整体能力亟待改善。

为着力解决支撑决策能力不足等问题,2020 年年底,沂沭泗局做出了更新改造视频会商系统的决策,并对 GQY、威创、京东方、华为、科达和小鱼易连等厂家的核心设备进行了细致调研,提出了建设基于沂沭泗局现有网络软硬件设备和业务数据,充分运用"互联网＋"、大数据、人工智能、智慧屏等新兴技术,打造集水旱灾害防御综合调度、数据汇聚应用、异地会商、事件应急处置及服务科学决策等于一体的视频会商系统。

二、建设目标及功能设计

(一)项目建设目标

全面整合水旱灾害防御、水文水情、河湖管理、工程管理、视频监控、气象预报等信息数据,优化集成防御调度、指挥会商、远程监控、集中展示等需求功能,超前建设功能完备、可靠稳定的视频会商系统,打造智慧化、科学化的水利行业一体化调度平台。防汛调度视频会商系统深度融合卫星遥感、大数据、无人机、5G 等新兴技术,将各类水利信息要素集成到沂沭泗局会商决策中心,建立水利信息全范围感知、行业调度全流程支撑的信息化体系,使各类应急调度有章可循,进一步推动水利防汛工作现代化。

(二)功能设计

沂沭泗局视频会商系统主要具备以下功能。

1. 实现业务数据智能应用

集成沂沭泗流域河湖水系、水文水资源、水利工程、防汛抗旱等业务历史数据,以及历年水利信息化建设产生的各类成果数据,利用可视化大屏和智能检索技术,实现水利业务数据的集中展示和智能应用。

2. 融合多源信号

提供稳定、可靠、舒适、快捷、高效的会商会议服务,具有数字化会议功能、模块化系统结构、信息化资源共享、智能化控制管理等特性,通过该系统可以清晰展示各种多媒体信息。

3. 保障应急调度指挥

沂沭泗局直管多座大中型水闸,水闸上下游水事活动频繁,结合已建的视频监控系统,对高清视频信息进行充分挖掘和利用,提高对河道湖泊中船只、漂浮物、人员非法进入监控区域的视频图像识别与智能分析能力和预警能力,并反映到指挥中心,通过该系统及时了解现场情况,做出安排部署,基层相关人员能够及时处理异常情况,做到早预警、早处置,保障水利工程的安全运行。

4. 高效的会商会议服务

视频会商系统是服务于沂沭泗局中心工作的重要基础设施,同时系统接入淮委异地会商系统,与水利部、各流域机构等实现了信息交互、资源共享。2021 年,随着党史学习教育、"三对标、一规划"专项行动和各项业务工作的开展,截至 2021 年 7 月中旬,已经召开视频会议 90 余次,由于疫情防控的要求,又搭建了沂沭泗局辅二楼临时会场,满足参会人数的需要。视频会商系统已经成为沂沭泗局日常工作不可或缺的一项业务应用系统。

5. 有利于资源共享整合

沂沭泗局下属 3 个直属局、19 个基层局,主要业务工作涵盖了工程管理、水资源管理、水旱灾害防御、水行政执法等,在系统建设中充分考虑各业务部门对视频会商系统的不同需求,在系统端充分预留接口,方便接入。各单位、各部门建设的系统也可以在系统中实时向其他单位部门展示、共享、使用。

三、主要建设内容

项目建设统一视频会议管理平台,以沂沭泗局主控 MCU 为中心节点,通过现有防汛通信网接入 3 个直属局分中心 MCU,19 个基层局和 1 个防汛仓库会议终端通过现有防汛通信网接入直属局分中心 MCU,形成"沂沭泗局—直属局—基层局"三级会议管理模式。

沂沭泗局四楼防汛会商室和辅楼二楼报告厅作为主要会场,连接至沂沭泗局主控 MCU,作为中心会场既可以在四楼防汛会商室和辅二楼报告厅同时召开视频会议,又可以与 3 个直属局和 19 个基层局同时召开视频会议,3 个直属局可以分别与下属基层局同时召开视频会议。

各会场音视频信息通过各自显示系统和扩音系统输出展示,沂沭泗局 2 个中心会场和 3 个直属局分中心会场通过各自中控平台进行控制管理。

目前,已经建设完成局本部四楼主会场、沂沭河局、沂河局和沭河局 4 个会场,其他会场也在积极争取项目建设。沂沭泗局视频会商系统拓扑如图 1 所示。

视频会商系统主要包括大屏幕显示系统、视频会议系统、中央控制系统及数字会议与扩声系统及基础设施等。下面结合沂沭泗局本部四楼会商室对大屏显示系统、数字会议及扩声系统、视频会商控制管理系统及基础设施等做简单描述。

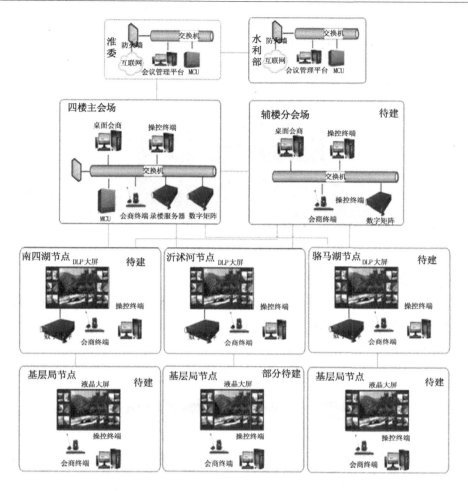

图 1　沂沭泗局视频会商系统拓扑图

（一）大屏幕显示系统

依据四楼会商室背景墙面尺寸，采用 80 英寸 DLP 显示屏按照 4 行 4 列拼接而成，单屏尺寸为 1.77 m×1 m，拼接后的有效投影尺寸约为 7.08 m×4 m。通过投影显示单元拼接墙与图像拼接处理器相连，可将应用系统的图文数据信息和视频信号显示在大屏幕上，实现视频会商、多媒体信息、各类数据信息综合显示、高清晰显示。图像拼接处理器支持多种显示模式：整屏显示（16 块屏幕显示一幅画面）、多幅满屏显示模式（每个显示单元独立显示视频监控信号或者计算机信号）、组合显示模式（可根据显示需求任意组合显示单元进行多幅图像的显示）。支持 DVI-D、HDMI 等高清信号的输入，支持 DVI-D 信号输出。大屏幕外观如图 2 所示。

（二）数字会议与扩声系统

数字会议与扩声系统由数字会议系统主机、数字会议系统讨论单元、会议话筒、数字调音台、数字音频处理器、组合音箱及功放设备等组成。以语言扩声和音乐回放扩声为设计目标，以合理的建筑设计和音响分布与选型措施来保证听音清晰、音质优良。

图 2　大屏幕外观图

（三）视频会商控制管理系统

视频会商控制管理系统主要包括多点控制器（MCU）、视频终端、会议摄像机、录播服务器、会议管理系统、控制终端计算机等设备，如图 3 所示。其中 MCU 是多点视频会议控制管理系统的关键设备。

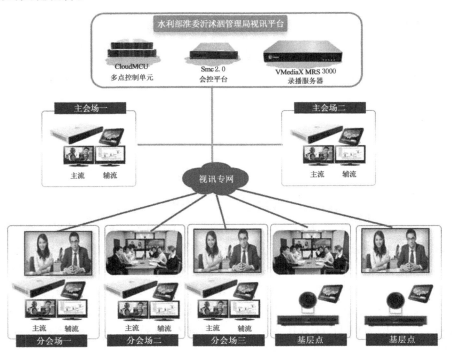

图 3　视频会商控制管理系统示意图

（四）基础环境

基础环境改造主要包括显示屏周边墙体装饰、综合布线、会商室地面处理及智能灯光安装等。根据系统需要敷设强弱电线路、布设多媒体桌插,每个桌插含有网络接口、光纤接口、音频接口、电源接口等。

三、效益分析

(一)积极落实水利部党组关于水旱灾害防御和智慧水利建设的要求

李国英部长在2021年水旱灾害防御工作会上强调,要强化预报、预警、预演、预案"四预"措施,要强化科技引领,推进建立流域洪水"空天地"一体化监测系统,建设数字流域,为防洪调度指挥提供科学的决策支持。2021年3月3日,李国英部长主持召开部长专题办公会,专题研究部署指挥水利建设工作,为当前和今后一段时期内智慧水利建设指明了方向。视频会商系统作为基础设施可为智慧水利建设提供有力支撑。

(二)落实国家和水利部疫情防控要求

习近平总书记在全国抗击新冠肺炎疫情表彰大会上强调,要毫不放松抓好常态化疫情防控,奋力夺取抗疫斗争全面胜利。水利部制订的《水利建设领域疫情防控工作方案》中强调,创新会议形式,减少会议数量,减小会议规模,缩短会议时间。要尽可能利用现代通信手段沟通联系,提倡召开电话会议、网络视频会议。原有沂沭泗局视频会商系统在会议召开范围、容纳人数方面无法满足现有需要,会商系统升级改造后能够形成"沂沭泗局—直属局—基层局"三级会议模式,为疫情防控工作提供有力支撑。

(三)全面提升业务工作统筹协调能力、有效助力突发事件应急处置

视频会商系统的建设,能够进一步确保防汛指挥中心实时掌握监控范围内的堤防重点部位的汛情、工情、险情、灾情实况,及时决策,做到早预防、早准备、早抢险。并且保证在出现险情、灾情时,抢险救灾的现场视频等信息能够实时上传至指挥中心,及时统筹安排、调度指挥,将灾害损失降至最低。

(四)视频展示及信息交汇提升

视频会商系统是服务于沂沭泗局中心工作的重要基础设施,同时本系统接入淮委异地会商系统,与水利部、各流域机构等实现了信息交互、资源共享。建设完成超高清全融合显示系统,实现端到端高清效果,可实现全高清视频会商、监控及全视频融合上墙,使各类视频信号更加真实清晰,显著提升视频会商效果。

四、结语

视频会商系统是完成水旱灾害防御等中心工作的需要,是加快水旱灾害防御指挥决策和业务工作现代化建设的需求,为防汛会商、洪水调度、水情监测预警、工程管理、水资源管理、水行政执法等工作提供有力支撑,为行业调度指挥和应急处置提供决策依据。提升视频会商系统的服务能力和应用水平任重道远,还需不断提升业务应用和信息数据的整合共享力度,建立完善防汛调度会商系统与水利业务应用的业务协同、数据更新等机制,切实提高全面准确的信息支撑服务能力。

沂沭泗局综合办公的信息化发展历程

沂沭泗水利管理局水文局(信息中心) 张煜煜

一、背景

习近平总书记曾指出:"信息化为中华民族带来了千载难逢的机遇。我们必须敏锐抓住信息化发展的历史机遇,加强网上正面宣传,维护网络安全,推动信息领域核心技术突破,发挥信息化对经济社会发展的引领作用。"从融入日常生活的社交软件到电商购物平台、移动支付应用,从推动放管服、覆盖连接全国的电子政务系统到正在大力研发的 5G、大数据、物联网新兴产业技术等,信息技术和数字经济的蓬勃发展持续为全球互联网发展治理贡献中国经验、中国智慧。沂沭泗局紧跟信息化快速发展的步伐,在综合办公领域持续更新和完善。

二、沂沭泗局综合办公系统信息化发展历程

(一)2002 年初步建成

2002 年 11 月 13 日,沂沭泗水利管理局依据《关于沂沭泗水利管理局办公自动化系统初步设计的批复》(淮委规计〔2002〕557 号)建设沂沭泗局办公自动化系统,系统更新按照"先进实用,高效可靠"原则,采用现代化信息技术,具有较好的先进性和较长的生命周期。同时系统具有开放性和兼容性,为系统技术更新、功能升级留有余地。沂沭泗局办公自动化系统由计算机网络系统、应用系统、数据库系统及系统配置组成,应用系统的建设充分考虑与淮委电子政务等系统相兼容,数据库系统为系统互联和数据共享留有接口。

沂沭泗局办公自动化系统覆盖全局三级单位,系统投入运行以来,大大提高了办公效率,节约了办公开支。

(二)2015 年升级改造

2015 年 1 月,沂沭泗局按照以水利信息化推动水利现代化的目标要求,启动了综合办公系统升级改造,综合办公系统主要包含领导办公、公文办理、会议管理、事务管理、综合管理、督查督办、信息管理、邮件系统等内容模块,采用"1+3"模式在局本部和三个直属单位分别部署。2015 年上半年投入试运行,同年 10 月正式投入使用,系统安全保护等级为第二级,总投资约为 150 万元。

综合办公系统投入使用约 3 年的时间,沂沭泗局办公室和水文局(信息中心)联合开展了一次使用情况调研,结果显示局机关使用公文办理和邮件系统模块频率较高,与淮委和徐州市的文件传输基本实现电子化。在 2017 年收文统计中,淮委及徐州市的文件约占收文数量的 66%,这为下一步沂沭泗局收文在综合办公系统中实现电子化运转提供了条件。直属

单位及其他外部单位的收文约占 34%。

各直属局综合办公系统仅使用了邮件系统模块,又因为工作习惯等问题,目前沂沭泗局会议培训通知等内容均通过邮件系统进行发送,并未充分利用综合办公系统中会议管理、事务管理等模块。

（三）2020 年继续创新

当前,网络信息技术的不断普及进步、新形势下提升工作效率的需要及淮委、驻地（徐州、宿迁、临沂）电子政务系统的升级改造,对沂沭泗局日常工作模式和综合办公系统应用提出了新的要求。主动适应云计算、移动互联网等信息技术的发展新形势,补强政务信息化建设短板,进一步提高全局工作效率和效能,升级完善沂沭泗局综合办公系统和移动办公系统是摆在我们面前亟待解决的重要课题。为再次创新推进沂沭泗局综合办公系统使用,在本次升级改造中认真梳理原系统在日常使用中存在的问题,妥善采纳用户建议,提高办公效率及用户体验,全面提升沂沭泗局的办公管理水平,保持管理理念的先进性,保障办公系统安全性、实用性并具备强大的扩展能力,沂沭泗局 OA 系统应运而生。

三、OA 系统

OA 系统依托淮委信息中心的基础软硬件环境,以政务应用为基础、资源整合为核心、协同办公为导向,重新规划建设办公系统。从业务范围、应用范围及整合能力等方面着手,主要分为应用门户和移动办公等部分。

（一）应用门户

OA 系统在传统的办公系统上增加综合应用门户、移动办公系统及系统的对接,包含综合办公系统、邮件系统、档案系统及信息综合应用平台等。在对现有综合办公系统运行环境及功能需求进行充分分析后,确立发文流程（图 1）、收文流程、内部签报、督办管理、会议管理及培训学时登记等流程。

（二）移动办公系统

移动办公系统包括待办公文、已办公文、内部邮件、通讯录、综合事务、会议审核、会议通知、领导活动安排、出差申请、请假管理等。移动 OA 可以支持对接淮委移动门户接口,进行应用改造,以达到单点登录的效果,只需要移动门户登录,即可实现移动 OA 的登录。

（三）角色及安全管理

OA 系统实行三员管理制度,根据不同用户分配不同的权限,系统部署在淮委,其运行环境所在区域安全防护系统完备,实行用户控制机制,用户注册与使用严格受控,积极开展用户培训,落实安全员与保密责任。

四、存在问题

OA 系统既是对传统办公方式的一场深刻变革,也是对传统办公方式的有益补充。OA 系统面对的是全局职工,用户的体验度直接关系到其使用效率。目前,职工使用习惯、系统升级完善、资源整合共享、经费和技术保障等方面存在的问题制约了综合办公系统的应用和作用发挥。

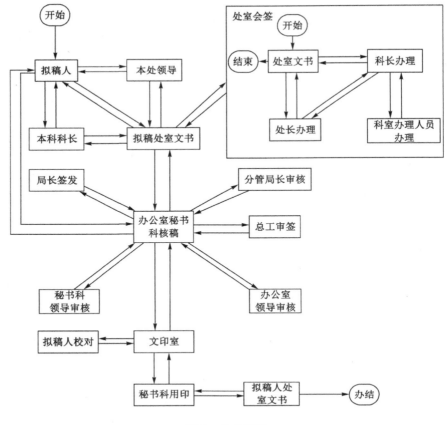

图 1　发文流程

（一）固有思维仍然存在，部分职工对 OA 系统的认识不到位

尽管每个阶段各单位都按照要求启用了综合办公系统，但职工的使用率并不高，部分职工不愿去接受和适应新系统，而是留恋和习惯于传统纸质公文形式，感觉只有看得见摸得着的纸质文件才踏实。同时新系统使用培训不充分也导致了部分职工对综合办公系统使用不够熟悉，影响了使用综合办公系统的积极性。

（二）未实现与其他系统有效互联互通

目前，水利部和淮委都在进行资源整合共享，地方政府也在建立"政府云"。这都迫切要求沂沭泗局在今后的工作中加大对信息资源整合共享的力度，尽快实现各系统间的互联互通，发挥综合办公系统的最大效益。

（三）经费保障不足及维护技术力量薄弱

OA 系统是动态的系统，需要不断进行更新和维护，因此每年都需要一定经费来进行完善升级，以保证系统的正常使用。根据横向比较，多家单位每年都会投入一定经费对其电子政务系统进行升级。沂沭泗局就因缺少资金而无法对系统进行升级完善，导致了综合办公系统无法有效利用。必要的经费是解决沂沭泗局当前综合办公系统使用问题的基本保障。

（四）各直属局维护技术力量薄弱

OA公系统维护管理的任务重、专业要求高，目前局机关有专业人员运行维护，可以满足日常的维护需要。但各直属局维护管理的人员少、力量弱，即使系统上线前对管理人员进行培训，但由于人事变动、岗位调换和长时间不操作等原因，造成维护人员不固定且操作知识老化，间接导致了直属局系统经常瘫痪。

五、建议及措施

（一）逐步完善系统，充分利用移动办公

OA系统使用过程中会因为形势的发展和工作内容的调整而需要一定的修改完善，要根据当下发展的新形势新要求，结合运行中发现的问题，逐步优化设计、完善功能，使OA系统功能更加切合实际、操作更加便捷、运转更加高效。同时要加强"十四五"信息化的顶层设计，将OA系统纳入全局信息化工作中统筹考虑，逐步深入推进各系统之间互联互通的应用，充分发挥整体效用。

（二）落实经费保障，提高技术支持

综合办公系统运行时间跨度长，需要与系统开发单位进行长期合作，确保系统的及时更新维护，因此经费保障是综合办公系统不断完善升级的基本保障。例如，沂沭泗局可每年列支系统开发费用的10%专门用于综合办公系统的维护。

（三）完善制度建设，提升安全防护

制度是规范管理的重要手段，要进一步加强制度建设，制定OA系统运行管理规定，明确各部门、单位的职责，提高系统管理的制度化、规范化水平。同时按照《国家电子政务外网安全等级保护实施指南》的要求，不断完善沂沭泗局综合办公系统安全保障体系，提升安全防护能力。

（四）加强教育培训，充分发挥系统作用

推进OA系统的运用是加强自身建设和改革的重要内容，是提高全局信息化水平的客观需要，是提升监管能力、工作透明度和公共服务水平的重要手段。应分层次、分阶段地开展各种专项培训，将系统使用纳入每年新职工入职培训，强化全局职工运用综合办公系统的能力。同时督办、督促各单位（部门）按要求科学高效使用OA系统，运用信息化手段不断提升工作效率和水利管理现代化水平。

沂沭泗局档案信息化建设探索与实践浅析

淮河水利委员会沂沭泗水利管理局　　吴　龙

沂沭泗局档案信息化建设起步于2015年。近年来,各单位结合水利工作实际和档案管理需要,相继开展了档案管理信息平台建设、室藏档案数字化等方面的实践探索,形成了一批档案信息化成果,积累了一定经验,为"十四五"时期我局档案信息化建设与发展奠定了重要基础。

一、基本情况

(一)档案管理信息平台建设情况

根据水利部有关文件精神和上级有关要求,2016年,沂沭泗局在全局范围内启动了水利档案工作规范化管理达标创建。各单位以此为抓手,通过新建档案管理系统或升级原有档案管理软件等方式,有力推进了档案信息化建设步伐。沂沭泗局机关档案管理信息系统建成并投入使用,通过对接局机关综合办公系统,在局域网范围内初步实现了档案在线收集、管理和利用,有效提高了机关档案信息化水平;沂沭河局、骆马湖局以直属局为单位构建档案管理信息平台,沂沭河局首次在直属局范围内实现了档案资源共享;南四湖局、淮工集团通过组织对原有档案管理软件进行升级改造,进一步增强了档案管理能力。

(二)室藏档案数字化工作开展情况

沂沭泗局办公室以沂沭泗局档案管理用房建设为契机,对机关部分重要文书档案进行了数字化扫描;沂沭河局、骆马湖局安排专项经费对室藏档案进行了数字化加工,并定期对新增纸质档案进行数字化处理;南四湖局、淮工集团通过集中办公形式,定期组织所属单位档案工作人员开展档案数字化。通过安排专人扫描或购买外包服务方式,完成了23 252卷、113 703件档案的数字化加工。

(三)档案利用服务能力显著增强

各单位依托档案管理信息平台建设,通过信息著录、数据迁移等方式,建立了较为完善的目录数据库,档案检全率、检准率有了显著提升,部分档案实现了计算机全文利用,档案利用服务更加精准高效。

从近年的档案利用情况来看,全局档案利用总量、利用人次逐年稳步增长,实体档案利用占比逐步下降,电子档案利用和网络查档用档占比逐年上升,档案利用网络化、电子化趋势增强,档案利用服务领导决策、服务水利管理中心工作效果更加凸显。

(四)档案信息化保障体系初步形成

各单位按照档案信息化发展需要,新建改建了档案管理用房,完善了设备设施,档案安全保障能力进一步提升。加强了档案专业人才队伍建设,初步构建起部门相互配合、专兼职互为补充的档案工作网络,档案工作组织保障更加坚实有力;建立了电子文件和数字档案安全保管和备份制度,档案信息安全保障得到进一步增强。

二、档案管理信息系统建设存在问题

(一)档案管理信息化建设各自为战,难以形成合力

档案管理信息系统建设是一项专业性强、技术性高、资金需求大的工作,需要"全局一盘棋"总体规划,需要自上而下统筹推进。近3年来,全局累计投入80余万用于档案管理信息系统建设及相关工作,但由于缺少统一发展规划,各单位档案管理信息系统建设"各自为战",全局目前在用的档案管理信息系统就有 BHL、STA、89 数码、永乐方正等 10 个之多。这些系统自动化水平偏低,同国家档案信息化发展要求存在较大差距;系统功能不完善,难以满足当前水利管理工作和水利档案工作需求;系统开发技术五花八门,维护、升级、管理难度大,档案信息安全存在隐患;系统开放性不足,系统之间无法进行数据有效传输,档案资源共建共享难以开展。

(二)"信息孤岛"普遍存在,电子文件归档难题凸显

"增量电子化"是档案信息化建设的重要方面。实现档案"增量电子化",需要档案管理信息系统与综合办公系统和其他业务系统互联互通、资源共享,需要在相关业务系统中嵌入电子文件归档所必需的功能。目前,除局机关档案管理能够与综合办公系统进行数据交互外,档案管理信息系统和其他业务系统之间相互隔绝,"信息孤岛"普遍存在,电子文件归档难以实现。

(三)传统载体档案数字化质量不高、后劲不足

存量档案数字化是档案信息化建设的重要环节,也是确保档案信息安全的关键。录像带、录音带等磁性载体档案会随着时间推移不断老化,声像档案、底片、光盘等特殊载体档案所依赖的专业设备难觅踪影,建局初期形成的一批重要特殊载体档案存储的信息已面临彻底消失的严峻危机,对其进行数字化处理不仅势在必行,而且迫在眉睫。此外,大量记录局直管工程、防汛调度设施等建设、改建、扩建的工程项目档案数字化工作尚未开展,这部分档案对反映局水利事业改革发展历史具有重要意义,且多为原始资料,一旦损毁,势必造成难以弥补的损失。

(四)档案信息化保障体系尚不完备

一是制度体系尚不完备,档案信息化发展缺少制度支撑。二是档案专业技术力量不足,人才队伍建设亟待加强。三是档案经费保障水平低,档案信息化建设缺少经费支持。

三、加强档案管理信息系统建设的意见建议

(一)强化组织领导,进一步提高对档案工作重要性的认识

要切实加强对档案工作的组织领导,将档案信息化建设列入单位信息化建设发展规划、列入全局各级重要工作议程予以推动落实,补齐档案信息化"短板"。要切实转变档案工作理念,从单纯注重档案实体管理转变为实体管理和信息管理并重,牢固树立档案信息化发展理念。要充分发挥三级管理体制特点和优势,建立"机关牵头、全局联动、共建共享"的机制,

整合全局人力、物力、财力推动档案管理信息系统一体化建设，解决各单位经费投入不足、技术力量薄弱的问题，促进档案工作全面提档升级。

（二）强化教育培训，进一步加强档案人才队伍建设

要切实加强档案工作队伍建设，采取积极措施稳定现有档案管理人员队伍，通过人才引进、人员招考强化档案专业技术人才队伍，不断提升全局档案工作能力。要坚持专兼职一体化工作思路，不断强化专职档案管理人员职能，重视发挥兼职档案管理人员作用，进一步提高档案工作质量。要不断完善档案培训体系，扎实做好对档案管理人员，特别是新档案管理人员的业务培训，不断提高他们的专业能力。要重视档案工作队伍"传帮带"，充分发挥老档案管理人员作用，稳妥做好新老人员更替工作。

（三）强化技术支撑，切实提高档案信息化工作水平

要推动全局档案管理信息系统一体化，实现机关统一管理、维护，切实减轻基层档案工作负担、降低系统维护成本。要推动档案管理信息系统和综合办公系统、档案管理信息系统和其他业务系统数据互联互通，打破"信息孤岛"困境，实现档案增量电子化。要在综合办公系统和其他业务系统之中设置预归档功能模块，嵌入电子文件分类方案、归档范围与保管期限表和整理要求，实现档案归档网络化。要不断完善档案管理信息系统功能，通过数据库技术实现分类、盖章、编目、编页等整理自动化，切实提高归档工作效率。

（四）加强制度建设，确保档案信息化工作有章可循

要结合档案信息化发展需要，不断完善局档案工作制度，确保档案信息化工作有章可依、有规可循。要深入学习《电子档案管理信息系统基本功能规定》《政府网站网页归档指南》等规范性文件，指导沂沭泗局档案管理信息系统建设。要按照档案"存量数字化"要求，研究制订沂沭泗局档案数字化方案，逐步化解档案存量。要加快推进维修养护项目档案、水行政执法档案等专业档案整理标准的制定工作，以档案整理标准化推动档案管理信息化。

（五）完善设备设施，扎实做好档案信息安全保障工作

要配备和更新必要的信息化设备，进一步提高档案库房和各种类型档案的智能化、规范化管理程度，特别要加强对电子类、数码影像类等新型档案载体保存规范的研究探索，保障新型档案保存的长久性和安全性。要按照保密工作有关要求，完善档案安全保管制度，强化档案安全保密措施，严格规范档案利用程序，认真抓好档案信息安全工作，严防失泄密行为的发生。

（六）强化成果运用，以信息化建设促进档案工作提档升级

要以档案信息化建设进一步规范档案管理各环节工作，推进档案收集自动化、整理标准化、管理现代化、利用网络化，促进档案工作全面提档升级。要加快推进档案移动平台建设，推动档案工作由"人员跑腿"向"数据跑路"转变，逐步实现实时在线归档、足不出户查档、随时随地用档。

沂沭泗局堤防杨树栽植技术浅谈

沂沭泗水利管理局综合事业发展中心　尹　骏　姜　珊

堤防绿化是堤防建设的重要组成部分,植树种草不仅能够有效抵御雨滴击溅、降水径流冲刷,起到护坡、固基的作用,还可以改善堤防工程生态景观,实现以树养堤,以树护堤,促进堤防工程的社会、生态和经济效益相统一。

一、堤防种树的规范依据

《堤防工程管理设计规范》(SL 171—96)提出,保护堤防安全和生态环境的生物工程,主要有防浪林带、护堤林带、草皮护坡等项目。

按照要求,防浪林带和护堤林带,应按统一规格和技术要求,栽种在堤防工程临、背水侧护堤地范围内。临水侧用于消浪防冲的防浪林带,可适当扩大其种植范围。堤身和戗堤基脚范围内,不宜种植树木。对已栽植树木的堤防工程,应进行必要的技术安全论证,确定是否保留。

堤防土地不同于普通耕地,种植品种的选择应当充分考虑水管工程的特点,选择既利于保护堤防安全和生态环境、又能促进综合效益提高的作物或树种。

二、沂沭泗局"护堤护岸林"工程的科学论证

沂沭泗局造林地状况较为复杂,土壤分为沙壤土、轻壤土、黏土;林地有的是堤脚、滩地或是堤坡;初植时的栽植地有的是新复堤(堤坡上无植被),还有的是老旧河堤。经过多年的观测,认为杨树无论在沂沭泗局所辖范围内何种立地条件下,只要是按科学的方法栽植都最为旺盛。

杨木的用途很广,不仅可用作木材,用于加工业用材。种杨树的最大优势在于杨树成材快、轮伐期短,一般 5～12 a 便能采伐利用,投资回收快,而且收益大。种植杨树有巨大的经济效益、生态效益和社会效益。

三、杨树种植技术规范

(一)整地

整地时间在造林一个月前或上年秋、冬季,土壤质地较好的湿润位置,可以随整随造。

(二)苗木选择

杨树裸根苗应选用品种优良、根系发达、生长发育良好、植株健壮的苗木。沂沭泗局苗木选择标准为:苗高在 4 m 以上,胸径在 2.5 cm 以上。

(三)栽植技术要求

苗木栽植前,先根据树种、苗木特点和土壤墒情,对苗木进行剪梢、截干、修根、修枝、浸

水、蘸泥浆等处理。

挖穴栽植时,穴的大小和深度应略大于苗木根系,苗干竖直,根系舒展,栽植深度根据立地条件、土壤墒情和树种确定,一般略超过苗木根茎,填土一半后提苗踩实,再填土踩实,最后覆上虚土。

结合沂沭泗流域工程的土质实际,采用以下的株行距栽植林木:"四大、三水、二统一"。"四大"即大苗(苗高 4 m 以上)、大穴(0.16 m²)、大株行距(5 m×5 m 或 5 m×6 m)、大水(坑里打满水);"三水"即栽前泡水、栽时带水、栽后浇水;"二统一"即统一规划、统一标准,有效提升植树造林的标准和成活率。

坚持适时栽植,杨树栽植宜在每年 2 月中旬到 3 月底之间进行,提前或推后都会影响其成活率。

四、杨树养护技术规范

(一)浇水

苗木栽植后,及时透浇一次定根水,确保苗木成活。旱天及时补水,灌根喷冠;涝时注意排水,避免长期浸泡烂根。每年 4—6 月干旱季节,要对林木适时灌溉,秋季干旱时也要进行灌溉,以保证林木旺盛生长。一般在春季树木发芽前后、生长季节、土壤封冻前,视土壤墒情和降水情况在土壤缺水时及时浇水,浇水后要及时培土保墒。另外,使用机械洒水时不得直接冲击地表,以防对坡面造成冲刷。

(二)施肥

杨树以材积生长为主,一般施肥以氮肥为主,如尿素等,施用厩肥等也可。杨树施肥量的确定,除考虑杨树本身的需肥规律及造林地土壤养分条件外,还应综合考虑杨树品种、树龄、林分密度及地下水位等因素的影响。

(1)基肥:在造林前每亩施土杂肥 1 500 kg,过磷酸钙 50 kg 左右,混合后施入挖好的树穴内根系栽植深度范围。

(2)追肥:每年 5—6 月,在杨树的生长旺期追肥两次,施肥量每次为尿素 3～7 kg 或碳酸氢氨 12～15 kg,造林当年可晚施、少施,追肥要与浇水结合进行。

(3)施肥方法:采用"四点穴施"的方法,根据杨树树龄的大小,在根系分布的范围内,于杨树周围均匀挖 4 个穴,将肥料平均施入后覆盖。施肥深度依据不同树龄,以 15～30 cm 左右为宜。

(三)病虫害防治

杨树常见的病虫害种类及防治方法如下。

1. 杨树腐烂病

杨树腐烂病又称杨树烂皮病,是危害杨树的常见病和多发病,常引起大量枯死,新移栽的杨树发病尤重,发病率超过 90%。

防治措施有:

(1)育苗时插条应贮于 2.7 ℃ 以下的阴冷处,以防止病菌侵染插条。

(2)选用抗病品种。移栽时减少伤根,缩短假植期。移栽后及时灌足水,以保证成活。

(3)加强抚育管理,修剪要适当;秋季给树干涂白,防止灼伤和冻害;春季干旱时,注意灌水,以增强树势。

(4) 及时伐除病死树和枯枝,并将它们烧毁。

(5) 发病初期用 50% 多菌灵或 70% 托布津 200 倍液涂抹病斑,涂前先用小刀划破病组织或刮除老病皮。涂药 5 天后,再用 $50 \sim 100$ ppm(1 ppm $= 10^{-6}$)赤霉素涂于病斑周围,可促进产生愈合组织,阻止复发。

2. 草履蚧

其若虫和雌成虫聚集在腋芽、嫩梢、叶片上,吮吸汁液,造成植株生长不良,甚至死亡。其幼虫、成虫群体聚集这种情况在每年春天、4 月和 5 月最为繁盛。

防治措施有:

(1) 采取阻隔法防治。就是在草履蚧上树前用塑料胶带(带宽为 10 cm 左右)绕树干裹一圈,高度以自己便于操作的位置为宜。需要注意三点:一是时间宜早,一定要在草履蚧上树前裹好;二是裹胶带前将树干老皮刮平;三是裹胶带要裹一圈,并裹平,不能有褶皱。为了提高防治效果,裹上胶带后还可在胶带上下再涂上毒环(废机油、农药按 $1:1$ 混合均匀)。

(2) 化学防治。孵化始期后 40 d 左右施用化学药剂,尽量少损伤草履蚧的天敌。

其他常见的虫害,如天牛、杨毒蛾,须提前进行防治。

(四) 修枝

造林后 $1 \sim 3$ a,尽量不修枝,但应修除双梢和上部长势太强且枝距近、易形成"卡脖子"的侧枝,以保留大树冠,增加光合面积。

之后每年逐渐将主干下部的侧枝修净,修剪强度控制在树高约 1/3 处,直到枝下高达 8 m。培育胶合板工业用材的,树龄 $2 \sim 3$ a 修剪竞争枝,树龄 3 年以上,对树高 1/3 处及其以下部位侧枝进行修剪。修枝以后,主干上还可能再长出萌条,有时是由于修枝的刺激在原处长出的,这些萌条应及早剪去。

修剪可在秋冬生长停止时进行,也可在春季进行。修剪应贴近树干,不留茬。使用的工具应锐利,伤口应平滑,不得撕伤树皮。

(五) 除草

$1 \sim 4$ a 幼树周围每年进行一次杂草、杂树根茎的清除和松土,防止火灾发生并保证树木正常生长。

(六) 刷白

杨树落叶后,在树干和大枝基部,用涂白剂涂白可以消灭树干中越冬的病虫害,并可预防日灼、冻害及小动物啮啃。树干涂白高度为 $1 \sim 1.2$ m,同一路段、区域的涂白高度应保持一致,达到整齐美观的效果。

涂白剂的配制,一般是 50 kg 水中,加生石灰 $10 \sim 15$ kg、硫黄粉 $1 \sim 1.5$ kg、食盐 $1.5 \sim 2$ kg。先将生石灰化开,再加硫黄粉、食盐搅拌均匀后,涂抹在树干基部。

涂液时要干稀适当,对树皮缝隙、洞孔、树权等处要重复涂刷,避免涂刷流失、刷漏、干后脱落。涂白时气温要在 2 ℃ 以上,以防结冻成冰。每年应在秋末冬初雨季后进行,最好早春再涂一次,效果更好。

五、结语

沂沭泗局"护堤护岸林"工程经过多年的实践检验,被证明是成功的探索。多年来,沂沭泗局不断对护堤护岸林科学规范栽植和养护进行探索，形成了宝贵的管理经验，下一步将继续实行精细化管理，逐步健全管理制度，全面推进护堤护岸林工作规范化、制度化、科学化管理。

关于进一步加强沂沭泗局水闸观测工作的建议

沂沭泗水利管理局防汛机动抢险队　　沈义勤

一、前言

水闸是流域控制性水工建筑物,在区域防汛度汛、保障地方经济发展和人民生命财产安全发挥重要作用。统一管理40年以来,水闸观测工作自1986年沂沭河局"三闸一涵"、南四湖局"两个枢纽"开始,至今全局上下高度重视,先后出台了多项观测工作管理规定和管理细则,多年坚持整编观测资料并形成观测分析报告,为工程的正常运行打下了良好的基础。

为进一步加强水闸观测工作现代化、专业化管理水平,按照实现管理方式从定性到定量、从静态到动态、从粗放到精细化管理的转变要求,笔者结合工作实际提出水闸观测工作的若干具体建议,仅供参考。

二、进一步完善观测项目,符合现行水工建筑物有关观测规定

目前,水闸观测项目的设置和要求,依据《关于印发〈水闸观测工作规定〉的通知》(沂局水管〔2000〕24号)、《关于进一步做好我局直观水闸观测工作的通知》(沂局水管〔2002〕62号)、《关于进一步加强我局直管工程观测工作的通知》(沂局水管〔2010〕6号)文件要求,主要包括水平位移、垂直位移、扬压力观测等。沂沭泗局所属大中型水闸建设于不同时期,早期建设的水闸,由于当时观测项目的设置没有统一规定,按现行规定应设置的建筑物绕渗、伸缩缝、水流形态、闸底板及闸墩裂缝、上下游河床观测等项目并未设置。已设置的水平位移、垂直位移等观测项目,有的水闸观测起测点、观测基点、观测测点不符合有关测量规范要求,有的水闸观测基点或观测点已损坏,有的扬压力测点已失效等。

目前17座水闸,建在软弱土基或岩石基础上,地质水文有承压水或弱透水层,闸墩材料有混凝土或浆砌石,工程建设期混凝土浇筑、基础处理、防裂和防碳化等施工技术也有很大差别。虽然大多数水闸已经除险加固,有的水闸闸底板、闸墩、翼墙依然存在裂缝,有的还比较严重,有的公路(工作)桥、翼墙等部位已出现变形,应加强观测,防止意外情况的发生。

根据上述情况,建议进一步完善观测项目的设置,组织有关专家咨询论证,既要符合现行水工建筑物有关观测规定,也要满足水闸实际,保证科学、有效观测的项目设置。

三、组织专业化统一的观测队伍,建立完备的组织保证体系

工程观测是一项制度严格、组织严密、分工明确、细致严谨、科密规范的工作,尤其是水闸变形观测是一项测量操作规范性、人员配合默契性、结论分析专业性等方面很强的长期工

作,是水闸安全监测的重要基础技术工作,基本要求是"四无"(无缺测、无漏测、无不符合精度、无违时)、"四随"(随观测、随记录、随计算、随校核)、"四固定"(人员、仪器、测次、时间)等。然而,由于基层管理运行单位专业人员少、观测人员不固定、观测仪器陈旧等原因,难以满足上述基本要求。

建议由沂沭泗局委托一个单位或部门按照市场化运作管理,统一组成专业化人员开展观测,比如由淮工集团组建"工程观测巡测小组",建立完备的组织保证体系,保证观测工作有序正常开展,确保观测成果准确有效。

四、根据水闸不同情况,进一步完善符合要求的观测实施方案

观测项目确定、观测队伍建立后,就要根据水闸技术管理规程、国家有关工程测量规范、沂沭泗局观测工程规定和管理细则,结合水闸实际,制订相应的实施方案。方案主要包括观测依据、基本要求、观测线路布置、采用观测仪器设备、观测方法与要求、资料整理与整编、初步分析方法等。还应制定《现场观测操作标准》等一系列工作制度。

经过调研发现,有的基层局没有实施方案,主要根据直属局制定的观测管理细则开展工作;有观测实施方案的基层局,方案中线路布置、观测方法与程序、观测顺序、仪器精度、测量限差等不完全符合有关观测要求,或不科学,或不合理。因此,基层局应根据不同情况,制订完善且符合要求的观测实施方案,并应经过专业人员论证确定,报上级有关部门审批,不得擅自变更,确需变更的,应报经上级批准后执行。

目前,沂沭泗局对观测点观测的要求是每年汛前、汛后各观测一次。根据有关观测结果分析结论,水闸外部变形,主要与气温、上下游水位差等相关性比较大,汛前、汛后各观测一次,时段跨度大,会对观测结果的分析结论造成一定的偏差,也与正常观测要求不符。

建议应每年观测 4 次,春夏秋冬各一次,并明确具体的时间,防止时段跨度大,并应在高水位、较大的上下游水位差、5 级或以上地震等特殊情况时进行加测,及时抓住水工建筑物变形的关键点,确保工程安全运行。

五、组成专业咨询机构做好成果分析,做出变形正确判断和预测

观测工作的重点是经过一定时期的观测,分析归纳水闸变形过程、变形规律、变形幅度、变形原因,分析变形值与引起变形因素之间的关系,找出它们之间的函数关系,在积累大量数据后,采取一元线性回归和多元线性回归方法,对未来的变形进行预测,进而判断工程运行是否正常,是否存在较大的安全隐患,为安全运行提供决策依据。因此,观测资料的分析人员,要有一定专业理论水平和实际工作经验,目前,大部分基层技术人员尚不具备这方面的技术能力水平,难以胜任工作,完成分析成果。

建议沂沭泗局每年在资料整编分析中,邀请水利部、淮委或其他流域有关科研机构、水利设计院相关专家参加,成立一个专家组,指导、咨询观测工作的开展和观测资料分析结论的认定,做出水闸变形的正确判断和预测。

六、专项列支工程观测经费,保证观测工作长期有效的开展

水闸变形造成工程出现重大隐患或破坏,是一个由量变到质变的过程。多年来,由于气候改变、地下水位变化、河道变迁、混凝土老化等情况的发生,尤其是运行已达几十年的水

闸,应进一步加强观测。为保证观测工作长期有效开展,建议水闸管理单位专列工程观测经费,根据不同情况,采取自行观测或委托专业队伍观测等方式,在专家的指导下,统一开展资料整理、整编、分析,为工程管理运行、水利工程设计、施工、科学研究提供必要的资料,也为工程安全鉴定工作打下良好的基础。

二级坝水利枢纽工程划界工作实例

二级坝水利枢纽管理局　高繁强　岳　浩

一、引言

《中华人民共和国水法》第四十三条规定：国家对水工程实施保护。国家所有的水工程应当按照国务院的规定划定工程管理和保护范围。国务院水行政主管部门或者流域机构管理的水工程，由主管部门或者流域机构商有关省、自治区、直辖市人民政府划定工程管理和保护范围。这对开展直管工程管理和保护范围划定进行了明确阐述和界定，依法开展中央直管工程划界确权工作，是法律赋予的政府义务，是保护水生态环境、水利工程和水资源的重要措施，也是加强水利管理的一项基础性工作，为维护河湖健康生命、确保工程安全运行提供保障。

二、湖泊和工程概况

（一）湖泊情况

南四湖由南阳、昭阳、独山、微山等 4 个湖泊组成，南北长约 125 km，东西宽 6～25 km，周边长 311 km，湖面面积为 1 280 km²，总库容为 60.22 亿 m³，流域面积为 31 200 km²，其中湖西为 21 400 km²、湖东为 8 500 km²，是我国第六大淡水湖，亦是南水北调东线重要调蓄湖泊。

（二）工程概况

二级坝水利枢纽工程横跨南四湖昭阳湖，连接苏、鲁两省，于 1958 年开始兴建，1975 年竣工，是具备蓄水灌溉、防洪排涝等综合功能的大型水利枢纽工程。工程东起老运河西堤，西至顺堤河东堤，全长为 7 360 m，自东向西建有溢流坝、南水北调二级坝泵站、微山二线船闸、第一节制闸、第二节制闸、第三节制闸、微山船闸和第四节制闸等工程，其间以拦湖土坝相连。

三、工程划界现状

（一）工程划界范围

根据《关于对南四湖二级坝四闸管理范围的批复》（济署发〔1979〕42 号）、《水闸工程管理设计规范》（SL 265—2016）及《山东省灌区管理办法》（山东省人民政府令第 100 号），二级坝水利枢纽工程管理范围东起老运河西堤，西至顺堤河东堤，工程上下游各 500 m；保护范围为工程管理范围相连地域上、下游各 100 m。

（二）工程划界完成情况

2018年在上级统一组织部署下，二级坝局开展了直管工程管理范围和保护范围划界工作，于同年10月完成实施，主要包括地基测绘、界桩和标志牌制作和安装等，并形成完整划界成果资料。

四、主要工作内容

2017年，二级坝局编报了《中央直属水利工程确权划界》项目申报书及实施方案，2018年，上级对该项目进行了批复，主要工作内容及流程如下。

（1）实施方案编制：委托有相应资质单位编制划界专项实施方案。

（2）实施方案审查：二级坝局组织相关单位专家对实施方案的符合性进行审查，并按审查意见修改完善实施方案报告。

（3）招标代理服务：委托专业咨询机构，通过询价方式，确定测绘、界桩和标志牌制作安装等委托项目的实施单位。

（4）地籍测绘：委托有相应资质测绘单位，收集基础资料，按照规程规范和技术标准要求，对上述直管工程管理范围地块的面积、界线和坐标点等地籍要素进行测定，绘制地籍（宗地）图，整理相关成果和资料。

（5）界桩制作安装：监督指导采购选中的施工单位完成上述直管工程的界桩制作安装，明确直管河湖和工程管理范围界线。

（6）标志牌制作安装：委托完成上述直管工程的标志牌制作安装，对直管河湖和工程管理与保护范围进行宣示。

（7）二级坝局对完工的各分部工程进行抽验，并要求施工单位对发现的问题进行整改。

（8）工程完工后，上级主管单位组织进行工程验收。

五、技术指标控制

（一）勘界定桩实施

（1）坐标及高程系

坐标系采用2000国家大地坐标系，中央经线按测区地理位置选用117°。高程系统采用1985国家高程基准。

（2）图幅规格

① 划线工作底图采用1∶2 000地形图。

② 图幅采用国家标准分幅，地籍图编号采用流水编号法，按照现有管理习惯按从东至西流水编号，按照工程布局走向编制图幅拼接表。

（3）测绘要求

① 测绘仪器。

测图、界线测量、放样采用GPS、全站仪进行。

② 控制测量技术要求。

a. 测区引用的起始平面控制点为五等以上GPS（GNSS）点或导线点，起始高程控制点为四等以上水准点。

b. 所有引用的控制点有可追溯的来源并符合相应技术规定。

c. 采用 GPS-RTK 测量控制点时,采用能控制整个测区范围且分布均匀的不少于 3 个控制点进行参数转换,平面坐标转换残差小于±2 cm。RTK 控制点测量转换参数的求解,不能采用现场点校正的方法进行。

d. 每次作业开始前或重新架设基准站后,均进行至少一个同等级已知点的检核,平面坐标较差不大于±7 cm。

e. RTK 高程控制测量应符合全球定位系统实时动态测量(RTK)技术规范(CH/T 2009—2010)5.3 节的要求。

③ 界桩测量放样技术要求。

a. 根据测图资料掌握情况,选择先内业的工作方式。已有 1∶2 000 及以上大比例尺地形图,内业依据工程轴线绘制管理范围线,预布拐点界桩,外业对界桩点位置进行放样测量,并校核成果。对于管理范围线平顺水利工程,对界线拐点处预布界桩,其他界桩可外业时现场确定;对于实地变化或高程明显不符(高程相差大于 20 cm)的界桩点实地进行调整并展绘上图调整已划界线。

b. 界桩点尽量设置在田块的交界处、田埂边、河塘边、道路边等不影响耕作和通行的位置。界线拐点处设置界桩,圆弧段加密以准确反映出界线走向为原则。

c. 界桩理论位置在实地因故无法埋设,必须进行横向移位时,应测量出实际位置点坐标,并编制《划界测量移位界桩点之记》注明移位信息。在界线图上将此类移位界桩点进行明确标示,并在界桩点成果表中标注。

d. 一般情况下要求采用 SDCORS、RTK 进行界桩点放样,也可采用全站仪用极坐标法进行放样。

e. 当采用全站仪在基本控制点上不能直接放样时,也可采用在图根导线点或增设支线点上放样。增设支线点不能超出 2 站;使用全站仪放样时边长不超过 300 m。

f. 界桩点放样前应对测站和方向点的坐标和高程进行检核,满足规范要求后方能进行放样。

g. 界桩点相对于邻近控制点的点位中误差不大于±10 cm;按洪水位确定的界桩点高程中误差不大于±15 cm。

④ 管理及保护范围界线图绘制。

管理范围线用红色实线绘制,线宽为 0.6 mm。管理范围界线桩点用红色圆圈表示,直径为 1.5 mm,桩点符号内线条作掏空处理,界桩编号在桩位旁标注,等线体字高 2.0 mm,颜色为红色。保护范围线采用黄色实线绘制,线宽为 0.6 mm。

图上应标注特征拐点的坐标,采用引线标注,HZ 字体字高 2.0 mm,颜色为玫红色,无拐点的顺直地段按 1 km 间距标注。根据图面负载适当、注记清晰匀称的原则,标注相邻界桩点间距,字头朝向闸站内侧垂直管理范围线注记,HZ 字体字高 1.5 mm。图的分幅、字体规格、图框注记整饰等按《地形图图式》要求处理。

(4)局部地形图修测

按照划界标准,测绘管理范围内地形图并延伸至实际管理范围线外 20 m 范围。测图精度为 1∶2 000;地形测量时,测绘宽度需按照实际管理范围线作为中心线控制。

(二)划界布桩及桩牌设计

(1)界桩桩体

界桩材质为钢筋混凝土桩,混凝土强度等级不应低于C30。界桩外观形状为长方体桩,横截面尺寸为200 mm×200 mm(长×宽),采用钢筋混凝土材质,纵向钢筋为4根,直径为12 mm,沿桩体通长配筋;箍筋直径为8 mm,间距为200 mm。桩体高度为1 000 mm,地面以上桩体高度为500 mm。式样如图1所示。

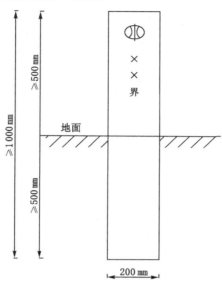

图1　界桩式样图

（2）界桩基座

界桩基座采用混凝土材质,混凝土强度等级为C20。界桩安装埋设点为极松软土质或砂砾石等不易夯实土质时,设置预制混凝土基座。设置基座时,桩体应镶嵌于基座中;无法设置基座时,应适当增加桩体长度和埋设深度。长方体桩采用现浇混凝土基座,现浇混凝土基座外形采用倒四棱台,基座底部宽为600 mm,边坡为1∶0.5,基座下方为厚50 mm的C20混凝土垫层,回填混凝土厚度400 mm。式样如图2所示。

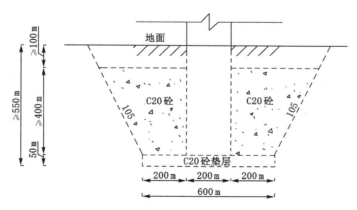

图2　现浇混凝土基座式样图

（3）标注

长方体桩地面以上各面均标注，面向管理范围内立面为正面，面向管理范围外立面为背面。正面、背面采用阴文标注，左面、右面可采用喷涂方式标注。长方体桩正面标注"严禁破坏"4 个汉字；长方体桩背面标注中国水利标志图形 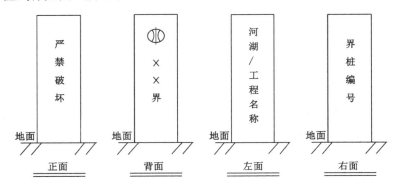 和"管理范围界"5 个汉字；长方体桩左面标注水利工程名称；长方体桩右面标注界桩编号。界桩标注均采用白色作为底色，中国水利标志采用蓝色，其他标注文字均采用红色。标注文字的字体均采用宋体，以美观、清晰为宜。各面标注式样如图 3 所示。

图 3　长方体界桩各面标注式样图

（4）布设

界桩布设间距宜为 100 m。管理范围边界的拐点和县级行政区域边界、工程交叉处或近村镇处等复杂段加密布设。

（5）编号规则

编号格式为"工程名称—界桩序号"。其中，工程名称用其中文拼音的首个大写字母；界桩序号按照管理需要排列。

（三）标志牌

（1）材质与结构

标志牌采用铝合金、钢筋混凝土等坚固、耐久材料制作；标志牌外形采用长方形，尺寸为 2 500 mm×2 000 mm（宽×高）；标志牌采用柱式安装方式；柱式安装时，支撑件应美观、统一、牢固稳定，采用与标志牌相同材质；标志牌底边距离地面高度为 1 300 mm。

（2）标注

标志牌正面和背面均进行标注，面向管理范围外立面为正面，面向管理范围内立面为背面。铝合金面板底色为蓝色，标注文字颜色为白色。标注文字的字体均采用宋体，字号大小可根据字数适当缩放，以美观、清晰为宜。标志牌正面标注如图 4 所示，背面标注如图 5 所示。

（3）布设

水利工程起点、终点各设一个标志牌，起点、终点之间标志牌间距小于 3 000 m。在近村镇处或工程交叉点、拐点等处适当加密安装标志牌。

（4）编号规则

标志牌编号书写于背面右下角。标志牌编号格式为"管理单位—序号"，序号根据管理需要排列。

××工程管理与保护范围标示牌

1.国家对水工程实施保护。国家所有的水工程应当按照国务院的规定划定工程管理和保护范围。

2.在水工程保护范围内，禁止从事影响水工程运行和危害水工程安全的爆破、打井、采石、取土等活动。

3.单位和个人有保护水工程的义务，不得侵占、毁坏堤防、护岸、防汛、水文监测、水文地质监测等工程设施。

4.举报电话：××××××××。

南四湖水利管理局—序号

图 4　标志牌正面标注

××工程管理与保护范围标示牌

××工程管理与保护范围划界工作，已经××政府批准实施完成，根据《中华人民共和国水法》等法律法规的规定，现公告如下：

（叙述工程管理与保护范围）

南四湖水利管理局

图 5　标志牌背面标注

（5）安装与埋设

根据实际地形，1∶2 000 地形图上标出水利工程管理范围边界，标注界桩、标志牌安装埋设点；界桩、标志牌安装埋设点定点放样；开挖基坑并夯实；现场浇筑基座；安装界桩、标志牌，与基座牢固结合；拍摄照片并存档；复测界桩、标志牌坐标位置，并在地形图上复核；界桩安装埋设在管理范围界线上；标志牌安装在管理范围内明显位置。

界桩埋设深度不小于 500 mm。当安装埋设点在湿地、水域等不适于埋设区域时，可将界桩、标志牌安装于岸边适当位置并在管理范围地形图上详细标注。

六、划界成果

2018 年 10 月底，二级坝局直管工程管理范围及保护范围划界工作全面完成，完成地籍测绘 1.12 万亩、界桩制安 210 根、标志牌制安 10 块，于 2019 年 8 月通过验收。项目形成了一套完整的划界成果资料，主要包括 1∶2 000 地籍图、管理范围界桩测量控制点成果表、管理范围界桩测量已知点检核表、水利工程保护范围界线及管理范围界线及界桩矢量布置图、管理范围划界管理界桩身份证、移位界桩点之记等。2019 年 11 月，微山县人民政府发布了二级坝水利枢纽工程管理和保护范围划定公告。

七、经验与建议

（1）积极同地方人民政府、水务部门（河长制办公室）和国土部门沟通、协调，通报划界工作进展，取得地方政府的理解和支持，争取地方政府对划界成果的公告和批复。

（2）加强对划界成果的保护和利用，建立定期巡查维护机制，落实经费，加强宣传，确保划界成果的长期性和有效性。

（3）在完成直管工程划界工作的基础上，尽快推动管理范围确权工作，切实保障直管水利工程权益。

四十年风雨知来路　新时代"长征路"如何走

骆马湖水利管理局灌南河道管理局　何　津

　　骆马湖局灌南局地处沂沭泗水系最下游,目前有 25 名在职职工,管理范围为新沂河灌南县境内的 68 km 河道及 60 km 南堤,是个名副其实的"小单位"。灌南局是淮委系统第一个被全国总工会授予"工人先锋号"的基层单位,有第一个"国家级水管单位"、沂沭泗局系统第一家省部级"双文明单位"等众多荣誉,诞生过两位"全国水利系统先进工作者",是个不折不扣的"老先进"。

　　从 1985 年交接统管以来,灌南局和直管工程面貌都发生了翻天覆地的变化,做出了许多成绩,但随着时间的推移,也暴露出一些问题,这成了单位高质量发展的阻力。树高千丈总有根,水流万里总有源。通过党史学习教育,我们求索"从哪儿来、往哪儿去",以史为鉴知兴替,我以"90 后"的视角,对流域机构基层单位新时代的"长征路"如何走展开了一些思考。

一、朝红色路线走

　　灌南局党支部于 2020 年年底荣获水利部第一届"水利先锋党支部"称号,党建工作收获巨大成就。但在 2018 年,灌南局还因办公楼面积局限,连一间用于建设党员活动室的办公室都挤不出来,组织生活也仅是常规的"三会一课",党员发展速度较慢,党建工作乏善可陈。是什么让灌南局的党建工作产生了如此巨大的变化呢?

　　2018 年,骆马湖局党委首次提出"两建设两提升四个年",首位就是"党建工作提升年",同年开始实施"书记项目"行动。从那时起,党支部开始系统地思考党建工作如何开展,并把解决党建阵地匮乏问题作为当年的"书记项目"。机关没有空间就先在一线建,在管理所门口打造了两个开放式的红色宣传阵地。恰逢当年通过置换成功解决了灌南局资产流失的问题,迁址到了面积充裕的新办公楼,陆续建成了党员活动室、荣誉陈列室、书记工作室、红色廊道文化,"机关＋一线"的阵地格局基本形成。

　　"硬件"满足需求后开始攻克"软件"。① 在学习中传承。制作建局 35 周年纪念集及宣传片,回顾创业史、奋斗史。支部退休党员中有王传斌、王晓梅两位"全国水利系统先进工作者",将他们的先进事迹编制成视频和文章,成为党支部独特的学习素材,开展"学习身边模范"活动,通过道德讲堂讲好"老先进"的故事,组织青年党员为退休党员"送学上门",在教与学的过程中形成了良好的精神传承。② 在传承中创新。充分利用周边的红色教育资源,将党课、党日活动开到党史馆、革命烈士纪念馆、开山岛、高校、扶贫典型村、宪法宣传基地、廉政警示教育基地、抗洪一线等现场,成为"行走的红色课堂",增强了教育的吸引力。探索建立支部纪实机制,收集归纳党支部年度主要工作活动,以时间线为轴制作支部纪实手册供党员留存查阅。用好网络平台,推动线上管理。强调身份意识,过"政治生日"。

　　随着党建工作的推进,"大美新沂河"党建工作品牌、"3＋3 促"支部工作法逐渐形成,党员发展速度大幅提升,各项荣誉接踵而至。党建引领的作用也开始凸显,面临抗疫、防汛、执法等艰难险重任务时,党员冲锋意识愈发强烈,模范带动作用愈发有效,党建品牌效益愈发凸显,各项中心工作高质量完成,单位及职工个人都获得了很多荣誉,收入水涨船高,整个单位在精气神上都有了焕然一新的变化,真实体现了"抓好党建就是最大政绩"。

在这个过程中,我个人总结,基层党建工作能否干好取决于四个要素:一是一把手对党建工作要有正确认识,支部书记千万不能把党建工作当作"附加任务",搞成"两张皮",实际上,党建引领就是促进业务工作最锋利的武器;二是党建工作要有延续性,搞好一个活动不难,提出一个品牌也不难,难的是持续按照思路脉络开展活动、充实品牌并提炼亮点,宣传总结;三是党务工作者要有较高的政治站位,要消化上级党组党委的部署规划,让上级的思路在基层落地生根,走出一条富有支部特色的路线;四是有创新意识,现在对党建普遍重视的大环境下,基本的"三会一课"等组织生活每个支部都会开展,区别于其他党组织使党建工作显得优秀的就是自选动作有没有特色、方式方法有没有亮点。因此,在流域机构基层单位高质量发展的未来,必然朝红色路线走。

二、朝人水和谐走

承包户是基层河道管理单位发展史上一个绕不过的名词。1974 年,灌南县政府下发文件,对新沂河南堤实现统一管理,成立新沂河堤防管理所,沿堤各乡成立 7 个堤防管理站,各村成立 53 个护堤组,组成共计 250 多人的管理队伍,其中大部分人是周边村民经村大队指派看护堤防上的刺槐、杂树、芦苇赚取工分。1985 年,新沂河堤防管理所交接至沂沭泗局,变为流域统管,更名为新沂河灌南管理所,为了扩大经营收入、调动护堤员的积极性,当年与护堤员开始签订合同,将新沂河国有水土资源承包到户,全面推行承包管理责任制,按照"三包三定"进行管理,即包工程管理、包绿化植被、包警戒水位以下防汛,定职责范围、定工程管理标准、定生产效益指标,这些护堤员成了灌南局第一批承包户。当时,职工带着承包户铲荒草、刨杂树、填空塘,改良水土资源,栽植紫穗槐、果树等经济树木,实现"堤顶公路化、堤肩草皮化、堤坡三条化、堤脚林带化、滩面园林化"的"五化"堤防管理目标,在这个过程中,承包户对工程面貌的提升、堤防经济的建设、工作任务的开展都做了突出的贡献。而现在,承包户却成了一个基层单位尾大不掉的疑难杂症,在灌南局,约七成的违章行为都是承包户参与的,而且在执法过程中,总是牵扯一些"陈年旧账",如对这个领导不服、说那个领导不公、不配合单位正常的管理等。

从单位的助力面转化到对立面,这其中牵扯的因素很多,比如农业收入几十年来没有大的提高,承包户收入与单位职工差距越来越大导致心态失衡,又比如管养分离后以及老一批管理所所长退休后与单位的关联越来越少。目前,承包户与单位仅有的关联为与单位共同栽植经营杨树以及租赁滩地进行农业种植,随着老一批承包户的老去,不少承包户把承包堤段交给子女继续承包,承包变成了一种"世袭制",因为子女辈很少有在老家务农的了,承包更多变成了坐等分成,还有借着修枝的名义砍树枝卖的、对栽树培育指手画脚的、在树档间私自垦种的、带头闹事上访索要更多分成的,这都起到了副作用,与承包户的关系从原来的"情、理、利"逐步变为只有"利"的纠纷。

也有领导曾试图推行大户承包,通过引入新的承包人取代老承包户来冲破这一管理瓶颈,最终以老承包户的集体上访而宣告失败,想要通过改革解决问题就势必会引起既得利益群体的反抗,尤其这部分利益对于相当一部分老承包户而言就是"棺材本",我们必须承认现今大环境下要彻底摆脱掉承包户是不现实的,想要化解承包户带来的管理阻力,只有靠管理者主动改变思路。我认为,着眼点无非还是在"情、理、利"上。

利是首位的,让绝大多数愿意服从单位合情合理管理的群众得到实惠,让少数顽固分子得不到一丁点好处,通过利益撬动分化、孤化不服从管理者。单位在做规划时也要多为群众考虑,通过比较,同面积的滩地种植经济树木收益要远高于农业种植,我们在一些基建项目中,就可以垫高原本不适宜树木栽植的低洼地,这既为一线管理所收取水土资源承包费减轻压力,也符合承包户逐步更替后越来越少人愿意承包农业的趋势。当然,目前我们的水土资源单位面积收益率还是较低的,可以尝试逐步引入清洁能源等具有更高收益率的项目,为单位和承包户带来更大的经济效益。同在新沂河大堤上,单位与承包户的利益是趋同的,我们一定要大力宣扬"只要服从管理,就能带动承包户共同致富"的理念,这也是脱贫攻坚交付流域管理单位的时代任务。

"情""理"是理顺一线工作的重要抓手。长茂管理所原所长王晓梅在任时就与承包户关系和谐、一呼百应,这与她长期为承包户办好事是分不开的,她为长期在外务工而妻子突然住院的承包户垫付过医疗费,资助过家境贫困的承包户考上大学的孩子,这些受过她恩惠的承包户,在王晓梅几十年的一线坚守期间,成了她坚强的后盾。一线管理还要善于和群众讲道理,比如在执法工作中,我们要将执法与服务群众辩证结合,树立"依法治水是为了引导群众行为合法化,不损伤个人利益"的服务观,重普法、重防范,将道理讲在前面。

管理管理,有理就要管,管了才有理。一线工作不但要管,还要利用技巧,把广大的承包户从对立面重新拉到同一战线来,才能无往不利。因此,在流域机构基层单位高质量发展的未来,必然朝人水和谐走。

三、朝职工心里走

在 2014 年我刚进入灌南局时,单位除了领导班子,年轻同志只有四人,整个单位也只有十余名职工,因为所处的灌南县属于江苏省较贫困的县之一,交通极其不便,教育医疗等公共基础设施资源匮乏,又地处最下游,距离上级单位十分遥远,交流机会较少,理念相对闭塞,进步速度较慢。从个人发展前途以及为下一代考虑,在我之前入职的年轻同志都已经考离了单位,之后招录的年轻同志也一直是招了走、走了招,包括我自己刚上班时心里也有落差感,试图考回老家或者去大城市的单位,大多数人的精力都投入到备考上,无法专心工作。

不少欠发达地区的基层单位都面临留不住人的问题,一方面是驻地城市发展滞后,现在年轻人本身就有对大城市的向往或是回家的欲望,另一方面也有单位本身原因。在当前市场经济体制下人员流动是正常的,靠制度强行拴住人显然不是好办法,关键还是要让职工增加对单位的认同感、归属感,拴住职工的心。

一是要充分宣传引导。现在沂沭泗局系统招录职工都是通过国家公务员统一考试或事业单位招考,有学历学位应届生等多个门槛,通过笔试和面试的竞争进入单位的职工基本素质是没有问题的,也是有一定追求的,进入单位就意味着有了下限,但上限需要前辈去勾画,让新入职的职工知道努力的目标和方向在哪。很多年轻同志刚刚来到基层是迷茫的,在基层处理鸡毛蒜皮的事与原来对公务员的期许有了落差,看到身边长期未提拔的同事而对未来失去了信心,在职场生涯头两年的最佳塑型期养成了得过且过的坏习惯。如果能够在刚参加工作时就针对不同类型的职工设计好不同的发展路线,挑选一些不同发展路线尤其是基层的典型案例进行宣传,每年依据制定好的发展路线提拔部分职工,职工就能看到希望,提振心气。另外,从近年情况来看,村干部身份招录的职工远比应届生身份招录的职工要稳定,因为他们社会经历丰富,知道单位职工的社会地位、收入水平、发展前景在社会上处于什么位置,而应届生往往会有自己到哪个单位或公司都能拿到更高收入受人重用的错觉,对现在的工作没有珍惜重视之感,也就对单位和领导没有了尊重,或者对自己的家庭经济情况和个人能力缺乏客观判断,忽略了在大城市安家立命的高昂成本。从结果来看,以这种心态离开单位的职工后续发展往往是不尽如人意的。实际上,我们系统的整体收入相对于所处地域的政府部门还是有竞争力的,跟县级差距更大,且因为我们的职能相对单一,工作任务也没有地方繁重,但是年轻职工与地方部门的接触很少,看不到直观数据的比较,不知道自己处于什么位置。

二是要为人员的使用创造客观条件。灌南局老一批的一线管理所长都是当地人,能够耐得住寂寞、吃得了苦,几十年如一日地以所为家在堤防坚守,随着这批人的退休,一线管理所人员出现断档。但是在基层,地理位置分布和管理事务决定了我们的管理工作不可能脱离一线,把新招录的年轻同志推到一线是大势所趋。2006—2008年,东调南下二期续建工程新沂河整治工程实施时,考虑到管理所职工及承包户均吃住在堤、周边道路不畅交通不便,故将管理所院房就近建设在背水侧一级戗台或滩地,这导致了灌南的一线管理所远离人烟,吃喝住行难以保障,没有娱乐活动,以往一人常驻一所、吃住自己解决的粗放管理模式显然难以为继,年轻职工因非本地人语言不通、一线条件艰苦等因素本身主观意愿匮乏,这时就需要改变管理模式去解决工作需要和缺乏客观条件之间的矛盾。灌南局采取的办法是在长茂所这个地理位置上的中心点,建设一个具备生活功能的前哨执法点,同时向上游陈集所、下游五队所辐射,采取"AB岗"模式让青年男性职工到一线参与轮值工作,派驻一辆巡查车辆,集中人员力量并精细化管理,让年轻职工在一线生活得到保障、能够安心工作,有了车辆后发现制止违章行为的效率大大提高,人数增加对违法行为的阻止效果也更好,管理实效较以往模式反而有所增强,既解决了工作矛盾又锻炼了职工队伍。

再好的规划蓝图也需要有能力匹配的人去执行,人永远是单位最核心的竞争力,要让职工对单位有集体感归属感,愿意为单位付出,单位也要对职工负责,关心培养,为职工的工作解决后顾之忧,表现人文关怀,规划个人发展,只有这样,才能让职工愿意将个人命运与单位发展有机结合。因此,在流域机构基层单位高质量发展的未来,必然朝职工心里走。

工程提标、管理体制、经济发展、地方关系、科技手段、遗留问题,基层以解决实际问题为主,还有很多需要我们基层水利人需要去思考的课题。从个人角度来说,年轻同志能够看到单位存在的不足说明新一代水利人的思路在进步,眼界在拓宽,但除了抱怨我们更应想办法、出点子,像医生治病一样,既要看病又要开药,用我们的聪明才智想方设法执行下去,为单位带来一些积极的改变,在单位的发展进程上留下一些自己的足迹。假如单位已经高度成熟,那我们又如何发挥自己的价值呢?征途漫漫,唯有奋斗,与君共勉,再创辉煌十年;回首来路,往昔峥嵘,挥斥方遒,冰心犹在玉壶。

坚持党的领导　紧跟时代步伐
为沂沭河局提供坚强的人才保障

沂沭泗水利管理局沂沭河水利管理局　丁里里

2021 年是沂沭泗水系统一管理 40 周年,统管以来,沂沭泗水利管理事业取得了令人瞩目的成绩,作为其重要组成部分的沂沭河局也经受住了时代的考验,目前沂沭河局各项事业正处于蓬勃发展时期,人才队伍建设为沂沭河局发展提供了重要的人才保障,本文主要梳理统一管理 40 年来沂沭河局人才队伍发展脉络,探究沂沭河局人才队伍建设的成功经验,为未来人才队伍建设提供有益借鉴、为推动沂沭河水利管理事业高质量发展提供不竭动力。

一、当前人才队伍基本情况

(一)人员编制情况

截至目前,沂沭河局实有在职职工 249 人,其中有行政执行人员 110 人、公益事业人员 139 人。

(二)年龄结构情况

按年龄分,35 岁以下人员为 94 人,36～45 岁为 36 人,46～50 岁为 40 人,51～55 岁为 49 人,56～60 岁为 30 人。

(三)知识结构情况

按学历分,具有硕士研究生学历为 26 人、大学本科学历为 132 人、大学专科学历为 56 人、中专及以下为 35 人。

(四)岗位情况

在 139 名公益事业人员中,有管理岗位人员 32 人、专业技术岗位人员 46 人、工勤技能岗位人员 61 人。

二、人才队伍引进发展历程

沂沭河局的人才引进大致经历了以下三个历史时期。

(一)20 世纪 80 年代招收中专生和技校生

建局初期,为缓解人才匮乏局面,分批次招收了中专生和技校生,这部分人员的加入提高了沂沭河整体技术力量,为迅速打开局面、树立流域管理单位形象发挥了重要作用,应该说 20 世纪 80 年代招收的人员奠定了沂沭河发展的基础。

(二)20 世纪 90 年代面向高校引进大学生

进入 20 世纪 90 年代,紧跟时代要求,这一时期人才引进主要是面向高校开展校招,沂沭河开始迎来大批专科和本科生,人才队伍年龄和知识结构得到改善,沂沭河也逐步进入稳定期,目前20世纪90年代引进的人才在沂沭河各单位中均发挥着重要作用。

（三）2005年以后通过招考引进人才

2005年以后,根据形势需要,沂沭河局通过国家公务员考试和事业单位公开招聘大量引进人才,大批高校毕业生进入沂沭河局,为沂沭河局发展注入了新鲜血液和发展动力,沂沭河局也进入蓬勃发展期,目前沂沭河局各项事业中都有他们忙碌的身影。

三、人才队伍建设的宝贵经验

统一管理40年来,沂沭河局人才队伍建设不断规范化、专业化,成绩斐然、硕果累累,梳理这40年来沂沭河局人才队伍建设历程,可以发现影响沂沭河局人才队伍建设主要有以下几个方面的经验。

（一）坚持党的领导,突出政治标准

坚持党的领导,突出政治标准是沂沭河局人才队伍建设的重要法宝,也是一把红色"密钥","旗帜鲜明讲政治"是多年来沂沭河局人才队伍建设坚持的首要原则,建设忠诚、干净、有担当的干部队伍是人才队伍建设的重要目标,尤其是在领导干部选拔中一直突出政治标准,坚持政治不合格"一票否决"。

（二）紧跟时代步伐,适时调整政策

紧跟时代步伐,适时调整政策为沂沭河局人才队伍建设保驾护航,无论是人才引进还是人才培养和使用都需要政策支撑,沂沭河局根据不同时期以及单位的发展要求,及时、适时调整并认真贯彻上级相关政策,为人才队伍建设提供理论支撑。

（三）提倡创新精神,激发人才活力

大力提倡创新精神,激发职工创造活力,为沂沭河局人才队伍建设提供了不竭动力,多年来,通过不断创新人才工作机制,形成上下联动、协调高效、整体推进的人才工作氛围,积极鼓励职工参与发明创造,沂沭河局获得多项发明专利,同时多人次在淮委及沂沭泗局科技创新评选中获得奖项。

（四）坚持以人为本,凝聚发展动力

坚持以人为本,凝聚发展动力,为沂沭河局人才队伍建设注入精神力量,真正了解职工现实需求,针对各类人员发展需求,制定有针对性的发展路线,切实保障职工基本权益,真正做到为职工诚心诚意办实事、尽心竭力解难事,创造舒适的工作环境,形成良好的工作氛围,不断提升人才的归属感,提高职工凝聚力和战斗力。

征途漫漫、唯有奋斗。我们将总结梳理沂沭河局人才队伍建设的宝贵经验,并将其运用到以后的人才队伍建设之中,以更好地激发各层次人才队伍活动。登高再击桨,奋进正当时。我们将继续以习近平新时代中国特色社会主义思想为指导,坚持和加强党的全面领导,坚持把政治标准放在首位,进一步推进干部选拔任用工作制度化、规范化、科学化,提高选人用人质量,激发各类各层次人才干事创业热情,建设一支忠诚、干净、有担当的高素质、专业化人才队伍,为沂沭河水利管理事业高质量发展提供人才保障。

以党支部标准化建设为抓手
推进新时代基层水利改革发展

南四湖水利管理局韩庄运河水利管理局　纪国富　项鲁彭

今年是沂沭泗水系统一管理四十周年，这是披荆斩棘、栉风沐雨的四十年，是锐意进取、开拓创新的四十年，是艰苦奋斗、砥砺奋进的四十年。四十年间我们曾走过绿茵花溪，也曾踏过泥泞崎岖。江河滚滚向东，家国欣欣向荣，我们依旧能够披荆斩棘，行歌万里，四十载统管恰风华，新时代的韩庄运河局在上级党组织的领导下乘风破浪，奋勇前行！

一、紧抓党建关键工作，持续推进"不忘初心，牢记使命"主题教育

韩庄运河局党支部认真落实水利部加强党支部标准化规范化建设暨创建"水利先锋党支部"的要求，不断健全完善组织体系建设。

2019 年，中央第十一巡回督导组到南四湖局调研督导"不忘初心、牢记使命"主题教育工作，韩庄运河局党支部作为基层党支部代表接受了督导。中央督导组对韩庄运河局党支部主题教育整体进展情况给予了充分肯定，认为韩庄运河局党支部能认真贯彻落实中央要求及水利部党组部署，切实做到把四项重点措施贯穿始终，做到基层单位标准不降、力度不减、组织有力、统筹推进，较好地避免了主题教育"上热中温下凉"现象。

2020 年，韩庄运河局党支部认真开展"强化政治机关意识教育"和"灯下黑"问题专项整治，切实把开展专项整治同落实党中央决策部署、习近平总书记关于治水工作的重要论述精神结合起来。党支部书记充分发挥"头雁"作用，坚持带头学习、带头宣讲、带头讲党课、带头开展研讨。

2021 年是中国共产党成立 100 周年。韩庄运河局抓好动员部署，发放学习书籍，围绕专题学习研讨交流。在扎实开展"党史"学习的同时，从严组织实施"三对标、一规划"专项行动，分部门、分专题深化"学思践悟"，引领全局每名干部职工自觉对标，推进专项行动走深、走心、走实。这期间组织了庆祝中国共产党成立 100 周年"奋斗百年路，启航新征程""百年恰是风华正茂，百年仍需风雨兼程"和"党支部工作掠影"三个图片展；组织老党员给青年党员讲党课；开展了知识能力竞赛、学习成果评比交流和"学百年党史、悟初心使命"主题党日活动；累计组织专题学习研讨近 20 次，撰写学习心得近 50 篇。

二、不断加强党风廉政建设，筑牢廉洁自律防线

韩庄运河局把正风肃纪工作纳入年度工作，逐级签订了党风廉政建设责任书；党支部书记认真履行第一责任人职责；班子成员在考核中进行述廉，把"一岗双责"扛在肩头。2021 年，韩庄运河局党支部开展了"车辆和公务加油卡使用""公务出差与差旅费管理""食堂管理"党风廉政建设专项整治行动，做好单车核算，杜绝公车私用、私车公养；杜绝差旅费重复虚假报销;禁止违规向食堂转移经费,杜绝形成账外资金。

三、建设一个强有力的领导班子,突出政治功能

习近平总书记指出:"以提升组织力为重点,突出政治功能,健全基层组织,优化组织设置。"韩庄运河局党支部始终把全局一切工作纳入党的领导范围,尤其是重大事项必须经支部委员会研究,坚决不以局长办公会、业务会议、党政联席会议替代党的会议。党支部书记亲力亲为抓党支部工作,压实各支部委员责任,建立工作责任清单,绝不做"挂名书记"和"挂名委员"。

四、健全一套科学管用的制度,全面提高党建科学化水平

韩庄运河局党支部制订了党建年度工作计划和教育培训计划,做到学习前、会前有通知、有预习、有计划;落细落实"三会一课",强化党性锻炼。开展"三会一课"执行情况检查,编印并下发了党建活动记录格式规范;扎实开展组织生活会,通过专题学习、交流研讨等形式,组织党员深入学习,为开好组织生活会奠定坚实的思想基础。党员一个个过,敢于揭短亮丑,相互批评直指要害不留情;广泛开展谈心谈话,肯定成绩,指出不足。2021年韩庄运河局党支部书记及各支部委员共开展谈心谈话50余人次;规范党内政治仪式,韩庄运河局党支部定期举行重温入党誓词活动,为党员过"政治生日",不断强化党员政治身份认同感,保持政治生命体验感、组织归属感和身份荣誉感;建立党员评价管理制度,以量化考评教育引导党员,将考评分数与年终考核、评先评优相结合;做好党费缴纳工作,确定"党费缴纳日",安排专人按标准做好党费收缴工作。

五、实施一个创新攻坚的项目,与水利改革发展深度融合

韩庄运河局党支部紧紧围绕服务中心,根据年度重点工作,坚持以党的政治建设为统领,党建和业务工作同谋划、同部署、同检查、同考核。广大党员职工凝心聚力,战胜了历年洪涝灾害,保证了南四湖洪水走廊安澜;强化维修养护物业化监管,创新性编制了适合本单位实际的独创考核标准;持续推进河湖"清四乱"工作,累计清除历史上形成的"四乱"197处;积极协调促进河长制工作,确保"四乱"问题零容忍,今年组织开展集中清障6次,开展清理私搭乱建专项行动3次,拆除违法建筑30处,清运违法堆放渣土垃圾约1 300 m³,配合地方河长、检察院处理"四乱"问题60余项;积极做好"清四乱"诉讼案件应诉工作,5起行政诉讼全部胜诉;持续强化工程日常巡查,完善巡查激励机制和控制机制;巩固了水利管理单位安全生产标准化一级单位和省级文明单位创建成果。

六、培树一个特色鲜明的党建品牌,"开门搞活动,开门搞教育"

习近平总书记明确要求"坚持开门搞活动",一再告诫全党"切忌自说自话、自弹自唱"。韩庄运河局党支部根据工作实际,安排青年理论学习小组成员和广大群众适时参加、列席党组织的学习、研讨和重大活动,并为党员、入党积极分子及青年理论学习小组成员发放了学习材料,鼓励大家参加集中学习、集体研讨,面对面谈想法、提意见,这也得到了中央督导组的肯定。韩庄运河局党支部将把"开门搞活动,开门搞教育"作为培树的一个特色鲜明的党建品牌长期坚持下去。

七、完善一套服务群众的机制，深化"双联双促"和志愿服务活动

韩庄运河局结合新时代水利改革发展需要，与本流域本领域内的联系点密切合作，与地方检察院及有关部门协商建立了大运河生态环境联合保护机制，与地方法院及有关部门协商建立了环境资源保护司法行政协作机制，"双联双促"形式和内涵进一步丰富深化。

韩庄运河局党支部成立了党员志愿服务、网络文明传播志愿服务和学雷锋志愿服务队，实现了全部职工志愿者注册登记管理；参加了助力万州脱贫攻坚、孤贫儿童"一对一"志愿帮扶活动；开展了爱心互助金捐款、"慈心一日捐""爱家乡、讲文明"公共行动日、水法宣传、文明交通劝导、义务植树和文明出游等志愿服务活动。

八、建好一个锤炼党性的阵地，增强党员的使命感

韩庄运河局党支部以有活动场所、有醒目标识、有党旗誓词和组织架构图、有电教设施、有学习资料、有工作制度"六有"要求为基础，进一步强化党员活动室教育功能，建成集党员学习、支部活动、谈心交流、品牌展示等为一体的党性锤炼综合活动阵地，开辟专题展厅开展党建宣传、党务公开和党风廉政教育。

用好红色教育基地，赓续红色血脉。韩庄运河局党支部先后到淮海战役烈士陵园、焦裕禄纪念馆、沂蒙山革命根据地、滨海革命根据地和鲁南革命根据地等红色教育基地开展红色教育、传承红色基因、补足精神之钙。

两年来，韩庄运河局党支部培养党员 1 名、发展对象 1 名、入党积极分子 1 名；12 人次获得各类表彰，1 人获得地方政府表彰。韩庄运河局党支部被评为淮委"先进基层党组织""水利先锋党支部"；韩庄运河局荣获"全国绿化模范单位"和"沂沭泗局水利工程管理一级单位"等荣誉称号；获赠村民自发送来的表扬锦旗 2 面；韩庄运河获颁"省级美丽示范河湖"。在韩庄运河局，党员先锋模范作用突显，党旗在韩庄运河两岸迎风飘扬！

人既发扬踔厉矣，则邦国亦以兴起。中国共产党建党百年，红星照耀！沂沭泗水系统管四十载，硕果累累！我们是党百年目标的见证者，更是沂沭泗水利事业砥砺奋进的亲历者。"潮平两岸阔，风正一帆悬"。我们将勇担新使命，开拓新征程，发扬蹈厉，勠力同心，用不懈的奋斗书写新时代的华美篇章！

南四湖局青年职工培养工作的几点做法

沂沭泗水利管理局南四湖水利管理局　　任洪奎　黄慧华　程　成

青年一代有理想有担当,国家就有前途,民族就有希望。青年职工作为职工队伍一分子,作为单位发展的生力军和接班人,作为南四湖局未来和希望的"晴雨表",其培养工作自然成为南四湖局干部人事工作的重要组成部分。近年来,局党委着眼于南四湖水利事业长远稳定发展,把青年职工培养作为职工队伍建设基础性工作,下功夫、想办法、出实招,在青年职工培养工作中积累了一定经验,也取得了一定成绩。

一、重视教育培训,努力培育德才兼备的青年人才

(一)以活动开展为载体,加强理想信念教育

全面从严治党是党的十八大以来党的建设最鲜明特征和最大亮点,理想信念教育成为各级干部教育培训的重点内容。近年来,南四湖局各级党组织先后组织青年职工走进大别山区、红旗渠、上海一大会址、临沂红嫂纪念馆等红色教育基地参观学习,接受理想信念教育。2021年4月选派26名青年骨干到徐州市委党校开展理想信念教育专题培训,形式新颖、效果突出,受到了青年同志的欢迎。为巩固学习成效,每次活动结束后都召开专题座谈会,交流体会,畅谈感想,进一步深化青年同志的理论认同感和实践自觉性。组织青年职工定期到安徽六安探望下级湖局原党支部书记王志宝同志(已故)的母亲,培养青年职工关心群众、扶危济困的优良品质和作风。举办道德讲堂、家庭家教家风宣读等活动,提高道德素质。

(二)选派青年科级干部定期到党校进行集中培训

2014年以来,坚持选派科级干部到徐州市委党校参加以党性教育、能力培训为主要内容的青年(后备)干部培训班和科级干部培训班,到现在已经组织了17期共39人次。积极安排青年骨干参加水利部青年公务员知识更新培训、淮委青年骨干培训、淮委水利基础知识培训等。

(三)创新入局教育形式,上好入职第一课

从2016年起,连续5年请上年度参加工作的职工以演讲的形式举办欢迎新职工汇报演讲会,"让青春在基层闪光""逐梦青春·从基层起航""扎根基层有作为 建功奋进新时代""不忘初心使命 青春砥砺前行"……每次都有一个主题,通过身边人讲身边事的形式,让新参加工作的职工学有榜样、做有表率。

(四)通过素质拓展训练增强职工交流

2016年以来先后在青年职工中开展多期青年职工素质提升拓展训练培训,培训既有传统的户外的拓展训练又有理论内训课程,对团队意识、合作精神的培养,顽强意志的历练起到了积极作用,也为他们搭建了交流学习的平台。

二、创新培养方式,传帮带人才培养步入了制度化轨道

为加快青年人才培养力度,规范"传帮带"工作开展,更好地服务于南四湖水利管理工作,在借鉴企业、学校、医疗等行业做法的基础上,经过广泛征求所属单位建议、听取广大职工意见,2016 年制定实施了《南四湖局"传帮带"人才培养暂行办法》,就管理体制、培养双方的职责、考核与奖励等做出了规定,第一次将"传帮带"这一好传统用制度形式固定下来,成为青年职工培养工作的重要方式。

三、制定具体措施,为青年职工成长搭建平台

(一)安排新招录人员到食堂锻炼实习

为丰富新招录人员的实习经历、解决南四湖局机关职工食堂人手短缺问题,从 2015 年开始,要求招录的大学生到局机关职工食堂担任为期 3 个月的经理助理,从事食材购买、对外订餐管理、对内人员服务等食堂日常管理工作。该制度实施以来,通过食堂岗位的锻炼,刚入职职工从食堂管理中学到了许多东西,发现了自身不足,这是他们第一次与社会亲密接触,对于他们今后的成长起到了积极作用。

(二)建立遴选、交流机制,为青年职工搭建成长平台

2012 年首次通过遴选的形式从基层局为局办公室、水政安监科各选了 1 名工作人员,2015 年又为局办公室选了 1 名工作人员。2016 年 9 月利用沂沭泗局的遴选结果为水管科、水政安监科调配了 3 名工作人员。此外,2013 年以来,我局先后由多名青年骨干通过遴选形式到上级机关工作。在局属单位之间、局机关科室之间以及单位与局机关科室之间进行干部交流,丰富了青年职工工作阅历,在不同单位、不同岗位上得到了锻炼。

(三)严格标准,大胆使用青年干部

领导班子年轻化是确保党的事业后继有人的重要保证。在促进各级领导班子年轻化方面中央出台了一系列措施。南四湖局党委按照中央部署和党政领导干部选拔任用有关规定,按照选拔标准,对于青年干部大胆使用,近年来先后有 30 名青年骨干被提拔充实到局属各单位领导班子和机关各部门中层领导干部当中。2013 年,基层局领导班子一把手的出生年首次全部在 1970 年以后,标志着我们又向领导干部年轻化目标迈出了坚实一步。

(四)注重在河长制、"清四乱"、信访接待等急、难、险、重实际工作中锻炼青年干部

耳闻之不如目见之,目见之不如足践之。动员广大青年职工做起而行之的行动者,重视将年轻同志放在服务群众最基层、河湖治理第一线、防汛抗洪主战场的重要岗位上磨意志、练胆魄,在沟通协调、应急处突、创收攻坚等各项任务中积累经验、增长才干,切实加强青年职工的实践锻炼和专业训练,不断提高他们处理实际问题的能力和水平。

四、倾听职工意见,切实帮助解决他们的实际问题

在党的群众路线教育实践等活动中,我们召开了专门的青年职工座谈会,就南四湖局党的建设、水利管理工作、各级班子建设等听取青年职工的意见建议。局党委及局属各单位通过民主生活会会前征集意见、"五四"青年节座谈等形式,专门听取他们对局青年工作的意见

建议。每年新录(聘)的大学生在报到前,所在单位都提前为他们在食宿、办公等方面做好准备,落实沂沭泗局毕业生生活补助等有关规定,为他们工作创造条件。通过与徐州市解放路小学结对共建活动,解决了局机关青年职工子女就近上学的问题。

五、当前青年职工培养工作面临的形势

(1)从青年职工的群体来看,随着近年来招录力度的加大,年轻职工的数量越来越多,已经成为职工队伍的主体,青年职工培养面临着由数量向质量转变的问题。

(2)从青年职工个人成长历程来看,他们有的来自农村,有的来自城市,性格喜好、家庭环境、认知程度等各不相同,青年职工培养面临如何因人施策问题。

(3)从外部社会环境来看,信息化背景下信息的快速传播,引起价值观多元化,青年职工培养面临着如何统一职工思想、正确引导的问题。

(4)从工作生活环境来看,所在的基层单位工作生活条件相对较差,受政策等因素影响,青年职工培养面临切实做到待遇留人的问题。

(5)从青年职工培养的方式手段来看,老方法解决不了新问题,青年职工培养方式面临如何与时俱进的问题。

(6)从青年工作的体制机制来看,青年职工培养工作面临如何完善体制机制的问题。

六、今后青年职工培养工作的着力点

(1)发挥党支部战斗堡垒作用,开展形式多样的理想信念教育,筑牢青年职工的信念之基。

(2)做好新形势下党的思想政治工作,借助新媒体等优势,创新工作方法,多从青年职工角度想问题,倾听他们的呼声,及时回应他们的关切。

(3)青年培养工作要有总体设计,提高认识,形成"上下左右"重视青年工作的氛围。

(4)切实发挥青工委、团委以及青年理论学习小组等组织在青年职工培养教育中的引领作用。

(5)在吃劲、急险等工作中压担子,历练他们的心理素质和进取意志,努力打造复合型青年人才。

(6)增强业务培训有效性,不断提高业务水平。

(7)在青年职工中开展岗位练兵、演讲比赛等他们喜闻乐见的活动,增加他们的交流与融入感。

(8)总结"传帮带"经验,切实发挥其作用。

(9)综合运用奖励、提任等的激励保障作用。

(10)切实加强人事部门自身建设,提高青年职工工作水平。

沂沭泗局职工教育培训现状及思考

淮河水利委员会沂沭泗水利管理局　　蒲语梦　井市委

2021 年是"十四五"开局之年,也是沂沭泗局建局 40 周年,我局历来高度重视人才队伍建设,大力实施水利人才战略,完善人才培养体制机制,落实大规模培训任务,营造良好氛围,全局人才队伍素质显著提高,为沂沭泗局治理能力和治理体系现代化提供了重要人才保障。

一、围绕人才培养,开展大规模培训

沂沭泗局认真贯彻实施《干部教育培训工作条例》,严格执行教育培训相关制度,开展了大规模的职工培训工作,仅"十三五"期间,全局累计投入培训经费 1 200 余万元,举办各类培训班 300 余个,参加各类培训 8 000 余人次。

一是以提高政治能力为核心,加强领导干部综合能力培养。"十三五"期间,我局联合红色教育基地、重点高校、地方党校开展 2 期理想信念教育、1 期青年干部能力提升培训班、5期处级干部领导能力培训班、5 期基层党组织书记培训班、10 期领导干部学法用法培训班,来自局机关、直属单位和基层单位处、科级干部参加培训 1 500 余人次。此外,参加了水利部举办的局处级干部培训、青年干部培训和其他专题培训 50 余人次,有 14 名处级干部参加了水利部党校的学习。

二是以提高技术创新能力为核心,加大对技术人员培训力度。"十三五"期间,有针对性地开展了防汛抢险、财务预算、工程建设、安全生产等业务培训和新职工入职教育培训;选派了 100 余名业务骨干参加部委举办的培训班;推荐 10 余名优秀专业技术人员参加国内外学术交流会议;全局 16 人通过继续学历教育和攻读专业学位获得了硕士学位。此外,有 91 人次获得了相应的中级以上专业技术职务任职资格。

三是以提升技能水平为核心,注重对技能人才的培养。以技能鉴定和工人技术比武、技术练兵等活动为载体,提升技能人才专业能力。自 1997 年我局第一次开展技能鉴定工作以来,共鉴定 1 913 余人次,1 400 余人通过鉴定;多次举办全国闸门运行工及河道运行工职业技能竞赛淮委赛区预赛,选拔优秀技能人才参加全国比赛。截至目前,沂沭泗局 92% 的技术工人具有高级工及以上职业资格,其中技师、高级技师已达到技术工人总数的 21.8%。高技能人才培养选拔工作成效显著,全局有全国技术能手 1 名、水利部首席技师 1 名、全国水利技能大奖 4 名、全国水利技术能手 19 名,其中 2 人享受国务院政府特殊津贴,1 人荣获"全国水利系统劳动模范"称号。

二、拓宽培训渠道,创新培训形式

(1)党政干部和业务骨干培训逐步制度化、规范化。近年,我局联合上海市委党校、雨花台干部学院、红色教育基地多次举办党政领导干部培训班,着力提升领导干部综合素质和履职能力;直属局充分利用地方党校等优质资源组织科级干部轮训,促使高水平的培训班覆盖更多的职工;加强对外学习交流,基层局每年组织领导干部和业务骨干外出考察培训,开拓基层职工视野。

(2)依托中国干部网络学院、系列讲座、青年讲堂、网络答题等载体,拓宽职工培训渠道。据不完全统计,"十三五"期间参加讲座、网络培训人次达 1 200 人次。2013 年开始,局机关及骆马湖局为 150 余名干部职工在"中国水利教育培训网"注册账号。2020 年开始,陆续为 140 余名四级调研员以上人员开通中国干部网络学院账号,有效减轻当前的工学矛盾,取得了较好的效果。

(3)不断增强培训的针对性和实用性。针对水行政执法、水资源管理、档案管理、资产管理、纪检等实际工作,采取集中各级业务骨干进行专题培训,把有关法律法规、制度讲解和学员研讨结合起来,梳理在工作中遇见的难点问题,相互交流经验,找准解决办法,增强了培训的针对性,有效促进了相关工作。

三、存在的主要问题

一是培训机制有待完善,培训计划执行不严,培训设施仍不能满足需求,缺乏有效的考核评估和激励约束机制;二是工学矛盾突出,职工培训学时达标难;三是经费保障不足,制约了职工教育培训工作;四是培训内容与工作实际结合不紧密。

四、思考及展望

职工教育培训是一项长期性、系统性工程,针对当前我局职工教育培训存在的问题,要按照科学化、专业化、精细化的要求,完善培训体制机制,创新培训方式,提高培训针对性和实效性,为各类水利人才成长提供保障。

(一)完善体制机制,规范培训管理

建立培训"专家库",吸收理论水平高、实践经验丰富且有教学经验的党政干部、专家,有力保障培训质量。加强教育培训的监督指导,不定期检查培训班执行情况,加强规范化管理。建立完善个人教育培训档案,加强培训档案科学化管理,为培训考核考评提供可量化的内容。建立考核考评机制,提高职工学习自觉性。完善效果评价机制,针对实际需求,优化课程设置。建立激励机制,把教育培训作为培养发现、考察识别干部的重要渠道,对表现好的干部职工给予奖励,激发职工主动学习的积极性。

(二)探索参训模式,缓解工学矛盾

借鉴"师带徒"制度,为新职工选择经验丰富、品德高尚的业务骨干做导师,协助青年职工成立兴趣小组等,让青年职工自觉树立"终身教育"新观念。提倡在职教育,鼓励职工利用业余时间参加执业资格考试、在职学历教育等,按照规定给予奖励,提高职工参加教育培训的积极性。充分运用网络平台等现代科技手段,采取网络教学、知识答题、多媒体教学等方式,满足不同职工需要,使培训活动尽可能少受时间和空间的限制,实行培训就地化,节省人力物力及经费,有效解决工学矛盾突出、教育学时数达标难的问题。

（三）加强统筹规划，提升培训保障

加强统筹规划，优化培训计划。我局管理范围广、覆盖面大、战线比较长，应当在教育培训机构、经费使用、培训资源整合等方面加强统筹规划，制订职工教育培训中长期规划，优化预算执行，合理安排培训，避免"突击培训""重复培训"，提高培训质量。如直属局内部或直属单位之间整合培训经费，联合举办周期较长的业务知识或综合培训，或者针对某一专题做贴近实际、突出研讨交流特色的培训，促进参训学员共同学习，相互启发和借鉴，增强创新活力等。加强年度培训总体经费控制，对内容类似或重复培训班进行精简合并，提升培训经费的使用效率。积极争取上级经费支持或者增加参训名额，提高办班能力，提升培训效果，扩大职工教育培训覆盖面。

（四）扩宽培训内容，注重因材施教

作为水利单位，岗位技能和专业知识应作为职工培训的重点，继续加强水利技术、水利技能等相关业务的培训力度，同时，结合工作实际和职工队伍建设要求，拓展教育培训思路，进一步丰富培训内容和形式。注重因材施教，加强职工综合能力培养，特别是科学决策能力、沟通协调能力、处置突发事件能力、开拓创新能力、依法办事能力、心理调适能力的培养，在实践中培养锻炼人才。

加强对青年人才的培养，仅 2016 年以来，全局共招录 317 名高校毕业生，他们初入职场，无论是在专业技能方面还是心理调适方面都需要正确的培养引导，各单位要加强青年职工的专业素质和技能培养，更要关注青年职工的心理状况，尽早发现问题，及时进行干预，助力青年职工茁壮成长。

（五）创新培训模式，提高培训实效

根据实际需求，联合党校、行政学院、干部学院、行业部门培训机构、高等院校、技术职业学校等机构开展职工教育培训。各单位可与培训机构建立直接的教学协作关系，通过合作办班、委托培训、异地办学等方式，改变传统的单位自办方式，有效拓宽职工眼界、增长见识。探索差异化培训，可根据工作年限、部门类别、人才种类确定参训对象和培训内容、培训方式，以实际需要为向导，增强针对性和衔接性，改变以往由于参训人员层次复杂导致培训效果无法定量考核评价的弊端。比如技能人才培训方面，可以针对日常工作中急需的电工、闸门运行工、执法艇驾驶等，联合职业院校或企业分年度分批次进行封闭式轮训，提升培训效果。除传统的集中授课法，还可以采用案例式、研究式、体验式教学和访谈研讨法等，通过提高参训人员参与度，提升培训效果。

统管 40 年来之财务管理思考

淮河水利委员会沂沭泗水利管理局　陆前进

40 年弹指一挥间,40 年沧桑巨变,从 1981 年单位成立到 2021 年羽翼丰满,这是历经风雨的 40 年,也是励精图治的 40 年。面临复杂多变的挑战而愈战愈勇,历经时代的风霜洗礼而稳健成长。40 年风雨路,浓缩了沂沭泗从无到有、从小到大、由弱变强的艰苦发展历程,见证了与时俱进、高瞻远瞩、开拓创新的奋斗足迹。波澜壮阔的 40 年,沂沭泗书写了一个又一个奇迹。

人才兴则事业兴,人才强则事业强,人才建设是推动中国特色社会主义事业发展的"活力因子"。习近平总书记高度重视提高干部的专业化水平问题,在重大会议上多次强调,领导工作要有专业思维、专业素养、专业方法,要全面提高领导干部领导工作的专业化水平,成为经济社会管理的行家里手。

经济越发展,会计越重要。面对新时代治水思路和治水主要矛盾的转变,水利财务管理作为水利行业强监管的重要组成部分,如何积极稳妥地适应新变化新要求,深刻领悟治水主要矛盾变化对水利财务改革带来的一系列影响,打造一支政治素质好、业务能力强、服务水平高的专业化财务队伍,是目前亟须解决的难题之一。

虽然我们近些年来在提高财务管理的水平上下了不少功夫,积极探索、勇于改革,取得了较好成绩,但也随之出现了一些新的矛盾和问题,我们有必要抓住问题的症结,对症下药,及时解决新出现的矛盾和问题。

一、水利财务管理发展的瓶颈

流域内活动的复杂性以及流域生态系统的整体性决定了参与流域涉水事务主体的复杂性和多元性。作为中央部门派驻地方的流域管理单位,身处基层一线,每天需要面对的是纷繁复杂的事务,特别是近些年水利改革不断往纵深推进以及水利改革发展总基调的要求,对基层单位治理能力和治理体系现代化的要求也越来越高,水利财务管理改革创新当然也是其中重要的组成部分,但由于基层财务部门在人员数量、专业素养、对新政策的领悟程度、预算绩效管理、资产管理和内部控制建设等方面的水平参差不齐,导致强化财务管理还存在一些薄弱环节,主要表现在以下几个方面。

(1)基层单位财务人员数量少。基层单位往往只有两至三名会计人员,甚至许多基层单位只有一名会计和一名出纳,但基层财务工作者每天面临的任务却是多种多样的,有预算管理、政采管理、资产管理、合同管理和日常核算管理等,还得经常应对上级各部门布置的各种统计和审计工作,岗位之间不但没能形成有效的监督和制约,同时也造成基层财务人员对工作疲于应付,经常"捉襟见肘",顾此失彼,大大降低了财务工作的效率和质量,也打击了基层财务人员的工作积极性。

（2）基层财务部门缺乏高素质的复合型人才。财务部门人员大多是财会类专业出身，对熟练应运计算机相关知识解决财务管理过程中出现的问题还不是很娴熟，但随着财务管理信息化的不断深入推进，每年推出各种新软件和软件更新更是层出不穷，特别是近些年财务信息集成化发展的趋势越来越明显，这就要求财务人员不断提高自身信息化素养，成为财务管理专业化和计算机专业化复合型人才，唯有如此，才能不断适应新形势。

（3）基层财务人员对新政府会计制度的理解还不够深入。政府会计制度实施一年多以来，各基层单位都能很好地理解新政策的内涵和实质，积极贯彻执行新的政府会计制度，但也存在一些单位在对新政策内容和实质的把握上还存在一定的偏差，比如新购入的固定资产入账还是按照老制度进行等，没有很好地理解和执行新制度的相关规定，降低了单位的财务管理质量。

（4）预算绩效管理理念尚未全面建立。目前，基层有些单位对预算绩效管理没有给予足够的重视，在预算编制执行和考核中都嵌入了预算绩效管理目标等因素，但在实际执行过程中，有些基层单位对预算绩效管理了解不够全面，在预算绩效管理目标值设置中过于随意，导致执行和监督面临巨大困难，大大降低了财政资源的合理配置效率，阻碍了单位的运行发展。

（5）内部控制制度建设方面还不完善。基层很多单位存在内部控制制度建设滞后或者不完善的现象，甚至以财务相关制度替代内部控制制度建设。有的单位虽建立了内部控制制度，但也只是停留在文件或者制度墙层面，流于形式，并没有让制度真正地执行和落地，导致水利财政资金内部控制制度无法发挥其功效，制约了单位财务管理水平的整体提升。

（6）基层单位对固定资产管理不重视。主要表现在认识上"重钱轻物、重购轻管"的思想严重，特别是有些单位在资产管理方面的制度相当缺乏，固定资产管理过程中没有相应的制度来约束和监管，致使固定资产使用不规范，大大降低了国有资产的使用效率。

二、水利财务管理发展的建议

（1）全面实施预算绩效管理。党的十九大对加快建立现代财政制度做出重要部署，明确提出要建立全面规范透明、标准科学、约束有力的预算制度，全面实施绩效管理。全面实施预算绩效管理，把钱用到刀刃上、花出效益来，是落实水利改革发展总基调思想的必然要求，在预算管理各环节树立绩效意识、体现绩效要求，更好地为水利强监管提供强有力的资金保障，提高财政政策的精准性有效性，更加科学合理配置资源，把资金分配好、使用好、管理好，推动提高公共服务质量和水平，实现更高质量、更有效率、更加公平、更可持续的发展。

（2）完善单位内部控制制度的建设和执行。俗话说，没有规矩，不成方圆。内部控制在单位的财务管理中充当着至关重要的角色。要增强内控意识，形成良好的内控环境。单位应根据《中华人民共和国会计法》《中华人民共和国预算法》《行政事业单位内部控制规范》及相关部门对健全和完善内部控制制度的要求，结合自身的业务特点和管理需要建立合适的内部控制制度。开展内控方面的交流研讨，制定本部门的内部控制制度手册和文件，设计内控相关控制流程图，建立健全内部控制监督和评价机制体系，充分发挥内部控制在财务管理中的作用，让水利财务资金在安全、透明、公开、公正的情况下运行，确保水利资金效益最大化。

（3）优化财务部门组织结构和岗位设置。一是岗位设置工作必须服务于单位的战略规划,基层水利单位应根据自身实际情况,明确各岗位职责和权限,从整体上优化配置人员构成比例和结构,特别是在招录新人时综合考虑各部门目前的人员构成状况,适时调整岗位招录专业要求,实现人岗相匹配,选拔更优秀的人才充实到财务队伍中来;二是实行"传帮带"政策,老会计是"传"的主角,承担着"传"的重要责任,新人都是后起之秀,是"传"的延续,在"传"与"帮"的过程中实现思想上的碰撞,思想碰撞产生的火花能使双方的业务能力都有所提升,开拓视野,拓宽思维,最终形成良性循环,带动单位财务管理整体质量的不断提升。

(4)培养复合型财务人才,提高财务人员的整体素质和能力。一是加强对财务人员的职业技能培训,优化培训课程设计,针对行业特色进行专门化培训,不断提高财务人员的专业胜任能力,通过举办财务项目现场观摩会、互帮互查等形式,使财务人员掌握更多的业务知识和政策法规,促进彼此间的交流,同时积极鼓励财务人员参加专业技术资格考试;二是恪守职业道德规范,保证以客观、公正态度参与到单位管理的过程中,敢于坚持原则,善于协调好财务部门与其他业务部门的关系,赢得服务对象的信任和尊重;三是完善财务人员业绩考评办法,要充分引入人才竞争激励机制,实行奖罚并重,择优上岗,把承担的工作任务和取得的绩效与个人利益直接挂钩,创造平等竞争机会,激发财务人员积极性,实现个人目标和组织目标的有机统一。同时对应作为而不作为、作为不到位、作为效率低下的情况,追究相关人员责任,有效地保证财务管理的工作质量。

(5)提升政策解读能力。列宁说,政策是尺度,是准则,是灯塔和路标。新政府会计制度的颁布和实施无疑是对财务人员能力的巨大考验,了解新政策对业务会带来怎样的影响尤为重要。这就需要组织相关的培训以及个人自身孜孜不倦的钻研,全面领会新政策的实质和内涵,让新政策得以更好地被贯彻执行,更好地为单位的发展提供政策理论支撑。

(6)重固定资产管理思想和制度,做到双管齐下。加大宣传力度,提高管理者对加强固定资产管理重要意义的认识,做好固定资产管理台账制度,切实管好用好固定资产,使其发挥应有效能,降低单位在运行过程中的成本。同时,健全固定资产管理办法,及时进行固定资产清查工作,确保资产的完整性。

这是一个需要理论而且一定能够产生理论的时代,这是一个需要思想而且一定能够产生思想的时代。2021年是实施"十四五"规划、开启全面建设社会主义现代化国家新征程的第一年,我们党迎来了百年华诞,同时也是沂沭泗局成立40周年。新的坐标、新的征程、新的使命,迫切需要凝聚起最广泛的共识,调动起最深层的力量,让我们携起手来,奋楫勇进。

情系沂沭泗

以史为鉴　砥砺前行

淮河水利委员会沂沭泗水利管理局　史秀东

最早读《山海经》的时候，我还是一个对世界充满好奇的小女孩，印象最深的便是"大禹治水"的故事。只记得当时惊讶于大禹带领百姓们开山挖河、治理洪水的不屈毅力，崇拜着大禹在外治水十三年、三过家门而不入的献身精神。我想，从那时起，我与水早已结下不解之缘。

入职伊始，作为一名水利系统的"新兵"，我认真地查阅着各种有关水利知识的资料，从开天辟地的大禹治水到举世瞩目的三峡工程，从泽被后世的郑国渠到流淌千年的京杭大运河，在这些或远古或现代的记忆中，寻找自己对水利最初的认识。

沂沭泗是一个历史上饱受水旱灾害苦难的地区。为了根治水患，在淮海战役刚获胜利、战争硝烟还未散去的环境下，一项由边区政府主导的、中华人民共和国成立之初最大的水利工程——"导沭整沂"和"导沂整沭"工程就在百废待兴的苏鲁大地上拉开了序幕。劈开马陵山，开挖新沭河，牵龙入海，百万沂蒙人民在中国共产党的领导下战天斗地、改造山河，在这片曾经弹痕累累的土地上挥洒着激情与汗水，谱写出一曲曲气壮山河、荡气回肠的千古绝唱。

历史的镜头缓慢推进，七十余载的水利改革发展走过了不平凡的光辉历程，一代代水利人薪火相传、勤耕不辍，那些激情燃烧的岁月始终温暖着我奋斗的道路，激励着我砥砺前行、续航梦想。

此时此刻，我的脑海里浮现出 2020 年那个不同寻常的夏天里，身边几位基层老党员的身影……

一、乘风破浪的"逆行者"

3 个人，22.7 km 河道，40 km 堤防，人少事多，工作环境恶劣……位于新沂河左堤的沭阳河道管理局颜集管理所，正是无数基层水利管理单位的一个缩影。2020 年的汛期对于沂沭泗流域来说颇有几分不同寻常。入汛以来，小雨不停，大雨不断，管理所 3 位同志干脆把家搬到了堤下，他们 24 小时连轴转，对巡堤查险、隐患排查、值班值守、信息报送等工作毫不懈怠，时刻关注着工情、水情的变化。泡面果腹、蚊虫为伴的生活已然习以为常。7 月末，沂沭泗流域暴雨肆虐，新沂河、骆马湖均出现涨水过程，水位随时有超警的危险。新沂河上游颜集沙湾险工段由于流向变化较大，沙湾挑流坝分流减压，其水位观测尤为重要。颜集管理所副所长王军作为所里唯一的党员，主动请缨，连续 5 天不分昼夜，定时查看沙湾挑流坝水势情况，精确标记水位、及时上报险情。暴雨淋透了衣衫他毫不在乎，熬夜带来的疲惫他可以忍受，但想起家中刚出院不久的妻子，王军愧疚地低下了头。

"人家下雨都往家跑，你平时就常住单位，一下雨更是没了影子……"王军嘴里念叨着妻子的抱怨,眼角却不知不觉地湿润了。"我爱人身体不好,长期需要人看护照顾,孩子在外地上学,组织把我调回沭阳,是希望我能多照顾家庭……没想到……谁让咱是共产党员呢!"漫漫长夜,王军们用党员的坚守保护着大堤,他们深知保"大家"才能安"小家"。他们,是防汛战场上乘风破浪的最美"逆行者"。

二、防汛前线的"侦察兵"

如果说防汛救灾是一场战争,那么水文监测则是战前的侦察准备。重沟水文站位于山东省临沭县沭河左岸,平日里,与一串串枯燥乏味监测数据打交道的是几个年轻小伙,日复一日,年复一年。2020 年 7 月 22 日晚,已经连续奋战 8 小时的重沟水文人仍然坚守在工作岗位上。雨势逐渐增大,汛情就是命令,他们加密测报频次,实现水位、流量等信息 2 小时一报。夜间,施测难度加大,流速仪被水草缠绕翻转进水,河岸的淤泥裹满了裤腿,一遍、两遍、三遍……在反反复复的测流、记录、测算、报汛过程中,不知不觉,天已微亮。

"这几天我们辛苦一点,多测验几次,多积累一些经验,会商分析研判、流域洪水调度就多一些把握。"党员杜庆顺如是说。23 日中午 12 时许,洪峰终于要来了,最紧张的抢测时刻到了。挂 ADCP(Acoustic Doppler Current Profilers,声学多普勒流速剖面仪)、运行软件、启动缆道、往返测验,有条不紊;记录、测算、校核、复核,规范有序。重沟水文人逐"峰"而行,连续作战、不眠不休近 20 小时后,终于成功抢测到重沟水文站洪峰。

雨后,微阳初露,鲜红的党旗在测验断面的井房旁迎风招展,映红了连绵无际的沭河水面。洪峰安全通过重沟站,站旁小路上的人群熙熙攘攘,而此时,彻夜未眠的重沟水文人却来不及休息,作为防汛前线的"侦察兵",他们新一天的测量又开始了。

三、严阵以待的"守门员"

"没有硝烟的防汛战场,就是党员的特殊考场。"这是中央防汛抗旱物资薛城仓库党委书记潘延忠常挂嘴边的一句话。中央防汛抗旱物资薛城仓库位于枣庄市薛城区,隶属南四湖局,仓库在职的 7 名干部职工中,最小的也已近五十岁。2020 年夏,南方汛情牵动人心,殊不知,一场与时间赛跑的物资抢运保障工作正在薛城仓库悄然展开。

7 月 20 日傍晚,薛城仓库接到紧急通知,调用仓库代储中央防汛抗旱物资支援安徽抗洪前线。越是险情当前,越能照见党员干部的责任担当。令动即行,薛城仓库 7 名工作人员第一时间到岗到位,连夜紧急作业,他们既是"指挥"也是"战士",短短几小时,运输车辆、劳务人员的安排部署,所需物资的装车、清点、调运出库等一系列操作紧锣密鼓、一气呵成。夜间装运物资、逐件清点的难度可想而知,工作人员熬红了双眼,喊哑了喉咙,但依然斗志不减,因为大家知道,早一分钟发车,灾区人民就少一份艰难。经过连夜奋战,满载抗洪抢险物资的 8 辆运输车分秒不差地驶出库区,奔赴安徽省安庆、铜陵等 7 座城市。

仓库管理人员日常工作平凡琐碎,他们不是一线的抗洪战士,无须直面滔天巨浪,却能以最短时间将抢险物资送往前线,救民于水火。他们,是防汛一线不可或缺的"守门员"。

一代人有一代人的奋斗,一个行业有一个行业的坚守,一个时代有一个时代的担当。通过一代代水利前辈的努力与拼搏,如今,风华正茂的"沂沭泗"正快步走在水利改革发展的道路上。我们团结治水,在实践中摸索出"水事纠纷联处、防汛安全联保、水资源联调、非法采砂联打、河湖'四乱'联治"的"五联"工作机制,苏、鲁省际边界百年恩怨化和谐;我们科学调度,统筹安排洪水出路,先后战胜了 1993 年、2012 年、2019 年等多个年份十余次暴雨洪水;2020 年 8 月成功防御了沂沭河 1960 年来最大洪水,赢得了苏鲁两省群众的高度赞誉;我们依法管理,同地方政府建立水行政执法联合机制,河湖采砂管理秩序实现由乱到治,一大批河湖"四乱"顽瘴痼疾得到有效整治,河湖面貌日新月异。

以史为鉴,砥砺前行,不忘本来,才能开辟未来。2021 年是"十四五"规划开局之年,是全面建设社会主义现代化国家的起步之年,也是沂沭泗水系统一管理 40 周年,是新时代沂沭泗水利管理极其关键的一年。习近平总书记说:"未来属于青年,希望寄予青年。"作为新时代的水利青年,我将踏着前辈们的足迹,在治水新征程上奋楫扬帆、不负韶华,和所有水利人一道,兴水之利,润万物生生不息;承水之魂,筑伟业福泽苍生!

情系沂沭泗　筑梦新征程

淮河水利委员会沂沭泗水利管理局　徐子娟

　　夕阳下的中运河平静得出奇,偶有一只鸟儿低飞而过,浮光掠影之间,只觉水天一色、美不胜收。然而,仅仅在两天前,这里却在经历着狂风暴雨,运河站瞬时流量甚至达到了有史测量资料以来的最大值。风浪面前,是防汛一线的沂沭泗水利人用自己无畏的坚守为人民群众筑起了一座钢铁长城。保一方水土,护一城安澜,进入沂沭泗局工作两年以后,我对自己的岗位有了更深的认知。

　　水是生命之源、生产之要、生态之基,水利不仅是农业的命脉,更是国民经济的基础产业,是人类经济社会发展的重要支撑。党的十八大以来,以习近平同志为核心的党中央高度重视水利工作。习近平总书记指出,民生为上、治水为要,治水对中华民族生存发展和国家统一兴盛至关重要。实现中华民族伟大复兴的中国梦,水利梦也是其中重要一环。为了实现这个梦想,无数水利工作者奔向最偏远的山区、最湍急的河流、最干旱的沙漠,他们忍受寂寞,甘于平凡,用自己数十年如一日的坚守为农兴水、为民添利。

　　水利工作者向来是默默无闻的,如同那无声无息的河流静静滋养着大地,我们的事业也无太多言语,没有惊天动地,却始终用自己平凡的坚守诠释着"桃李不言,下自成蹊"。有时感慨一生太短,短到兴建一个工程、兴修一座水闸需要好几代人的共同努力;有时却觉一瞬漫长,长到在肆虐的洪水面前多希望它能立刻退去,哪怕提早一秒。然而不管如何艰难,面对紧急汛情,水利人却永远是暴雨洪水中最坚定的逆行者,原因无他,心之所向,所以素履以往尔。

　　当前,中国特色社会主义进入新时代,水利改革发展也面临着新形势、新任务、新要求,习近平总书记站在党和国家事业发展全局的战略高度,提出"节水优先、空间均衡、系统治理、两手发力"的新时代治水方针,"忠诚、干净、担当,科学、求实、创新"的新时代水利精神更是不断激励着水利工作者奋发前行。在科学治水方略的指引下,水利事业发展焕然一新,犹如春之降临,沂沭泗水系治理便是新中国水利事业发展下的一个缩影。

　　沂沭泗流域位于淮河流域的东北部,主要由沂河、沭河、泗(运)河三大水系组成,"沂沭入泗,泗入淮",追溯历史,沂沭泗水系与淮河水系本是一家,这里也曾河道浚深,尾闾通畅,是一片富饶的沃土。然而公元 1194 年至 1855 年,黄河决口、侵泗夺淮,六百多年的蹂躏摧残,不仅打乱了水系,水旱灾害也是频频发生,沂沭泗河变得面目全非,满目疮痍。从此以后,治水便成了沂沭泗地区的一个永恒话题。

　　早在中华人民共和国成立前夕,沂沭泗人民就在中国共产党的领导下,开启了轰轰烈烈的"导沂整沭"和"导沭整沂"工程,拉开了全面治理沂沭泗流域的序幕,至此,沂沭泗河洪水有了新出路,过去洪水肆虐、河湖无涯的局面得到改变。中华人民共和国成立后,水利部、淮委为贯彻落实毛主席"一定要把淮河修好"的指示,按照"蓄泄兼筹"要求制定了沂沭泗河"东调南下"治理方略。1957年沂沭泗流域洪水过后,大规模水利建设掀起高潮,整治老河,开挖新河,修建堤防,兴建水利工程……一代代沂沭泗水利人接力奋斗,赓续前行,在这片淮海大地上绘就了恢宏壮丽的治水画卷。

今年是沂沭泗水系统一管理40周年,统管以来,沂沭泗局始终坚持依法治水管水,坚持统一规划、统一管理、统一调度,兴水利、除水害,促改革、保民生,创新水利管理体制机制,不断提高管理水平,树立良好的流域管理形象,使沂沭泗水利管理事业充满生机与活力。

四十年风雨兼程,四十年岁月如歌。作为沂沭泗水利人,我看到了,防汛会商室灯火通明,防汛人员紧急跟踪会商研判防汛形势,研讨如何科学调度水利工程应对汛情,有时为了几厘米的水位变幅制订出好几个调度方案进行讨论,切实把防汛责任扛在肩上,为沿线人民筑牢"安全堤坝";我看到了,水情监测人员昼夜不歇,日夜值守在电脑前进行水雨情信息测算、汇总、上报,只为给防汛调度决策提供更准确的数据支撑;我看到了,各个工程的施工人员,跑遍了工区的每个角落,面庞晒得黝黑也无怨无悔,只为仔细些、再仔细些地保证每一寸堤坝、每一方石跺安全到位,圆满完成建设任务;我看到了,全局上下团结一心,加班加点各司其职,一切的努力,只是为了蓄一湖净水、保四序安澜。

几番耕耘,几番收获,如今这壮美的蓝图已展现在沂沭泗人面前。巍巍长堤逶迤千里,如游龙穿行大地,筑牢坚实屏障;座座水闸扼襟控咽,似巨枷横卧水面,锁住桀骜洪魔。流域防洪工程体系日臻完善,中下游骨干河道总体防洪标准已达到50年一遇,昔日大雨大灾、小雨小灾、无雨旱灾,水旱灾害频繁的景象被彻底改变;水资源调度配置更加合理优化,流域雨洪资源得以科学利用,供水事业有效促进了流域经济社会发展,减少了用水矛盾,流域省际边界水事纠纷大大减少,流域人民的获得感、幸福感、安全感不断增强;水利管理信息化水平大大提升,水利管理"一张图"、智慧沂沭泗河建设稳步推进;水生态修复治理短板逐渐补齐,河湖面貌焕然一新,"闸是风景区、堤是风景线"的美好愿景正逐步变为现实。

幼年读大禹治水的传说时仍然懵懂,只觉他跋山涉水、风餐露宿,为治理水患三过家门而不入甚是辛苦,直到工作后读了《一条大河波浪宽——1949—2019中国治淮全纪实》一书,被书中所载治淮人物和故事深深打动的同时,突然明白了大禹治水为何能流传千古,那是所有水利工作者信仰的源泉,站在时间的洪波里,拂去岁月的尘埃,那是数千年前的治水先辈和千年后的我们的对话。我想,我与水利终是结了缘,而这缘分,我希望深一些、再深一些。

二 级 坝 记

南四湖水利管理局二级坝水利枢纽管理局　徐　飞

二级坝,始建于戊戌,今已越一甲子也。其延长数里,若玉带横于春江,似游龙翻于四湖。其貌巍巍然,高约数丈,假以迁客骚人过而观之,必歌以咏志。若值开闸,必为大观,其流疾如风、快似雷霆,颇有一日千里之势。或必曰:若闸闭似何? 神似巇巋,风雨不动如山,囊括四湖而并吞八荒之流。约二闸西侧,二级坝局屹然坐落于此,局中数人,栉风沐雨,披荆斩棘,筚路蓝缕,方功不唐捐,始有今日河湖安澜,碧水清波。坝上建道,宽数尺,便于民,道两岸夹树,落英缤纷,行人见之,心旷神怡,但见道上之驹往来如梭,川流不息。局前有一小院,园中兰蕙交行,蘼芜丛生,女萝纵横,亭台错落,曲径通幽,若有人误入佳境,必叹其如桃花源而流连忘返,行于沿湖羊肠阡陌,可观鱼翔浅底,三秋桂子,十里荷花,苍苍兼葭。若值傍晚时分,其景最佳,可见"落霞与孤鹜齐飞,秋水共长天一色";行至一隅,可入"野渡无人舟自横"之境。虽有笔墨万千,难以叙二级坝万一,然不记亦恐后人无缘见其壮美之貌,故今辛丑年南昌夜雨时分特操拙笔以记之。

沂沭泗流域水利赋

南四湖水利管理局二级坝水利枢纽管理局　　陈臻隆

太一生水,至柔至刚。其沉静柔美者,空谷之幽池也;其勃然刚勇者,洪泛之江河也。水之为物,腾上驱下,为利为害,其性使然也。水利者,去其害而兴其利也。

想中华之水,莫大于河;叹夏禹之功,莫盛于河。惊涛骇浪,有擎天系海之雄壮;英雄气短,有九曲逶迤之隐恨。不生润物养人之猛志,而诞陆沉九州之怨戾,至于齐鲁之交,怒而侵泗夺淮,狂湍激泄,侵州吞县,一发不可收拾。河伯暴傲,伐略率土,漫倾无量宝瓶;沉沙乖张,运河淤塞,涂炭江淮生灵。山环水绕,星沼错落,互连互通,乃聚为湖。元帝竭虑,弃弓取弦供给大都;明清续命,开河建闸通衢漕运,是以运河改道,沭水变迁,辗转分散入海,沂沭泗流域渐与淮河相离,自成水系。

大船东来,沉梦不醒,列强环伺,七子离散。清廷腐弱,何惜千秋积业;袁氏窃国,谁怜百代传瑰?倭兵残忍,逞凶肆虐,蒋某无知,竟引黄为兵。水运如国运,百年积弱,江河无道,堤不成形,水系紊乱,支流众多,源短流急,洪水集中,峰高势猛。徐淮平原,南至故河,北至陇海,一片汪洋几成常态。更兼苏鲁相伐,人水争地,微湖携怨,前尘惨厉而生于不义;愚夫夺利,分裂地而百年不息。内卷遂引外敌,白骨共积沙盈野;天灾更受人祸,流民与冤魂同哭。

至于南湖澄照,天下洗色,马列扬义,扫百年之倾颓,镰锤交舞,肇万世之清康。建国宏业,谋治水以兴邦,日月重光,定要把淮河修好!于是定夺决策,蓄泄兼筹,规模治淮,统一管理。忠诚干净担当,恢宏出于坚毅;科学求实创新,良策取自民心。治湖建坝,破自然之天险,天堑飞虹贯通苏鲁;应急补水,凭天地之造化,生态环境再现生机。巨龙卧波,划微湖成上下两级;大闸岿立,铸安澜而定四省八市。沂河沭河,东西相偕,纳东山之精,浩浩汤汤,采物华之气,源源不绝。以水为脉,综合治理,导沂整沭,导沭整沂,有绿波凝玉;掘江浚河,东调南下,锁洪峰成岸。徙民十万,而后有新沂贯海,运河连通,渠涵接力,调控有序。蓄引排共建,系统完备;拦分治并举,功能协同。节水优先,固战略之基础;空间均衡,跨南北以调配;系统治理,还河湖至自然;两手发力,育市场投标皆准入。管护高效,工程观测察于毫末;精准调度,腾库泄洪较于锱铢。禹德堪肩,不减金汤之固,洪害千里而休摧;娲皇比立,几多英烈之魂,拯救生民于艰危。初心无改,励精图治四十年,彰公益博惠济众;牢记使命,不惑之龄再跨越,新征程朝乾夕惕。

长堤作笔,藏绿野之芳踪,静湖为笺,镶高天之蓝远。烟笼寒山,破云雾而轻舟出;苇叶沧桑,洗烦滤而净缠忙。和风溯浪,半日静坐半日行,细波游鳞,一时从容一时定。子丘登东山而小鲁,太白赏碧水而入眠。蓄泄随时,旱涝可节,从心从人,却非天成,亦非造化,唯水利之妙用耳。茶果北移,稻香抱麦,谷穗争低,春华秋实,不知饥馑。昔日干戈相争处,今朝携手化和谐。道口飞帆锁白练,武平江风花鼓息。嶂山汉阙连长城,徐淮自此不知兵。

试看今日之沂沭泗,竟是何等气象!

平凡的水利哨兵

南四湖水利管理局蔺家坝水利枢纽管理局　安凤琳

今年是沂沭泗水系统管 40 周年,四十载砥砺奋进,四十载成绩斐然。作为工作 10 年的职工,我有幸见证沂沭泗的风华正茂,让我感慨万千的是她锐意进取、波澜壮阔的发展历程;让我心驰神往的是她绿荫掩长堤、清波映水闸的美丽画卷;让我无法忘怀的是她身后无数前赴后继水利人的勇毅笃行。

与水为伍,风餐露宿,风雨兼程,冲锋在前,是他们的真实写照。他们是平凡的水利哨兵,是可敬的沂沭泗水利人,蔺家坝局水管股股长孙建化就是他们其中一个。

一、坚守初心,驻守闸坝二十载

蔺家坝节制闸坐落在偏僻的村庄,乡路崎岖,交通不便,2001 年,部队退伍的孙建化选择了条件艰苦的蔺家坝局,义无反顾地投身于水利事业,开始了他的水利生涯。

当时的蔺家坝局没有通水,宿舍区和办公区还是一排排的土坯房,冬天冷得像冰窖,夏天闷热且漏雨。一个意气风发的年轻小伙子,远离家乡,日夜与清冷荒凉的堤坝相伴,每日忍受着无穷的寂寞与清苦。面对这种情况,孙建化也曾失落和彷徨过,但作为一名退伍军人,退伍不褪色,他很快便适应了艰辛的工作环境,并把部队勇于拼搏、甘于奉献的好作风带到了工作中。测流量、绘图、检查闸门设备、开闸……孙建化逐渐掌握了更多的技能,挑起了工作重担。一个个火轮高吐的白昼,一个个大雨滂沱的夜晚,在崎岖坎坷的湖西大堤上,在灯火通明的节制闸室里,都能看到这个年轻人忙碌的身影。一次野外测量,他由于测量太过专注不小心一脚踩空,掉进了一米多的深坑中,造成左脚踝骨折;还有一次在堤防清障的过程中,锋利的豆荚刺穿鞋底直直地扎进了他的脚底板,鲜血染红了他的运动鞋……严寒酷暑,风霜雨雪,他心无旁骛,甘当水利哨兵,俯下身子,奋发进取,永不停歇。

二、敬业担当,执着耕耘克难题

在近 20 年的漫长驻守岁月里,孙建化见证了蔺家坝局翻天覆地的变化。露天启闭机上建起了宽敞明亮的启闭机房,简陋的办公房变成了三层小楼,崎岖荒芜的湖西大堤变得宽阔平坦、翁翁郁郁。这凝结着无数蔺家坝人的辛勤付出,也包含着孙建化的努力与心血。

基层水管工作人手少、任务重,他身兼水管股长、防办主任、闸管所所长数职。凡有工作,他总是冲锋在前,水闸调度运行、巡堤查险、工程测量、资料整理等工作他独挑大梁。

2018 年汛期,沂沭泗流域受到台风"温比亚"影响,流域内普降大到暴雨,南四湖水位迅猛上涨。作为防办主任,孙建化身先士卒,第一时间带领人员迅速按照要求开展巡查,以对工作高度负责的态度,将开闸前的准备工作做实做全。在他亲力亲为的行动下,防办圆满完成了防灾动员、工程准备、水闸启闭、工程查险、对外协调、24 小时值守等任务,全力防御了台风、暴雨及洪水,为保护湖西群众的生命财产安全奉献了自己的努力。

为保护河道堤防免受冲刷,充分利用现有河道水土资源,蔺家坝局在湖西大堤上有计划地种植了大量的护堤林木,魏庄堤段也在其中。但因历史原因,多年来蔺家坝局与魏庄村未达成一致意见,该段堤防一直未开展绿化工作,导致该段堤防工程面貌不佳,威胁到堤防安全。2019年,孙建化主动请缨,多次走访魏庄村委,起初的谈判并不顺利,他冷静分析,抓住问题关键,多方搜集资料,向村委负责人讲事实、摆依据,动之以情,晓之以理,在他的不懈努力下,终于攻克了魏庄绿化难题。自此,湖西大堤实现了护堤林全覆盖的目标。

三、无私奉献,多重身份担使命

不知从何时起,孙建化的身份越来越多,除了自身职务外,他还是局里的"电工""水工""网络工程师""宣传员"……

地处偏远,办公条件简陋,停水、停电、断网等是常事,专业维修工或不愿意来,或坐地要价。为给单位节省经费,也为了更好地方便大家,孙建化干脆自己充当了维修工。大到电路维修、网络故障,小到更换水管、疏通下水道,他样样精通,无所不能。谁的电脑坏了,谁的打印机出故障了,办公家具更换要人搬,新的政策不大懂……大家都找他。只要人在闸上就啥活都干,啥事都管,就像一台上满弦的机器,不停地运转,一天下来,几乎没有歇息的时间。他以闸坝为家,只要单位需要他,他总能第一时间出现。

工作之外,孙建化还是两个孩子的父亲,由于工作繁忙,陪伴家人的时间太少太少。但也许只有水利人更懂水利人,同样就职于徐州市水利局的妻子深深明白丈夫身上担负的使命和职责,作为妻子兼战友,她给予孙建化极大的支持和鼓励,给予他坚持下去的信心和勇气。

四、勤勉笃行,刻苦攻关显身手

"做事先做人,万事勤为先"一直是孙建化的座右铭,随着专业能力的不断增强,孙建化对如何提升水管工作水平、改善堤防面貌倾注了更多的心血,与此同时,他也深刻认识到了自身能力与工作实际需要的差距。为了弥补这一不足,他制定了新的目标任务——学习深造。天道酬勤,2004年他顺利考入河海大学,攻读本科学位。毕业后,他也没有停下脚步,又考取了一级建造师证书和中级经济师证书,进一步丰富了自身的业务知识,为今后更好地做好工作打下了坚实的基础。

此外,他还是一名善于创新的技术攻关人,在水利技术发展日新月异的当下,他深知只有不断更新知识,掌握高精尖的水利仪器,才能更好地提升工作效率。精益求精,是他孜孜以求的目标。他平日在技术领域刻苦钻研,不断提升技能。2009年6月,第一次参加大赛的他,在沂沭泗局第三届水利行业职业技能竞赛中技压群雄一举夺魁,获得闸门运行工第一名的好成绩。此后,又先后获得"全国水利技术能手""淮委技术能手""沂沭泗技术能手"等荣誉称号;在全国、淮委以及沂沭泗局闸门运行工技能竞赛中都取得了较好的成绩;他作为骨干成员参与研发的多功能电动绿篱机获得了国家知识产权局颁发的实用新型专利证书。

乔木亭亭倚盖苍,栉风沐雨自担当。孙建化,只是无数沂沭泗水利人的一个缩影,正是像他这样一群有担当、能奉献的水利哨兵,共同谱写了沂沭泗流域40年的华美乐章。在关键的时刻站得出来,在需要的时刻顶得上去,他们,将继续用勇毅、无畏为沂沭泗流域保驾护航,为新时期水利事业改革发展汇聚起磅礴力量!

铁骨柔情护安澜 服务大美南四湖

沂沭泗水利管理局南四湖水利管理局 宫鲁蓉

"西边的太阳快要落山了,微山湖上静悄悄,弹起我心爱的土琵琶,唱起那动人的歌谣……"这首传唱大江南北的《铁道游击队》主题曲,让世界认识了美丽的微山湖,每当歌曲唱起,脑海中都会浮现出一幅宁静祥和的画面。然而,在祖居苏鲁两省交际的老百姓眼中,微山湖却曾经一度成为纷争乃至械斗的主场,由此带来的伤亡和仇恨,使得微山湖一改往日的安宁静谧,争吵不休,纷争不断。这时,有一群人响应国家号召,顺应时代发展,勇敢地站出来,多措并举,多方协调,从根本上解决了两地争斗的局面,恢复了微山湖的宁静祥和,这一群人就是一直在微山湖畔默默奉献的南四湖水政监察人。

说到南四湖与微山湖,想必不少人有些不解,这两者是何关系?其实微山湖是南四湖的一部分,它与昭阳湖、独山湖、南阳湖共同组成了南四湖,只不过在人们的普遍认知里将南四湖理解成微山湖。虽然南四湖风光秀丽、人文荟萃、文化底蕴深厚,但在历史上却纷争不断。南四湖拥有富饶的水产品、丰富的煤炭资源、松软肥沃的湖田资源,滋养着两岸的百姓。但也正是如此,由于争夺资源,两岸百姓争斗不休,自 1953 年起,两岸百姓发生冲突 400 余次,死 30 余人,伤 800 余人,伤亡惨重。"发生械斗的时候,双方都有家伙,一般是棍子、锄头,严重的时候还会动用自制的土枪和土炸药。"老一辈人回想起当时的境况,仍心有余悸。两岸纠纷是一个历史遗留问题,两地政府苦于调解无门,两岸百姓身处水深火热。正在这时,为响应国家号召,南四湖水政监察支队应运而生,南四湖水政监察人员挺身而出,他们多方协调,积极同苏鲁两省建立联合机制,历经艰辛努力,终于彻底扭转了局面,如今两岸群众和谐相处,微山湖又变得"静悄悄"了。为表彰南四湖水政监察的业绩,2007 年,中央综治办、水利部授予南四湖局"全国调处水事纠纷、创建平安边界先进集体"荣誉称号,这份沉甸甸的荣誉既是鼓励也是鞭策,它激励着南四湖水政监察人继续不忘初心、奋力前行。

虽然那段历史我没有亲身经历过,没有切身体验到当时的惊心动魄,但如今南四湖水政监察人的铁骨柔情却让我难以忘怀。近年来,随着"清四乱""清零行动"的开展,南四湖水政监察人坚持有案必查、有查必果,采取一切有效措施全力推进河湖陈年积案"清零"行动取得实效,同时采取多部门联合巡查、重点检查、临时飞检等巡查模式,及时发现和有效处置水事违法行为,以"零容忍"的态度严厉查处新的违法案件,切实巩固"清四乱""清零行动"工作成果。经过艰苦奋战,"清四乱""清零行动"劳动成果遍地开花,截至 2021 年 7 月,23 件陈年积案全部按时结案"清零",淮委挂牌"刘香庄码头群"案件全部清理整治完毕,水利部暗访反馈江苏、山东两省的 10 个问题中,7 个问题已清理整治完毕,剩余 3 个问题均已立案并稳步推进。在整个工作开展的过程中,印象最深的当属南四湖苏鲁省界刘香庄码头群清理整治。刘香庄码头群位于南四湖湖西大堤,包含的 10 个码头建设于多年之前,由于省际勘界未完成、区分违建码头所在行政区划难、部分码头经营权多次转包等原因,这里一直是南四湖苏鲁省界"四乱"清理整治"老大难"。这些年,虽然一直采取多种形式对违法建设进行清理,但是,刘香庄这个地方因为地理位置比较复杂,虽经多次整治,仍不断反弹,怎么彻底解决问题一直是南四湖水政监察人思考的问题。直至2018年年底,事情终于迎来了契机。为推动河(湖)长制工作取得实效,南四湖水政监察人员充分发挥流域管理机构作用,积极与苏鲁两省多方共商、合力推进,全面吹响了苏鲁省界刘香庄码头群清理整治的"冲锋号"。在清理整治过程中,南四湖水政监察人员遇到了很多难以想象的困难,面对"凭什么界定我们是非法码头"的诘问,他们耐下心来,一一劝导;面对执法阻碍时,他们加强巡查、蹲点守候、日夜奋战,无一请假;地方政府主导拆除时,他们主动配合、动态监管、积极协调、合力推进。在铁面无私、势如雷霆的震慑执法下,南四湖苏鲁省界"四乱"清理整治工作圆满结束。

在执法过程中,有一个"一间房"的小故事,让我深深感受到南四湖水政监察人的动人温情与人文关怀。有这样一间不大的石棉瓦房,户主是山东微山县人,户口是山东鱼台县,占的地又是江苏沛县。想不到的复杂情况全摆在了面前,要想让村民搬迁,难度非常之大,尽管房屋必须拆,但南四湖水政监察人员也没有强硬执行,而是对当事人耐心说服教育,同时立即同地方政府协调,在寻找到一处合适的住所后,才最终完成拆除任务。在整个执法过程中,不仅充满了智慧,也充满了对周边群众的深情厚谊,执法者与执法对象和谐共处、亲如一家,这一切,都源自相互理解的温情执法!

纵观近40年来,南四湖水政监察人用他们的担当,践行初心,履职尽责。对于执法,他们违法必究,执法必严,坚决维护水利法律法规和流域机构的权威;对于群众,他们加强教育,注重引导,用法治教育维护长远发展;对于自身,他们内外兼修,精进不休,不断提升执法能力和水平,他们用自己的力量守护好南四湖的绿水青山。虽然他们的工作是枯燥的、烦琐的,但平凡的工作却缔造了不平凡的贡献。没有豪言壮语,没有惊心动地,有的只是任劳任怨,埋头苦干,默默奉献。但正是这些默默奉献的南四湖水政监察人,用实干与担当谱写一支别样的护水新曲,缔造了"河畅、水清、岸绿、景美"的南四湖,守护了南四湖的安澜。我相信,在南四湖水政监察人的守护下,南四湖的水会越来越美,南四湖的人民会越来越幸福。有了他们,就有了一方水土的平安!

青春水利，与国无疆

南四湖水利管理局办公室　王　佳

　　"白天蒸的人难受，晚上怎么那么冷？"凌晨一点，一群汉子在船上冻得瑟瑟发抖，不时传出"嗡嗡嗡……啪"的声音。"又让我打死一只，这湖上的蚊子可真毒！"一位穿着短袖的同志一边擦着手掌上残留的蚊子血，一边懊悔着没有带外套出门。他在一旁笑着搓搓手，两只胳膊抱得更紧了。412 亩违法圈圩，100 多名执法人员，白天黑夜地在湖上吃住，那么大场面的"清四乱"行动，即便自己工作了 17 年，经历了各种各样的场景，这也还是第一次遇到。原来已经 17 年了啊，一阵冷风吹过，他不禁打了一个寒战，思绪也随着风飘啊飘啊，回到了 17 年前报到的那一天。

　　七月的阳光格外耀眼，一湖碧水热气腾腾，波澜不惊。他站在湖边，心似天这般炽热，却不似水这般平静。"大鹏一日同风起，扶摇直上九万里。"他默默地想着、念着、谋划着，内心仿佛有一团火，意欲喷薄而出。当时的他如何能想到，这 17 年，他竟然就只做了一件事——治水。

　　"你们凭什么砍我的树？"一位大叔一手掐腰一手指着他们恨恨地吼着，本来就不大的办公楼里叫嚷声从一层贯穿到三层。他大概是见惯了这样的场面，一边和颜悦色地安抚，一边请他们落座，一个个给他们端茶倒水。就这样，他接待了一批又一批因为违章种植被清除而前来寻衅滋事、索要赔偿的人。

　　"能不能不拆？我们一家人就靠这吃饭了。"一位大婶言辞切切地恳求着，语气近乎哭腔。站在旁边的人都有些不知所措，他倒是显得异常平静。"对不起，大姐，我们必须得拆。"歉疚中带着坚决。就这样，常常是在一片吵嚷声、哭泣声、机器轰鸣声中，一座座违章建筑应声而倒。

　　"告诉你，我兄弟多得很，敢动我的码头，你最好给我小心点。"他面无表情地挂断电话，摸了摸身上多年前被违建当事人袭击留下的伤疤。"跟我拆！"想到以后水清岸绿景美的画面，他手臂一挥，果决地吐出这三个字。就这样，面对偶尔的恐吓和暴力抗法行为，他总是不顾一切，带领同事们一起为当地老百姓创造了一方又一方净土。

　　就是这样，时间一点一点地过去，深爱着这片土地和这份事业的他也一点一点地从少年走到青年再到中年。他知道，无论是 17 年还是 37 年，只要心里的火不灭，他就还是当初那个少年。

　　天渐渐泛白，一轮火红的太阳从水上慢慢升起。"这饭菜真香！"一位刚入职的同志蹲在船上，手里捧着微热的盒饭，大口大口地往嘴里扒拉着，不知是因为觉得新奇还是刺激，整个拆除违章圈圩行动过程都显得异常活跃。他站在一边，看着这个脸上挂着两团红晕的"孩子"，突然有些恍惚，仿佛看到了年轻时的自己。

　　他笑笑，不说话。"青春如初春，如朝日，如百卉之萌动，如利刃之新发于硎。"他承认，自己是有点怀念了,但他不曾后悔。

他知道,只要热爱在,青春就在。火,还在燃烧,他暗下决心,这辈子,一定一定要把唯一的这件事给做好。

他是谁,你可能猜得出来,可能猜不出来,那都不重要,或者你根本不必去猜。他不过是茫茫海上的一滴、浩浩星河里的一颗、万丈光芒里的一束,是沂沭泗局一代又一代前仆后继的水政执法队伍中再平凡不过的一个。

"伟大出自平凡,平凡造就伟大。只要有坚定的理想信念、不懈的奋斗精神,脚踏实地把每件平凡的事做好,一切平凡的人都可以获得不平凡的人生,一切平凡的工作都可以创造不平凡的成就。"沂沭泗水系统管 40 年,一代又一代沂沭泗水利人在 14 600 个平凡的日夜中坚守、奔波、伏案、建设……他们手上有建闸筑坝留下的痕迹,经历过无数次寒风冷雨的侵袭,大踏步地奋斗于伟大的社会主义。

从洪水肆虐、民不聊生到河湖安澜、水旱从人,他们住过冬天漏风、夏天漏雨的砖瓦房,走过晴天一身土、雨天一身泥的土石路,手摇过发动机、手绘过图纸。如今再看,办公楼三米一层、五步一阁,堤顶路宽阔平坦、绿树荫浓,设施设备网络化、信息化、智能化、数字化,治理沂沭泗的历史,从某种意义上来说就是一部改革开放史、社会主义发展史。

沧海横流,方显英雄本色。他们是沂沭泗水利攻坚战的先锋,他们是彪炳治淮史册的英雄。

他们,因为热爱,所以执着;因为执着,所以美丽;因为美丽,所以永远年轻!

美哉,我青春水利,与天不老。

壮哉,我水利同胞,与国无疆!

致敬沂沭泗水系统一管理 40 周年
——我印象最深刻的几件事

沂沭泗水利管理局南四湖水利管理局　王迎建

40 年云卷云舒，风云激荡；40 年砥砺前行，不忘初心；40 年筚路蓝缕，春华秋实。回望我们沂沭泗水利人走过统一管理以来的 40 年，变革创新始终贯穿始终。从 20 世纪 80 年代沂沭泗地区水利工程统一管理伊始，沂沭泗水利人随着社会发展与时俱进，调整思路，加强管理，通过水闸加固改造、堤防加固等形式，多种经营并举，以水利工程目标管理考核为抓手，不断探索水利管理新体制。近年来，围绕标准化、规范化，大力推进水利工程精细化管理、水利企业单位内部配套改革等。通过不断改革，创新体制机制，水利事业呈现活力倍增、生机勃发的新局面。漫步在沂沭泗流域的水利蓝图上，一道道堤防绿龙安卧、一座座水闸横亘中流、一条条河流碧波荡漾、一阵阵清风沁人心扉……一幅幅美丽的水利画卷正铺展开来。

40 年来职工生活有了极大的提高，获得感、幸福感不断增强，亲身经历沂沭泗水利发展的 20 多年，我还是感受到了天翻地覆的变化，其中有几件事终生难忘。

一、开闸泄洪

1998 年 7 月，还记得那是刚毕业到二级坝管理所（现二级坝局）实习，8 月的一个下午，我收到沂沭泗局防汛办公室调度指令，晚上 12 点整将二级坝第三节制闸提出水面泄洪。当天晚上管理所全员出动，时任二级坝管理所赵建海所长现场指挥，当时还是人工操作，适逢大雨倾盆，每个人都变成了落汤鸡，特别是电工马传东，虽然有雨衣，但却把雨衣全部遮盖在启闭开关移动控制台上进行防水保护，自己身上也都湿透了。在大家的齐心努力下，雨停了，东方出现了鱼肚白，二级坝第三节制闸的 84 孔水闸也终于全部提出水面，当后勤服务中心赵则起将食堂烧好的姜汤送到现场时，好几个人都已经累得坐在地上气喘吁吁，无力端起茶碗了。

再看如今，二级坝第一到第三节制闸已经实现了远程控制和集中控制，信息化水平得到全面提高。

二、计算机

从基层管理局实习回来后，我在南四湖局人事劳动科从事人事管理，刚好人事系统统一配备了一台联想计算机，CPU 配备的是当时最先进的奔腾 586，能够采用电话拨号上网，那可是稀罕东西。当时冯玉敏同志在上面用 Excel 表格做工资表，李玉凤阿姨说："在这之前全部是手工做工资单，如果一个数字错了，合计、汇总全部都要重新算过，现在用计算机做工作真方便。"

再看如今,现在我们的计算机性能比原来不知道提高了多少倍,也早就实现了光纤上网,局域网连接更是让无纸化办公变得快捷、高效。

三、通信

在二级坝管理所实习时,不仅防汛要值班,通信电台也要值班,当时使用的还是单工机,还需要呼叫,经常是值班人员拿着呼叫器呼叫:我是二级坝,我是二级坝,需要呼叫南四湖,听到请回答。这就像以前电影中的情形。

再看如今,现在我们通信早已实现无人值守,程控交换系统也越来越先进。水利卫星通信、商用移动通信、固定电话通信、视频会议等多种形式的通信让沟通无处不在。

四、食堂

从二级坝管理所实习和 2002 年担任二级坝管理所副所长之前,食堂都是两顿饭,当时很不习惯。包括在韩庄闸管理所(现韩庄枢纽局)实习时,管理所没有食堂,我们几个实习的只能跟着韩庄闸收费站食堂用餐,而当时的食堂也不经常开。

再看如今,南四湖局六个基层局的食堂都是每天三餐正常提供,而且干净、卫生、方便、实惠。

风雨多经人不老,关山初度路犹长。回顾过去,40 年,我们有苦痛,有曲折,有艰险;40 年,我们勇进取,经成败,历悲欢;40 年,我们常跋涉,斩荆棘,战阻挠;40 年,我们紧跟党,共发奋,敢登攀。展望未来,我们觉醒开启征程,奋斗成就伟业。过去的一切只是开场白,站在新的历史起点,我们将不忘初心,风雨兼程,携手同心向未来跨越,再创沂沭泗水利统一管理新辉煌。

南 四 湖 情

南四湖水利管理局下级湖水利管理局　王雪松

楚汉旧国,孔孟故里,一方热土孕育了厚重的历史和灿烂的文明;

甘苦同担,荣辱共勉,一湖清水滋养了朴实的人民和纯洁的心灵。

南四湖,如一颗璀璨的明珠,镶嵌在华夏大地上,

地承苏鲁,水连淮泗,引内河而外导,调南水而北上。

南四湖人,如一株株坚韧的草苗,扎根在南四湖边,

兢兢业业,勤勤恳恳,立当前而志长远,抗风雨而守安澜。

是否记得,

大禹治水,一十三载,殚精竭虑,疏淤导洪,三过家门而不入,丰功伟绩万世传;

可否知道,

南局成立,三十八年,攻坚克难,兴利除害,防汛抗旱护安宁,誓让四湖换新天!

忆往昔,南四湖地处苏鲁省界,行政区划不清、水事环境复杂、违法问题突出,争斗不断;水资源短缺、水污染严重,深刻影响流域人民的生产生活,制约当地经济发展,南四湖成为名副其实的"难管湖"。

看今朝,南四湖局高擎"依法治水"旗帜,以"十六字"治水方针和习近平总书记关于治水重要论述为指导,科学规划、统一管理、综合调度、团结治水,让南四湖从鱼虾绝迹的"难管湖"变成物阜民丰的富饶地。

老一辈南四湖人踏泥涉水,风餐露宿,用双手建成了一座座水闸、一段段堤坝,拦蓄着一湖碧水,滋润着千里沃野。

新一代南四湖人继往开来,砥砺奋进,用坚强的意志、超凡的智慧和无畏的勇气,续写着南四湖水利事业的传奇与辉煌。

亦余心之所向兮,虽九死其犹未悔。

正是因为一代代南四湖人将家国扛在肩头、将人民放在心中,才换来了如今的安居乐业、国泰民安。

作为新一代南四湖人,

我深知,我们肩负的使命仍然光荣;

我深知,我们承担的责任依旧很重。

我们要弘扬优良传统,坚守初心本色,以老一辈的南四湖人为榜样,勠力同心,真抓实干,奋力开创南四湖水利管理工作新局面。

坚守家国情怀,坚持以人为本。始终保持深厚的家国情怀,坚持"以人为本"的原则,时刻铭记"江山就是人民,人民就是江山",以社会安定、人民幸福为己任,尽心尽力做好水利管理工作,维护南四湖流域的长治久安。

加强理论学习，提高政治站位。深入学习习近平新时代中国特色社会主义思想、习近平总书记关于治水工作重要讲话指示批示精神，贯彻落实习近平总书记全面依法治国新理念新思想新战略和新时代治水新思路，用科学理论武装自己，用大局观念思考问题，为南四湖的发展贡献自己的力量。

勇于担当重任，善于解决困难。新形势下的水利管理工作正在由粗犷式向制度化、规范化、精细化转变，因此我们要时刻保持高度警惕、勇于担当，善于思考，保质保量完成上级交办的任务，树立良好的流域机构形象。

新时代，新征程。

我们将青山做笔，化绿水为墨，

继续描绘着南四湖的壮阔与美丽；

新起点，新希望。

我们用奋斗填词，以汗水作曲，

继续谱写着南四湖人的收获与成功！

防 汛 组 诗

——致敬 2020 年"8·14"洪水期间坚守岗位、勇于担当、不畏艰难的沂沭河水利人

沂沭河水利管理局水利管理科　彭贤齐

雨前
白玉兰说雨滴是花瓣散落的牵挂
梧桐树遮了光
绿叶偷偷发出声响
试着唤出藏在云后的清月

江风口的稳重和端庄淡了
不去从沂河里捞出星光
倒欣喜地捕一片蛙声
连巡查人的脚步声也重了

似乎有雨要来
映山红在墙角立着开放
颜色温柔,照着奔波的值守人
让暖风和匆忙一阵阵涌进来

洪水歌
浊浪中翻滚着,咆哮着的
是沂沭河前所未有的奔流
无法捞出安静的水滴
哪怕是一丁点儿

撕裂的怒吼
把刘道口、彭道口撞出激烈水花
从新沭河闸向东的洪水
扯不住留恋的衣角

接纳无数紧张、汗水和不眠
只有守夜人的专注

削弱满脸傲气
留下一顷安澜与敬意

电话铃
就在楼道里一阵接一阵响
像是冲锋的号角,暗夜中铆足干劲
见证历史的青年人
在反复"嘟嘟"声里记住 10900、5940 两个数字

一些不曾言语的"战友"
今天的话一次说了个够
已是凌晨,铃声紧促
有一份重量依旧压在胸口

手电
在沂沭河两岸高举
不平静的夜热闹起来,把欢愉藏匿
灯光交会,闪耀整个天空

借着灯光巡河的人
舞出一个个可爱的姿势
当水位退一些时
灯光却没暗下去

天明了,手电要灭了
若手电点亮,动人故事又将演绎

风雨历程　沭河沧桑巨变

沂沭河水利管理局沭河水利管理局　闻春艳

　　沭河管理所现在的沭河局始建于 1957 年 10 月,隶属于临沂地区水建指挥部,所址先后搬居临沭县南古镇新村、莒县青峰岭水库和临沭县石门镇大官庄;1983 年 4 月按照国务院〔1981〕148 号文件批复,实行流域统管,名称仍沿用沭河管理所,隶属于水利部淮委沂沭泗局沂沭河管理处;1989 年 1 月经上级批复,实行闸河分管,沭河管理所由大官庄搬至临沭县城常林西大街 58 号,内设 10 个机构,即办公室、水政股、水利管理股、财务股和莒县管理段、莒南管理段、临沂管理段,郯城管理段、临沭管理段、黄庄穿涵管理段;2003 年 5 月,根据淮委《关于沂沭泗水利管理局下属有关单位更名的批复》(淮委人教〔2003〕96 号),更名为沭河水利管理局。撤所建局后,沭河局直管沭河、新沭河、老沭河、分沂入沭、总干排河道长 176.62 km,堤防长 218.26 km 以及黄庄穿涵、莒县官庄闸等闸涵工程,跨日照、临沂两个地级市的莒县、莒南、临沭 3 个县,沿河有 24 个乡镇、283 个村庄。内设 8 个机构,即办公室、水政水资源股、水利管理股、财务股、莒县管理所、莒南管理所、临沭管理所、黄庄穿涵管理所。

　　1991 年,我成为一名水利工作者。那时候的水利工作者是基层管理段的管理人员。我在现在的临沭管理所工作,当时的管理段管理堤防 80.4 km,有 14 名职工,我就是其中之一,也经历了几个沭河局从无到有的巨变。

　　1992 年沭河新培堤完成,当时的沭河大堤,光秃秃的,啥都没有,堤顶就是黄土,坡面也是土,晴天刮风都是土,雨天出门一身泥,出门巡查是骑大金鹿的自行车,那时候骑车还不如步行,骑不动也推不动,有时候是"车骑人"——扛着车走。那时候没有"管养分离",职工是技术员也是管理者,有时还是"小工",百米桩、公里桩的丈量到埋设都是职工一尺尺一步步丈量出来的,脚踏实地,尽心尽力,从整理路面到路缘石安装,从堤坡种草到堤脚植树,每一处都有沭河段职工的身影,经过努力临沭管理段在右岸的 7 km 整修了"五化"堤防,为沭河筑起了一处亮点工程,后来慢慢推进至整个沭河堤防。1994 年,摩托车成为巡查工具,段里的同志骑上摩托车在堤防上巡查后感慨:我们的堤防比地方的公路都不差。因此临沭段在 1995 年被水利部评为"全国水利系统先进单位"。我也是当中的一员,我为此而感到骄傲。现在的沭河堤防修成了滨河大道,感觉就像高速公路一样。

　　1993 年开展工程划界工作。当时,"土地划界"是一个新名词,老百姓不知道意思,也不明白为什么要搞土地划界。那时我们整天和老同志一起去村支书那做工作,让村支书宣传土地划界的重要性,让其组织群众观看电视、看水利工程划界会议新闻等,沭河河流多、范围广、难度大,我们都积极主动地做工作,在当时地方政府和上级领导的支持下,我们临沭段全体职工努力做到"趁热打铁",开展土地划界工作,联合地方土地局进行外业划界、内业整理,汇编成档案资料,便于随时查阅。划界工作的开展标志着我们沭河的土地管理工作走上了科学化、法制化的轨道。堤防的依法管理、采砂管理等为许多地方的权属矛盾和界址纠纷提供了重要依据,也为后来我们单位的发展起到关键作用,现在划界资料还是作为日常的第一手参考资料来查询。从原来的无边界到现在的确权划界,沭河大发展有了质的变化。2020年,沭河重新进行了土地划界,并埋设了界桩,这次的界桩埋设有系统定位,每个点都可在手机或电脑上查询。

2005年,沭河局成立综合档案室,从春季开始到冬季对沭河近50年(1957—2005年)的档案进行了系统梳理、重新归档,分类清楚,使用方便。同时编制了案卷目录、全引目录、数据库等,逐步实现了档案检索利用自动化。同年达到“合格档案室”标准,2006年沭河局档案室晋升为“山东省二级档案室”。2007年我成为一名档案管理人员,在档案室晋升为“山东省一级档案室”过程中贡献了微薄之力。2015年的科学化管理考评中,沭河局评为“山东省档案工作科学化管理先进单位”,2019年晋升为“水利档案工作规范化管理三级单位”。沭河的档案变迁是从每个股室都存放档案到后来成立综合档案室,从合格达到规范化管理。其中经历了几十年的变迁,时代在进步,管理在规范,档案查询也从手工查询发展为电子化查询。现综合档案室内档案资料有3 986卷/4 275件,其中会计档案有2743卷,科技档案有816卷,文书档案有431卷/3 846件。

工作30年,历经着沭河的沧桑巨变。沭河人从实践中探索,在探索中前进,这是沂沭泗流域统管成就的一个小小缩影,也见证了水利工作不断向科学化、现代化发展的过程。在未来的日子里,沭河人将继续发挥“一不怕苦,二不怕累”的精神,勇往直前。沭河的发展也会越来越好。

平凡而伟大

沂沭河水利管理局沂河水利管理局 包雪梅

四十年的栉风沐雨,四十年的艰苦奋斗,四十年的沧桑巨变,四十年的慷慨激昂,共同铸造了沂沭泗今天的辉煌。岁月悠悠,潮起潮落,沂沭泗局昂首阔步地走进了2021年,迎来了她四十岁华诞。在这四十载春秋中,无数沂沭泗流域儿女,风雨兼程,砥砺前行,共同谱写出璀璨夺目的华彩乐章。

求木之长者,必固其根本;欲流之远者,必浚其泉源。我们的事业,根基在基层,组织在基层。而我们的故事,也要从最基层的水利人说起。

在我的身边,有这么一群普通但优秀的沂沭泗基层水利人,他们没有豪言壮语,几十年如一日,扎根在第一线,任劳任怨,默默奉献。他们当中有众多先进代表,杨传武同志就是其中一颗璀璨的明珠。

杨传武是土生土长的沂蒙革命老区人,他的父亲也是沂沭泗局基层局一名水利工作者,从小就崇敬父亲事业的他,怀揣着水利梦,追寻父亲的脚步,从部队转业到沂河局参加工作,如愿以偿地成为一名基层水利人。参加工作后,杨传武同志用实际行动赢得了单位同事的赞许。2005年,经组织批准,他光荣地加入中国共产党,并先后担任沂水、沂南、兰山、祊河管理所所长,现任兰山管理所所长。

作为一名基层所所长,杨传武深感责任重大,他也始终以高度的事业心和责任感,投入到辖区河道管理工作中,关键时刻能站出来,危急关头能豁出去。他用业绩说话,赢得了领导的满意、同事的认可;他用行动说话,赢得了群众的拥护和人民的赞誉。他的事迹就像千千万万个沂沭泗水利人那样平凡,他的品格就像一颗璀璨的明珠闪烁着耀眼的光芒,彰显沂沭泗水利人的光辉形象。

一、坚定信念,执着理想

理想信念是沂沭泗水利人的根之所在、魂之所系。崇高的理想信念是我们保持先进性的核心。从入职那一天起,杨传武同志就抱有为水利事业奋斗终身的坚定信念。

打击盗采砂,使命光荣却危险四伏,在高额利润的引诱下,盗采分子不惜暴力抵抗,并常常以跟踪、恐吓等方式对执法人员进行人身威胁,但杨传武带领的执法小队从未被困难吓倒,强脑力、拼体力,同不法分子周旋,始终不屈不挠地战斗在执法第一线。多少个深夜,在我们都安静地享受家庭温暖的时候,杨传武同志却带领着队员亲赴一线蹲守执法,常常是深夜出发,凌晨而归,还来不及休息,第二天又继续工作。常年的夜间执法使他形成了不一样的生物钟。无论多晚,无论多远,只要有情况,就能随时出发。

面对不法分子的威逼利诱,杨传武同志不为所动,坚守底线,对非法采砂分子重拳出击,毫不留情,展现了一名基层水利工作者的铮铮铁骨。为彻底打掉长期盘踞在某地的盗采黑势力,杨传武开动脑筋,主动联络,决定在 2018 年 1 月的某个凌晨,与临沂市兰山区特警大队联合执法,一举扫清这一盗采团伙。为避免行动暴露,他带领兰山管理所人员提前到达前期摸排确定的非法采砂地点进行情况侦查,终于,他们在河对岸发现盗采分子,杨传武当机立断,与特警大队迅速出击,现场抓获非法采砂人员 17 人,依法登记保存非法采砂车辆 3 辆,取得较大执法成果,有力打击了附近河段日渐猖獗的非法采砂行为,极大地震慑了沂河河道内的非法采砂分子。

二、栉风沐雨,身先士卒

越是艰苦的环境,越能体现出一名共产党员的政治本色。在岗位上能够始终保持一种朴素求真的生活准则、一种艰苦奋斗的工作作风、一种舍小家为大家的利益观念、一种将责任放在首位的真诚情怀。

2012 年的冬季,临沂特别寒冷,接连两场大雪后,夜间的温度骤降到 −15 ℃。某铁路通道跨沂河工程,在未完成手续的情况下开工建设,并对我局的几次沟通都不予理会,还借助高空作业等优势与执法人员对峙,干扰执法。对此,我局结合实际,确定"依法监管,联合执法,柔性执法"的工作思路,派出执法人员进行蹲点守候,杨传武就是其中之一。寒冷的北风在僵硬的树枝间呼呼作响,执法队员在河道里架起了帐篷,杨传武跟执法队员一起吃住在帐篷里。冻手了他们就搓一搓,冻脚了他们就跺一跺,但无论条件多恶劣,始终没有一个人叫苦叫累,团队凝聚力空前高涨。就这样,一顶帐篷,一个煤炉,一张床,一颗颗坚守的心,他们一坚持就是两个月。最后,施工方不得不怀着敬重之心,主动要求座谈沟通,并按要求补办了手续,领取了施工许可证。

防汛是沂沭泗水利人的首要职责,关系到人民生命财产安全,是"人民至上,生命至上"这一根本遵循的重要体现。众所周知,防台御洪艰险异常,容不得半点马虎,杨传武同样不敢有半点松懈。

2019 年 8 月 12 日凌晨 5 时,杨传武突然接到通知:金一路大桥上游低桥附近存有游船和码头漂浮物阻碍行洪!汛情就是命令,他带队马不停蹄赶赴现场,迅速查清当事船船主,封锁上桥道路并联系吊车、吊船执法。事关重大,在局领导坚强领导下,杨传武带领执法人员没有丝毫懈怠,在风雨中坚守 12 小时,终于安全吊离了船只和码头漂浮物,保证了河道行洪安全。在他的带领下,兰山祊河所全体职工不加停歇,顶风冒雨,持续作业,巡堤防、查险情、标洪痕,通知群众、船只撤离,保证度汛安全,成功防御了"利奇马"台风暴雨洪水。

三、胸怀赤城,不忘初心

要问大家对杨传武同志的印象,就是一个字——忙。在沂水、沂南任职期间,由于时间紧、任务重,杨传武经常几个月才回一次家,母亲身体不好,他却无暇照顾,一岁多的儿子常常记不得父亲。2012 年,他的母亲生病,但当时正处于执法关键期,他放弃了领导特批的假,坚持守护在岗位上,一刻也没有离开。一开始,家人不理解,但每当看到他风尘仆仆的样子,也就只能由心疼转为默默支持,因为他们知道,只有在岗位上,他才能找到自身的价值。

生活中,他不张扬、不虚伪,性情上平和而温暖,如云般洒脱,如莲般淡然。他告诉我,最难忘的经历就是和大家在执法现场并肩作战,克难攻坚,完成一次次执法任务。在管理所担任所长,压力是可想而知的,他常常在笔记本和微信上写下鼓励自己的话。我记得有一句是：把脸迎向阳光，就能感受温暖；把人生面向春天，就会充满动力。即使是冬日，也要像花朵一样绽放，像夏日一样明媚！

　　正是这样的杨传武同志，先后多次被评为"先进工作者""优秀共产党员"，并带领所在单位多次获得"先进单位""文明单位"的光荣称号。2018 年，他被临沂市人民政府授予"临沂市劳动模范"荣誉称号，2020 年 1 月被授予临沂市首届"最美应急人"光荣称号，2020 年 4 月被授予"山东省五一劳动奖章"荣誉称号和"临沂好人"荣誉称号。与此同时，他还受邀加入学雷锋志愿服务队，与雷锋班一起参加各类援助公益活动。

　　在杨传武的身上，我们可以看到一种精神、一种方向、一种前进的动力。他就像一面镜子，时刻提醒着我们，无论做人还是做事，都要兢兢业业，尽职尽责。做不了大海的滚滚波涛，就做一汪山涧的潺潺溪流；做不了峰顶的参天大树，就做一棵河边的青青小草。四十载辉煌结硕果，正是千万个和杨传武一样的平凡水利人，风雨兼程，同舟共济，用平凡铸就伟大。如今，新的起点，新的征程，号角已经吹响，我们时刻准备着！

守望沂沭泗

沂沭河水利管理局江风口分洪闸管理局　公　静

河水静谧如镜,桥面车水马龙,漫步于华灯初上的沂河岸边,霓虹绚丽,动静相宜。宽广如江海,优雅似溪流,幽草蛩声细,清风夜色长。我久久驻足,极目北眺,好似看到沂河一路从蒙山南麓奔腾而来,从涓涓细流汇成千里大河,一路奔袭,一路高歌,沉淀了两岸岁月,惊艳着流域风光。闭目静思,一幅波澜壮阔的流域治理历程在眼前徐徐展开。

在沂沭泗局统一管理40周年之际,我想要赞美这样一群人,他们几十年如一日坚守在水利一线,他们艰苦创业,从零起步,积极探索国家统管模式下的流域治理方式;他们坚定信念,冲锋在水事纠纷、抗洪抢险的前线;他们锐意创新,向党和人民呈交上河湖安澜、水清河畅的答卷。他们就是沂沭泗局的广大党员干部职工。

沂沭泗局从一成立就背负着"促进地区安定团结和生产发展"的使命。2座大型湖泊、961 km河道、1 729 km堤防、26座控制性水闸,一代代沂沭泗人将自己一生中最美好的年华都奉献给了守护的大河。每一处非法采砂易发河段,每一处建设项目,每一处险工险段,每一座大小涵闸,他们用努力写就一个个音符,谱写下"忠诚,干净,担当"的奉献赞歌,杨柳轻拂时,连同河水都跟着低吟浅唱。

信念坚、政治强、本领高、作风硬,这是一支敢闯敢拼的队伍。世间从没有坦途,从制度上空白到日趋完善,从河堤道路坑洼到平坦通畅,从沙土堤防到生态护坡,从管养分离改革到全面市场化,从河长制"有名"到"有能",从"硬骨头"难啃到"清四乱"常态化、规范化。每一次变革都凝聚着决策者的智慧和胆识,凝聚着执行者上下一心的实干与拼搏。一路走来,经历坎坷与爬坡,实现引领与突破,一次次的实践与探索,一次次的改革和发展,他们用艰辛的努力和辛苦的付出推动沂沭泗水利事业驶入高质量发展的快车道。

为了流域百姓期盼的安澜梦,多少沂沭泗人青丝染成白发,新同志变成老前辈,错过多少次亲人相聚,又错过多少次亲人的别离,多少次踏碎了一轮明月,多少回扛走了满天星辰。温暖了流域百姓的心,却也忽略了家人朋友。手持多少荣誉,就付出过多少心血。一生的辛勤和汗水都献给了水利事业,所有的荣耀和自豪都源自水利事业,即便耄耋之年也清晰记得艰苦奋斗时肩挑手推修筑的长堤,巡查时磨破的布鞋,测绘时扶过的测量杆。从日出到日落,从旭日东升再到落日西垂,从沂蒙山腹地到黄海之滨,岁月的痕迹里,他们的故事依旧芬芳弥漫,很多年后,后人翻开一卷卷档案,定能感受到他们的严谨负责和执着热爱。

守望沂沭泗,平凡中常常蕴涵着伟大,一个个小人物筑起守护百姓生命财产安全的大防线。他们筑起坚强的屏障,守护着沂沭泗流域内5 706万亩耕地的丰收喜悦,呵护着5 128万百姓的万家灯火。铿锵的入党誓词是他们的铮铮誓言,春天的柳絮杨花,夏天的炎炎烈日,秋天的寒风萧瑟,冬天的冰天雪地,暴雨磅礴处,洪水预警时,胸前的党徽闪耀着坚定自信的光芒。"利奇马""温比亚"、2020年"8·14"洪水,巡堤查险时的惊心动魄,启闭水闸时的分秒必争,人民至上,他们全力以赴,生命至上,他们常备不懈。刚毅的眼神,紧握的拳头,澎湃着的是水利人的忠诚与担当。年年月月的守护,分分秒秒的努力,风雨守卫,只为力挽狂澜于河湖危难间,共守百姓安居乐业。

他们朝气蓬勃,一身浩然正气,用敬业奉献来实现着人生的价值。涉河建设项目管理有他们忙碌的身影;水利基建项目实施有他们辛劳的奔忙;工程管理有他们反复的测算;河湖岸线有他们日夜的守护;水资源管理有他们精细化的管理。河道大堤上,启闭机房里,防护林的羊肠小道旁,都有他们响亮的声音在回荡,挥手间,仿佛拥有无穷的力量。夜间巡查时的惊心动魄、盗采分子的威胁辱骂、酷暑寒冬里的连续蹲守,栉风沐雨冲锋在抗洪抢险一线时,顾不上幼小的孩子和年迈的双亲……每个基层局的敬业故事都不一样,每个管理所的奉献故事也都不同,相同的是水利人在最平凡、最清苦的岗位上的坚守和对水利事业的赤胆忠诚。

从"山东治淮第一闸"江风口分洪闸开工建设到导沂整沭和"导沭整沂",从人民胜利堰工程通过竣工验收到新沭河节制闸投入运行,从南四湖二级坝枢纽工程飞虹卧波到刘家道口水利枢纽拔地而起。从无到有,从有到优,我国的水利基础设施建设一步步坚定前行着。

新时代,如何推动沂沭泗水利管理事业高质量发展、为流域经济社会发展提供坚强保障?沂沭泗人不舍昼夜地思索、探求、实践着,他们知行合一,快速找准职责定位;他们统筹兼顾,构建团结治水和谐流域;他们"预"字当先,牢牢稳住防汛抗旱阵脚;他们履职尽责,工程管理持续提档升级;他们真抓实干,开创依法治水管水新局面;他们多措并举,水资源管理稳步推进;他们协调发展,单位自身建设切实增强;他们压实责任,全面从严治党向纵深推进……他们奋楫中流、劈波斩浪,打通新时代治水思路贯彻落实的"最后一千米",为流域全面建成小康社会、经济社会高质量发展提供了坚实水利支撑和保障。

守望沂沭泗,他们斗志昂扬,步伐铿锵。站在新的起点上,他们整理着装再出发,把握机遇、直面挑战,勇于破解难题,确保河湖安澜,在新征程上续写"幸福沂沭泗"新篇章。

40 年统管展风华

——沂河局 40 周年工作纪实

沂沭河水利管理局沂河水利管理局　杨宪为

这是一条张扬着自信与生机的河流,发源于泰沂山脉的南部,倾诉着牛郎织女的美丽传说,一路盘山绕崗、吸纳千溪百流,桀骜不驯地从山间冲出,势不可挡地奔流向海。她就是临沂人民的母亲河——沂河。

千百年来,沂河孕育了辉煌灿烂的琅琊文化,养育了千万沂蒙儿女,在中华文明中留下浓墨重彩的一笔。然而,水利万物的同时也滋生着灾害。几千年来,沂河流域饱受洪水灾害的侵袭,是著名的"洪水走廊",中华人民共和国成立后,毛主席亲自擘画江河治理的宏伟蓝图,在流域人民艰苦卓绝的努力下,初步建立起相对完善的防洪减灾工程体系。撼山易,治水难。在沂沭泗流域水情复杂、洪涝灾害频繁、治理任务艰巨的历史挑战下,沂沭泗局在1981 年应时而生。

时光荏苒,沂沭泗水系统一管理转眼间已经走过 40 年光辉历程。沂河水利人也始终牢记使命、不负重托,在沂沭泗风雨 40 年的统管历程中留下了浓墨重彩的一笔。

风雨 40 年,最可喜的是防汛工作科学推进。在沂河水利人艰苦卓绝的努力下,我们成功防御 1993 年"8·5"大洪水、2009 年"8·18"大洪水、2012 年"7·12"大洪水、2018 年"温比亚"台风、2019 年"利奇马"台风、2020 年"8·14"大洪水等多次灾害,确保河道安澜,保证人民生命财产安全,践行水利人的责任与担当。

风雨 40 年,最直观的是工程管理日臻规范。2005 年水管体制改革,实现了管养分离,理顺了管理体制和运行机制,明确了责权,达到了精简高效、降低运行成本的目的。直管工程科学化、规范化管理水平进一步提高,工程效能得到较好的恢复。结合防洪工程需要,我们治理了一批沿河百姓重点反映的险工险段,建设了民心工程,在保证防汛车辆通行、工程完整的同时,极大地方便了沿河群众出行,取得了良好的社会效益,沿河群众为之赞扬。

风雨 40 年,最给力的是依法管水成效显著。全面禁采以来,采砂管理工作成为全局工作的重中之重、难中之难。沂河局全体执法人员顶住压力、宵衣旰食,经过数年的探索逐步形成采砂监管"1234"新模式,成功打掉了一批非法采砂"钉子户",有效提高了执法威慑力和执法能力,大型盗采行为杜绝,零星盗采行为也得到有效遏制,最大程度维护了河道健康稳定秩序。

风雨 40 年,最凝心的是党建工作不断深化。40 年来,我们一直坚持党的领导,在党的光辉下不断取得新成就。我们致力于推进支部建设标准化、水利管理现代化、优秀文化传承化,从政治上、思想上、生活上、成才上关心党员,大力激发广大党员干部干事创业的激情,有效开辟了创新党建工作、强化党建引领、繁荣事业发展的新局面。

风雨 40 年,最欣慰的是精神文明日新月异。人无精神则不立,国无精神则不强。一直以来,沂河水利人深入贯彻落实习近平总书记关于精神文明建设工作的重要论述精神,扎实开展精神文明创建工作,推动精神文明建设取得新成果。近年来,我们以党建为引领,从软件和硬件两个方面着手,内外兼修,推动文明建设与业务工作双向融合,致力于将沂河水文化、沂河水利事业和新时代水利精神发展弘扬,在探索中逐步形成了具备水利行业特色的精神文明创建新模式,单位文化风貌有很大变化,精神文明建设精神呈现出新的气象,文明建设为开展各项工作提供了有力的思想支撑、精神支撑和道德滋养。

　　雄关漫道真如铁,而今迈步从头越。40 年的成绩来之不易,40 年栉风沐雨再次见证了沂河局水利人的初心和使命。站在新时代新起点上,沂河局水利人将以习近平新时代中国特色社会主义思想为指引,以"人民群众对美好生活的向往"为目标,以"我将无我,不负水利"的高度责任感和使命感,努力开创水利管理事业的新篇章。

四十载统管恰风华

沂沭泗水利管理局沂沭河水利管理局　李秋余

你是淮河的女儿,却青出于蓝
你又是众多支流的母亲
不尽的支流像游子一样
从各处扑向母亲的怀抱
那么义无反顾,那么坚定从容
蜿蜒曲折,一路挺进
穿过历史厚重的铅色阴云
从尘世的喧嚣与安宁中
流过昨天,流向明天
不做丝毫哪怕是刹那的停留
就像曾经身负重任的淮海英雄、沂蒙儿女
直奔那片辽阔的战场
转眼之间,我们已携手走过四十载
"虚怀若谷,上善若水"
是我们追求的人生境界
"忠诚、干净、担当"
是我们的行为标杆
"献身、负责、求实"
是我们的行业精神
四十载栉风沐雨
沂沭泗人的意志从未蹉跎
四十载披星戴月
沂沭泗人的梦想不曾坠落
你看那一面面坚固的堤防
一条条灌溉生命的渠道
一座座铜墙铁壁般的水闸
处处是迷人的风景画廊
在建党百年的时代强音里
我们牢记使命,砥砺奋进
恰风华正茂,铸辉煌今朝
齐奏发展沂沭泗的壮美华章

往昔岁月峥嵘　今朝江山多娇

沂沭河水利管理局沭河水利管理局　王金利

时间是奋斗的尺度，是筑梦的空间。回望 40 年来的匆匆时光，百感交集，目之所及，皆是回忆，心之所想，皆是过往。翻看以前的老照片，不禁勾起联翩回忆，上面记录着意气风发和青春芳华，凝结着生活过往和拼搏经历，40 年的工作经历是"纵然心有万千语，情到嘴边话难言"。

这 40 年，最感自豪是使命。人生的际遇，一半始于机会，一半始于选择。我从 16 岁的懵懂青年到现在将要光荣退休，从最开始的一名记账员到基层局主要领导之一，经历了 42 年的风风雨雨，酸甜苦辣，是目前沭河局在职参公人员中工龄最长的 42 年、党龄第二长的 33 年。从事的工作环境从沭河、沂沭河、沂沭泗、江风口、沂河又回到原点沭河至今，兜兜转转始终没有离开沂沭泗局这个大家庭，可以自豪地说，我这辈子都是沂沭泗水利人。这片土地上的山山水水、村村寨寨、草草木木，是如此熟悉，如此亲切。在这片热忱的土地上，我见证了统管时的资产移交签字，见证了沭河局机关的 2 次搬迁，见证了水利工程、堤防面貌的巨大变化，见证了办公条件的日新月异，见证了交通工具的更新换代……可以说我种下了梦想，也收获了果实，实现了个人与单位的共同成长。

这 40 年，最难忘怀是经历。刚参加工作时还是在偏远的大官庄局，领导看我学历还算高，加上工作负责、勤快，就让我担任记账员、主管会计，同时负责着办公室事务性工作，无论是领导检查还是有客人来访，端茶、上菜都是我的任务，而且整个大院的卫生都被我承包了。到了冬天还要在炉灶上烧开水，最难的就是每晚要封炉口，搞不好第二天还得烟熏火燎重来。

文化娱乐方面，冬天时大家都围坐在火炉边收听《杨家将》或打扑克牌娱乐，电视机还是黑白电视机，有时信号不好还得去转动天线，职工自己改造的三合土篮球场是年轻人最喜欢的舞台。

办公条件就更艰苦了，当年我做会计的时候，算盘是计算数据的主要工具，到了 20 世纪 90 年代单位才给配备了电子计算器。办公室夏天能用上电风扇那还得看是不是重要场合，沭河的第一台彩色电视机还是统管后我和孙希美所长在临沂购买的，当时附近的村民每到夜晚就像赶大集一样围在电视机房四周，那时的我掌管房门钥匙，很是自豪。

那时领导去开会，只有苏联产吉（嘎）斯大汽车、武汉吉普、三轮摩托、两轮摩托车代步，当时还有一辆拖拉机。据老同志说，第一任领导王士卿去临沂开会还是骑着毛驴的，并且还得请一位老农当"司驴"，不足百里的路程要一天才能到达。职工巡堤查险大多步行丈量，20 世纪 80 年代初自行车已是了不得的交通工具，经常见到"晴天人骑车，雨天车骑人"的场景。从交通工具的变化看沭河水利事业的发展，也可透视流域统管 40 年来的发展历程和改革开放的成果，展示出流域实行统管的深远意义和美好前景。

这40年，最大收获是奋斗。参加工作以来，一切成绩和荣誉都是最美好的回忆，一切努力和拼搏，都是最无悔的追求。

还记得，1995年沂沭河局成立审计科，我在领导的关心下调离沭河，工作十几年后总算圆了进城梦，完成了第一次领导干部离任审计（也是沂沭泗第一例）工作。

还记得，1997年沂沭泗刘香庄建管处成立，我有幸参与南四湖湖西大堤、二级坝一闸加固工程，见证了沂沭泗统管后又一轮治水高潮、二级坝的整治，改变了一闸顺利开闭安全下泄的窘境，改变了道路"雨天水泥路、晴天扬灰路"的面貌，让湖西民众过上了安居乐业的生活。

还记得，我们着眼未来，提前谋划，深入实施万亩林工程，打造的"绿色银行"为沭河局可持续发展奠定了坚实的基础。

还记得，我们依法行政严格执法，合理开发水土资源，多渠道开展经济创收，全面打击非法采砂活动，每一个通宵执法的夜晚都见证了我们对水利事业的忠诚。

还记得，我们履职尽责勇于担当，充分利用养护经费，不断提高工程防洪能力，260 km的堤防工程使绵延不绝的沭河得到归宿，在上级部门的领导下先后战胜了"7·12"洪水、"8·14"洪水，成功抵御"温比亚""利奇马"超强台风，为确保流域人民生命财产安全做出应有的贡献。

还记得，我们凝心聚力，合力攻坚，以决战决胜、冲刺冲锋的姿态，以"首创必成、高分创成"的信心和决心，在2014年奋力夺取省级文明桂冠，推动文明创建"再进位"。

还记得，我们迎难而上、顶风冒雨，每在洪峰来临之际通宵监视水情雨情、查看遥测水位，一条条精准的测站水情信息为大官庄枢纽洪水调度提供了技术支撑，最终在2019年获得"全国先进报汛站"称号。

沂沭泗统管40年以来，沭河局还取得了非常多其他的荣誉，我是胸有千万而下笔不及其一，便不再赘述了。

这40年，最难放下是牵挂。40年前，我在沭河局扬帆起航，从"半亩方塘一鉴走向星辰大海"，如今工作旅途的征程即将结束，心中感慨万千。从站上这片土地的那一刻起，我就一刻不敢放松、一天不敢懈怠，时刻保持"一万年太久，只争朝夕"的紧迫感。对水利工作，我注入了全部的精力和心血，融入了所有的甘苦和忧乐，也得到了最难得的淬炼、最全面的升华、最丰厚的收获，是水利工作滋养了我、培育了我、成就了我。

人，相逢是缘，相聚更是缘。我们因缘而聚，因情而暖。感谢工作后遇到的每一位领导同事，我们一起拼搏过、一起奋斗过、一起欢笑过、一起感动过。大家对事业的满腔热情、对工作的昂扬斗志、对群众的脉脉深情，时时刻刻感动和激励着我，不断赋予我成长的养分、前行的勇气和拼搏的动力。正因为有这么多的好干部、好同志，沂沭泗局统管40年才能取得那么大的成绩，才能谱写一曲曲沂沭泗水利事业高质量发展的动人乐章。我与春风皆过客，殷殷祝福满星河。今后，我可能不再是沭河局的"施工队长"，但永远是沭河局的"啦啦队员"，永远为沭河局取得的每一项成绩喝彩、每一点进步欣喜、每一步发展自豪。

回想过去，豪情满怀；展望未来，任重道远。40年的工作经历，既是艰苦岁月的志存高远，也是和平年代的知止有定，更是复兴路上的凯歌以行。适逢党的百年华诞，沂沭泗统管40周年，我们必须牢记习近平总书记新时期有关治水的指示精神，继续发扬优良传统，攻坚克难，乘势而上，再创辉煌，为建党100年献礼，为沂沭泗统管40年献上一份优异答卷。

为他们点赞！
——记录我身边的沂沭河人

沂沭泗水利管理局沂沭河水利管理局　冯淑娟

今年，是沂沭泗局建局 40 周年，40 年是风雨兼程的 40 年，是不断超越的 40 年，也是硕果累累的 40 年！今天，揭开沂沭泗局已有的辉煌篇章，我们看到的是几代沂沭泗人乐观和豁达、勤奋和坚强、奉献和值守、开拓和创新、感人奋进的一帧帧画面……而在我的身边，有着这么一群人，他们是沂沭泗局水利事业发展壮大的见证者、经历者和奉献者，他们朴实坚韧、忠诚担当的精神就像涓涓细流影响着我，滋养着我，也引领着我……

一、我的父辈们

那是 20 世纪 70 年代末一个初夏的早上，阳光洒满大地，我坐在爸爸的自行车大梁上，他蹬着自行车行进在河堰（堤防）上，路的两侧是绿油油的灌木，每隔一段时间我会扭头问："爸爸，快到了吧。"爸爸不慌不忙地说："还早着呢"……"爸爸，快到了吧。""不用急，等到太阳落山了就到了。"我嘟囔着："太远了。"突然，我看到一座美丽的水闸，便惊喜地叫起来："看！到了！"爸爸哈哈大笑起来，我也欢快地叫起来，这就是爸爸工作的山东治淮第一闸——江风口闸。

童年的记忆里，江风口闸院区内那是桃花盛开的地方，夏天知了成群，秋天树上挂满了红彤彤的果子，冬天却又是那么静谧……院区内有几排瓦房整齐排列，来来往往的人特别多，人们脸上总是挂着笑容。

爸爸是一个守闸人，很少回家，在我的心里一直觉得，江风口闸在他的心里非常重要。随着年龄的增长，我才渐渐明白，在那些艰苦的岁月里，老一辈江风口闸人在艰苦的创业阶段，付出了我们难以想象的艰辛，留下了很多宝贵的精神财富。职工除了看好闸，要自己挣着吃，每天要自己拔草、灌溉、施肥、修剪果树，果子丰收了要自己拉着板车走上百里路去卖。为了节省一角钱不舍得坐车，都要步行很远的路。就是靠着这种不怕苦不怕累、团结向上的精神，单位才一步一个脚印不断积累发展。爸爸是江风口闸第三任所长，我们家每年大年初二的时候才是团圆的时候。后来，有一次我问道："爸爸，你真的春节二十几年都在闸上过的？"爸爸沉默了一下，说道："我不在那里，谁在那里？我们的老所长都是这样过的。"是的，闸上的人就是这样的。

二、我和身边的同事

时间来到了 1995 年，我大专毕业分配到了沂河局工作。沂河局是从江风口局分出来的河道局，传承了江风口闸人艰苦奋斗的优良传统。

记得刚到单位不久，我们工程股的股长带着本股室五六个人去做石护岸工程，一个月后的一天，我在楼道内见到一个人，吓我一跳，脸是黑的，嘴上长满了泡，我看了又看，才确定是我们的股长。当然，不久后，我也加入这样的施工队伍里，每到枯水季节，我们工程股的人员就分成几个队伍，拉着锅碗瓢盆坐着解放牌的车奔赴不同的沿河村庄，任务是修建护坡工程。我们经常是白天站施工现场，晚上画施工图纸，抹黑收石料，一天下来累得躺在小铁床上立马就能熟睡。人从单位离开的时候，脸往往是白净的，回来时候被河风吹、太阳晒便"面目全非"了。记得有一个很有意思的事情，单位有个年轻的学生，参加大断面测量的时候，因为风吹日晒，显得特别老成，一次休息，和当地一个老乡聊天，看着胡子拉碴、黑不溜秋的他，对方问他五十几岁了……尽管这样，同事们没有抱怨，更多的是分享着发生在工地上的那些趣闻逸事。比如他们在工地吃着饭，突然从屋顶上掉下来个"草鞋底"；另一个队伍说他们工程完工后撤离的时候，是深夜收拾东西偷偷溜走的，怕有的百姓找事儿；想想他们的模样，听着的人都哄堂大笑。

那时候施工指挥部的安设也是五花八门，能利用的就利用，就和行军打仗一样，生产大队部里、废弃的学校里、老百姓养蚕屋、老乡的偏房……都可以作为我们施工指挥部。记得有一次工程结束要搬走了，我同事问当地帮忙做饭的老乡，我们的屋里怎么有两个大坑呀，那人不动声色地说，可能以前下边是坟墓吧，当场我们两个女生就愣住了。这样的事情多了，大家也就习惯了。不管怎么样，每当我们的工程完工时，看着整齐漂亮的护岸工程取代了险工塌岸或者水毁工程，我们参与者都会有点小小的成就感，美其名曰："我们是造福沿岸百姓的。"

三、我们的"河道卫士"

在我的周围还有一群人，他们就是一线管理人员，也叫"跑河道的"。管理人员日常工作就是奔走在河道里、堤防上巡查，他们顶着夏天的烈日、冒着冬天的寒风，夜晚还要经常蹲守在河道里，与不法分子周旋，非常危险和辛苦。

说起一线管理人员，已经有几代人了，说起他们自然提到了历经几个阶段的巡查交通工具，最初巡查时靠步行，后来有了自行车，20世纪八九十年代堤防很多狭窄不平，到处是沟壑，雨天更是泥泞，巡查一天，身子骨就散架了。后来巡查有了摩托车，那就是有了很高的效率了，一天能在自己的范围内巡查一趟，不过等到结束了，那屁股也就颠簸得够呛了。当然，后来配备了巡查车辆，道路也越来越好，但那些艰苦的岁月也刻在了老一代人的心里。

记得20世纪90年代末，城区段内向河道倾倒垃圾行为特别猖狂，夜深人静的时候，建筑工地上运送建筑垃圾的拖拉机偷偷出动，当时没有监控，城区段许多河段很荒凉，巡查人员只能整晚轮流上岗，跟着拖拉机撵，经过一年多的打击和严防死守，这种无序的倾倒垃圾行为才得以遏制。

进入21世纪，沙子的价格不断攀升，受到经济利益的驱动，非法采砂行为屡禁不止，打击非法采砂成了基层管理人员的一项重要工作，并因多年来与违法分子斗智斗勇，积累了很多"游击战术"，一直到近几年，我们滨河段禁采了才有改善。如今，随着经济社会的发展，涉河建设项目越来越多，为了制止施工单位的未批先建，管理人员经常是"没黑没白"地蹲守在河道里，时刻紧密关注着工程的动向，不给违规建设者留下一丝侥幸。前几年，沂河局在一次打击违法建设时，恰逢寒冬腊月，管理人员为了密切关注施工动向，排上班次，昼夜值守，吃住在车上，期间又下起了大雪，可以说是天寒地冻。经过一个多月的鏖战，最终建设单位按照要求办理了施工许可手续，我们也维护了正常的河道管理秩序。这样的事情，数不胜数。

汛期到了，查险报汛，一刻也不能马虎。大雨来了，最先跑出家门的是他们，他们责任重大，因为最先发现险情的就要靠他们。大家熟知的"利比亚""利奇马"台风，"8·14"等大洪水，坚守在洪水一线的就是他们这群人，查险情、测水位，皮肤都被水泡皱了，眼睛都熬红了……洪水退后，河道里忙碌的还是他们，他们是一个个幕后英雄。细心的你会发现河道内、堤防上随处可见他们的身影，只是如今有了更多年轻的面孔。

四、我的档案"队友"

2011 年 3 月，我们办公室的大姐退休了，我有幸接替了机关档案管理工作，正式成为了一名档案人。2016 年，根据水利部《水利档案工作规范化管理综合评估办法》要求，在淮委及沂沭泗局的部署推动下，直属局及基层局分步分批开展水利档案工作规范化三级达标工作。于是，包括机关一共 8 家单位开始了历时 3 年的档案创建工作。在创建过程中，各单位的档案员，互帮互助、共享资源，同时又你追我赶，成了亲密的档案"队友"。

我们这支档案队伍中，有迅速成长的年轻档案员，他们从最初不清楚档案工作到最后承担起了档案达标骨干工作，年轻的档案员肯钻研，悟性强，不怕苦不怕累，面对各种困难和压力，不厌其烦，迎头而上，给我们这支档案队伍增添了活力、动力，提高了效率。其中一名年轻队友考核到最后，已经是身怀六甲了，她依然咬牙坚持，准备着迎接档案验收，她乐观地说："档案考核和孕育新生命就像生活中的两朵并蒂花，在我的辛勤浇灌下苗壮成长。"

"妈妈，你好几天都没有回家了，今天听说你们考核过了，你累了吧，有想说的话吗？写下来吧……"我们一位队友在考核完后收到了儿子发来的问候短信，令人动容。创建过程中还有几位老档案员，他们克服畏难情绪，重新学习标准，查找不足，认真按照淮委、沂沭泗局和地方档案管理专家指导意见，积极开展整改。面对繁重的工作，经常加班加点忙到深夜，对档案质量也是精益求精，给我们的团队起到了榜样作用。

曾记得有一位队友写道："这段时间的档案工作让我明白了所有的喧嚣经过岁月的冲刷和时间的磨蚀，都将归于沉寂，所有的东西都将被简化成为一种最纯粹的物质形态，被浓缩成最简单的存在形式，那就是档案。所以即使档案工作清苦、寂寞，我依然乐在其中。"

档案创建过程中，还发生了许多令人感动的事情，在这里就不一一列举。在默默无闻的档案人员身上，我感受到了一样的情感，这就是我们水利人的责任和担当。2019 年年底，沂沭河局圆满完成了水利档案规范化三级达标工作，也标志着全局的档案管理工作迈上了一个崭新的台阶。

这就是我身边的父辈们、同事们，他们把最美的青春和年华奉献给了沂沭泗的水利管理事业。没有惊天动地的豪言壮志，没有感天动人的事迹，朴实无华是他们的写照，平凡而伟大，可爱又可敬！为他们点赞！

我们永不独行

沂沭泗水利管理局沂沭河水利管理局　魏　伟

征途伊始,我便知道,我们要走的是一条漫长的路。

这条路,没有终点,途中尽是荆棘。

有这样一群人,他们跌倒了又爬起来,40年来,虽然步履坎坷,却毅然决然地沿着这条路走下去。

很荣幸,五年前,我加入了他们。

一、我们坚守岗位,初心如磐

"你下班了吗? 我做决算需要加班,来不及回家看孩子,你能早回家吗!"电话那头,她焦急地问着。

"等一会儿,等我写完这些,马上就好!"电话这头,我一边答应着,一边却还在继续伏案疾书。

不知从什么时候开始,这样的情形就成了常态。她和我,是青年,是夫妻,是父母,也是儿女,但我们更有一个共同的属性——沂沭泗水利人。我们驻守在平凡的岗位,每天做着平凡的工作,但却为了同一个目标努力着。我们知道,无数沂沭泗青年水利人和我们一样,扎根在第一线,舍小家为大家,正在为流域安澜不懈奋斗。

二、我们坚定信仰,攻坚克难

"胡叔,今天您又出发呀!"

"对,出发。"

"胡叔,你带着这个包里带的什么呀?"

"这个是胰岛素。"

他曾是沂沭泗局基层管理所的一名副所长,已经退休的他仍然坚持经常自行巡查河道。用他的话说,就是:身体退休了,心还没有退。由于工作时,常年都是高强度,得了很严重的糖尿病,身体很不好,血糖高时或者饭前必须提前打降血糖的针,不然会有生命危险。

"您身体可以吗? 如果不舒服就别出发了。"看到胡叔满脸的疲倦,我忍不住问。

"能继续工作,对我来说是幸福啊,虽然退休了,我还是舍不得。"

从1979年开始计算,胡所长40年如一日坚守岗位,他的工作史就是沂沭泗流域统一管理40年的历史。在他心中,沂河与祊河是流淌在心间的家乡河,他清楚每一个工程、了解每一处险情、熟悉每一项隐患。他和无数沂沭泗水利人一样,用青春、用40年的光阴,扎根在基层水利岗位,任劳任怨,默默奉献。虽已退休,心里却舍不得。

三、我们征尘未洗，使命在肩

"杨所长，昨晚不是刚刚值完班吗？怎么还不休息？又要去哪？"

"我有非常重要的事要会上提出来赶紧讨论。"他拖着疲惫的身躯，却依然笑着回答。

他是兰山所所长，也是众多基层共产党员的优秀代表，山东省"五一劳动奖章"、临沂市"劳动模范光荣"称号等多项荣誉的获得者。多少个深夜，在大家都安宁享受家庭温暖的时候，他和局里其他执法队员赴一线执法，常常是深夜出发，清晨而归，来不及休息，第二天再继续工作。无论条件多恶劣，却没有一个人叫苦叫累。有时遭遇暴力抗法的威胁，军人出身的他从未被吓倒，依然不屈不挠地战斗在执法第一线。在他的日程表中永远都是工作日，没有休息日。

由于长期在基层管理所任职，他很久才能回家一次，父母妻儿都无暇照顾。2015 年的一天早上，他 70 多岁的老母亲在家突然摔倒昏迷，年幼的孩子吓得大声哭喊："奶奶！奶奶！"哭声引来邻居，他们帮着把老人送到医院及时抢救才脱离了生命危险，杨所长的愧疚之情可想而知。

40 年来，正是这样一批批敢于担当、始终践行初心使命的党员模范，铸就成了护卫沂沭泗流域安澜的铜墙铁壁。

四、我们栉风沐雨，砥砺向前

一年农历腊月二十九，上午 10 点，我到他的办公室签字。

"姚局，还没回老家过年吗？"

"还没有，明天回。"

"多久能到？"

"10 个小时。"

他是沂沭泗局基层局分管水管工程的副局长，20 年前从湖北老家来到沂沭河工作。20 年如一日，几乎每年都是年三十下午才能赶回湖北老家。

他是出了名的细致认真。在人员少、任务重的情况下，他常常是跑完外业忙内业，加班加点是家常便饭。风吹日晒跑堤防，晴天一身土，雨天一腿泥。汛前、汛后检查，工程设计，维修养护，专项资料整理等繁重的任务，他都一丝不苟地对待。长时间加班，疲惫常常不经意地爬上他清瘦的面庞。在承担巨大工作压力的同时，他自觉地把家庭放在了工作之后，周末、节假日常常不能如期而归，无暇顾及家中的妻儿老小。当许多人与家人共享天伦之乐时，他却只能与案牍为伴，只能用忘我的工作来缓解对家人的牵挂。家中的大事小事什么都指望不上，他心中只有内疚和自责。功崇惟志，业广惟勤，在他和全体同志共同努力下，我们成功防御了"温比亚""利奇马"台风，"8·14"洪水，有力维护了沿河群众生命财产安全。

既然选择了远方，便只顾风雨兼程。也许我们没有经历过驰骋疆场的轰轰烈烈，更没有经历过血与火的洗礼和考验。但即便是平凡，我们也无怨无悔。当我们驻足于沂沭泗之畔，看到滔滔河水，东去南下，携风卷浪，散下千堆雪，我们的自豪感、荣誉感便会油然而生。自从选择了这条水利之路、民生之路，我们就从未后悔，我们是豪情万丈的沂沭泗水利人，我们正在把青春奉献给党和人民，奉献给所有值得我们奉献的人。

40 年统管,旧貌换新颜,祖国更强盛,人们更幸福,沂沭泗更安澜。

现在,在我们的面前的是一条宽阔但又漫长的道路。

路上,风景独好,山河无限。

沂沭泗水利人,我们永不独行!

沂蒙三代人的水利情

大官庄水利枢纽管理局　　王金柱

　　我很平凡,我是土生土长的沂蒙人;我很自豪,我是实实在在的水利人。春天野花开,遍地都是希望;夏天洪水来,上下皆是忙碌;秋天果子熟,满山都是收获;冬天雪花飘,满眼都是美景。沂蒙人的生活看似简单却异常充实,水利人的日子时而辛苦时而快乐。

　　爷爷年轻时是个八路军干部,他一生的事迹是我从父辈口中听到的。打完侵华日军,他就回家修水利,现在的昌里水库(当时叫红旗水库)就是他们一干人撇家舍业,苦干实干,靠着激情燃烧又饿着肚子,靠肩挑人抬手推的原始劳作方式完成的。爷爷是个村里出名的热心人,谁家有困难他都会主动上门当和事佬,磨破嘴皮子去帮忙解决家长里短,因此之后多少年,我们村一提起我爷爷的名字,都会津津乐道,说他是好人的代名词。他是党的好干部,快解放的时候,党组织推荐他到中央党校学习。他却放弃了,一是因为文化层次不高,二是因为他就一个念头——打完仗了回家种地。于是他回到家乡,选择了兴修水利,从此我们这一家老小就与水利结了缘。我奶奶常说,过去我爷爷作为干部,经常被别人请到家里陪客。当时,又抹不开面子推,每次都要交三元钱退赔。可是,一贫如洗的家里常常为筹集三元钱而发愁。他们这一代兴修的水利工程,很多成了年代的代名词,比如高高架起的渡槽,再比如沂蒙大地上星罗棋布的大中型水库等,时至今日,这些工程仍然为流域内经济社会发展发挥着不可替代的作用。

　　叔叔是工农兵推荐的大学生,是扎根基层的水利人的典型代表。在我的印象里,他总是一路小跑,吃饭从来不等吃完,一边啃着煎饼,一边给婶婶说他有事得马上去九间棚。我对水利的印象是从他开始的,我曾经很向往他扛在肩上的水准仪和塔尺,可他从来不让我碰一下,这更加增添了我对水利的神往。他干水利 19 年,年年都是乡镇的标兵。他的代表作是九间棚龙顶山天池、上山的盘山公路和沿路的灌溉渠道。他是实干派的代言人,黝黑的皮肤,皲裂的嘴唇,那是风霜和太阳赐予的颜色,也是劳动最有力的证据。他在龙顶山上一住就是三年,架电、筑路、整山、治水,他和村里的干部发扬“不怕苦、不怕累、拼命干”的精神,先后动用土石方 25 000 m³,修建一座三级扬程 269 m 的扬水站一座,砌输水石渠 4 000 m,连接 38 个蓄水池,实现了“路跟渠、渠带路,田水池满天布,灌溉田园绕果树,自来水送到户”的高山水利化,2 000 多亩荒山得到了治理。如今的九间棚已经成为瓜果飘香、生态宜居的乡村旅游的好去处。

　　我大学的专业是财务管理,也许是命运的安排,我阴差阳错地选择了水利,这一干又是20 多年。在别人眼里,一个看河沿的,平凡得不能再平凡了。可就是这些年,改变了我的看法,我越来越感觉到自己肩上担子的分量。从沂河到沭河再到沂河,去年被调到大官庄水利枢纽,我一直在基层转悠。我感受了太多太多。记得我们为尽早完成度汛工程,我感受到了雪天里收石料的“风刀子”;记得我们为了保护资源,打击盗采河砂穿着军大衣蹲在草丛里守候;记得为严格监管,春季期间 24 小时倒班坚守在跨河铁路施工现场。到了枢纽,最最重要的是严格执行国家的调度指令。为了一分一毫不能差,我们不断试车演练,唯恐出一点纰漏,因为一点纰漏都可能威胁到沿河群众的生命财产安全。2020 年,我们"战疫""战创""战洪水",赢得了"疫情防控战""创建突破战""安全保卫战"。为了完成工作任务,我们群策群力,夜以继日,集思广益。2020 年,我敢说我们每个人都是英雄,每个人都榜样。难忘老同志在闸区一丝不苟巡逻的身影,难忘年轻人为了完成国家水管单位创建任务晚上挑灯夜战的身影,难忘我们的"巾帼 F4"(枢纽的 4 位女同志)为了完成值班任务放弃节假日的情形。"8·14"洪水,我们众志成城,战胜了沭河有记载以来最大的洪水,当近万个流量安全通过了新沭河泄洪闸和人民胜利堰,保护了临沂城区的安全和邳苍分洪道 11.2 万亩的土地,我们真正缚住了"苍龙",我为自己的职业而感到自豪。随着社会对水生态的关注度越来越高,人民对美好生活的向往与追求越来越强烈。我们顺应沿河群众对水生态的要求,从沿河群众最关心、最直接、最现实的利益问题入手,探索与沿河村庄结对共建,积极助力美丽乡村建设,取得了良好的生态效益和社会效益。把"倒沭整沂"精神与沂蒙精神有机结合起来,支部书记主动到大官庄村讲党课,很好地将行业精神传递给沿河村庄。大官庄村也组织全体党员到枢纽参观交流,增进了了解,加深了感情。特别是新的闸区面貌给交流的党员留下了非常深刻的印象。按照临沭县美丽乡村"一村一景、一村一韵"的设计思路,主动对接,提出了沿河乡村"一村一渠"的设计新理念。作为大官庄紧靠枢纽,具有得天独厚的条件,我们积极协调该村重新设计村居规划,倡导水利局建设村居新水网,运用原有的老渠道,重新规划水网,让枢纽的水资源更好地服务于流域经济社会发展,真正把田园变成游园,把乡村变成景区。在乡村亮化、绿化、美化的基础上,助推实现整村绕水,村在水中、家在园中、人在画中的目标。

我曾经思索:为什么我们三代人都选择了水利？经过二十几年的工作,我似乎找到了答案。我们有共同点,都是党员,都在用实际行动践行习近平总书记提出的"发展为了人民,发展依靠人民"的理念。有时候,自己为抛家舍业无法照顾孩子而自责过;也为有时遭到同事和亲人的误解而落泪过,可我从来没有后悔过。当我看到河水清清流向远方,当我看到一片片乡村美景在我身边涌现,我知道我没有错,我知道我干了一个沂蒙子弟、一个党员该干的事。三代人的努力,三代人的梦想,美丽中国梦即将在我这一代实现,想到这里,我的脚下就充满了力量。

扎根基层,献身水利
——记沂河局水管股股长李金芳

沂沭河水利管理局沂河水利管理局 许 畅

她,20 岁从学校毕业就来到了临沂,陪伴着沂河局逐渐发展壮大,水利管理事业日趋完善;她顶着周围同学亲人的不舍离开老家河南扎根沂蒙山区,见证着临沂的成长腾飞,成为著名的商贸之都、物流名城。她几十年如一日,扎跟基层,用满腔热情与坚定信念在平凡的岗位上默默奉献,践行一个水利人的精神与共产党员的誓言,她是连续多年的年度考核优秀职工与优秀共产党员,是临沂市女职工建功立业标兵——她就是沂河局水管股股长李金芳。

1993 年刚参加工作,她就赶上了沂河大断面测量,和测量队里的男同事们一起风里来雨里去,每天徒步十几公里,饿了就啃煎饼,累了就坐下歇会儿继续走,白天测量,晚上还要熬夜计算数据绘制图纸。冬天出门,到了夏天才回转,身上的衣服换了三季,手中的记录本积了一摞,大断面测量圆满完成,为我们今后的水利工作留下了翔实的基础资料。大半年时间过去,人晒黑了,步子练大了,她却从不叫一声苦一声累,只是高兴自己的测量技术得到了历练,对河道水势的情况越发了解。

20 世纪 90 年代,沂沭泗系统还未实行管养分离,一个水毁项目从设计到施工都是水管股负责,李股长她们三四个人负责一个项目,从选材、进料、施工放线到现场管理一条龙都要自己负责,吃住都在工地上,家里孩子还小,她就家里工地两头跑,恨不得练出分身术;施工要和村子里打好关系,要与各色各样的人相处,她练成了"多面手",也练出了"厚脸皮",宁肯自己泼辣也不让单位受一点损失。

沂河局管辖沂河、祊河、邳苍分洪道三条河流的超过 200 km 河道,管理战线长、河道环境复杂,城区段随着社会经济发展,政府的"以河为轴,两岸开发,倾力打造滨河水城"发展思路逐步展开,新增不少建设项目,再加上国家强监管思路展开,"河长制"逐步推进,工程管理愈发精细化、标准化,与地方单位的沟通联系愈加紧密,日常工作越发千丝万缕,忙碌紧张。李股长常常忙得脚不沾地,一上午连口水都来不及喝。她用笔记本记录每天工作的重点难点,寒来暑往本子换了十几个,水管的日常工作也烂熟于胸。

她青年时就背井离乡来到临沂工作,只有节假日有时间回家,父母年纪逐渐大了,平时小病小痛,日常生活全都要靠家乡的兄弟姐妹照顾,自己帮不上。李股长说她离家太远了,连父母也没有机会照顾,每每和家里视频时提起此事都十分内疚,年迈的父母却很理解她,也许对老一辈人来说,为国家工作是比什么都重要的大事。我们这批年轻人来到单位,她对我们关怀备至,心疼我们节假日见不到亲人,经常叫到家里改善伙食,平时也十分关注我们的衣食住行,她总说她和我们爸妈差不多大,我觉着她是把我们当成了自己的孩子在照顾。她理解我们独自在外远离家人的心酸,也教会了我们在孤独中坚守。

她是一个代表,代表了我们广大的基层水利人,不管是骄阳似火,还是白雪皑皑,不管是大雨滂沱,还是洪水过境,都挡不住我们巡查的脚步。在大雨中逆着人流前行,车前窗的雨水顺流而下,连雨刮器都快擦不出清晰的视野,检查拍摄的手机都因挡不住大雨的洗礼而进水损坏;夏天天气炎热草木茂盛,经常是被荆棘划了好几道红痕,身上沾满了圪针,晒得汗流浃背,回到单位都有些轻微中暑;冬天寒风刺骨手被冻得通红,"全副武装"在河道里边检查边记录。李股长说单位给了我们这份工作,我们就要用心担负起身上的责任,对得起这份信任。

沂沭泗水系统一管理的40年,也是基层水利人努力奋斗的40年,李股长这代人从祖国各地奔赴工作岗位,纵使远离家乡也无怨无悔,他们经历过变革也紧跟时代,岁月带给她的是积淀也是馈赠。他们用艰苦奋斗为我们打下了坚实的基础,在那些没有汽车、没有电脑的年代,是他们一次次徒步检查、测量,确保了工程的安全平稳运行,确保了河道防洪安全,也为我们丰富了工程基础资料;他们用刻字的钢板和油印机完成了防汛工作的落实与宣传;他们坚守在工地上,修建出一处处整齐美观的护岸。时代的变迁、科技的发展带来了生活与工作上的便利,却不会带走他们身上的水利精神,正是这种精神,促进了单位的发展,推动了时代的进步。这精神是理想,是坚持,是操守,是品格,是战胜一切艰难险阻的强大动力,深深烙印在每一位水利人的心中,内化为单位之魂,外化为职工之行。我们要把这种精神传承下去,摒除时代的喧嚣与浮躁,克服自身的青涩与懵懂,静下心来深入到工作中去,对我们的事业多一些思考与钻研。

四十载统管恰风华,老一辈的故事,随着时间的洪流滚滚向前,代代传承。我们虽未亲身经历,但从一排排的老档案中,我可以窥见他们灿烂的青春岁月;可以想象得到他们满身干劲,徒步检查河道,三四天才能回转的忙碌身影;可以从定制的"大"办公桌看到他们伏案画图,仔细认真的身影;可以从老照片中看到他们骑着摩托车检查断面桩的身影;可以从资料里看到他们一笔一画用刻制油印钢板的身影。这一个个治水故事,倒映着沂沭泗局水利事业的不断发展变迁,也见证着治水精神与文化的代代传承。

四十年风雨兼程,四十年砥砺前行,一代代水利人留下了治河护水的宏大工程和宝贵经验,也留下了忠诚、务实、担当的精神财富。正是在这样的薪火相传中,我们坚守,我们前行,我们将继续扎根基层,献身水利,为护卫一方安澜,留下水利人的奋斗足迹!

坚决维护水生态安全

——郯城局依法稳妥处置长期无人认领非法采砂机具纪实

沂沭河水利管理局郯城河道管理局　马学莉　张传秋

2017 年以来,沂河、沭河全线停止采砂活动。部分非法采砂者受利益驱使,采取"游击"式、"蚂蚁搬家"式,利用夜间、凌晨、节假日等监管薄弱空隙,驾驶三轮车等小型机械进行非法采砂活动,郯城局加密执法巡查密度与频次,与非法采砂者比耐力、比体力、比智慧,组建党员执法突击队,支部成员轮流带队开展 24 小时不间断的执法巡查行动,截至 2020 年年初共依法登记保存非法采砂机具 600 多辆,其中 499 台长期无人接受处理。

由于长期无人前来接受处理,这些机具逐步锈蚀,长期风吹日晒,存在一定的安全隐患。各级领导前来检查过程中,都提出要依法稳妥处置上述机具的要求。受限于法律依据,长期以来,郯城局对非法采砂等水事违法机具只能采取证据先行登记保存的方式,如何处置这些机具,水法律法规并无明确说明,亦无先例可循,贸然处置必然带来不可预计的法律风险。2020 年年初,郯城局新领导班子成立后,多次召开专题会议进行讨论,最终形成了"摸底排查—梳理分类—发布公告—公开拍卖—监督拆解"等处置程序,最大限度防范与降低了法律风险,圆满完成此项工作。

(1)积极摸排,实现底数清晰。2020 年 2 月,郯城局成立专门处置小组,指派专人梳理汇总处置无人认领机具涉及的法律法规与案例,审慎分析涉及的法律风险问题。对相关机具逐一清点,详细统计型号、机身喷号、登记保存时间、地点、车主等信息,并逐一拍照留存。同时查阅档案,整理出登记保存时下达的执法文书,做到一机具一档案。

(2)积极汇报协调,做好前期各项工作。积极向上级部门、县级河长进行专题汇报。积极与法院、综合执法等部门联系,就如何妥善处置停车场未处理非法采砂机具事宜进行专题咨询。实地考察郯城县整治城区三轮车和四轮代步车办公室,了解对方处理查扣的违法车辆的流程与程序,初步知晓县有关部门处置类似车辆有关流程、涉及的部门等信息。

(3)分类妥善处置,积极稳妥推进。2020 年 4 月初,发布限期处理无人认领非法采砂机具公告,同时在沂蒙晚报、沂沭河局网站及沿河镇村发布、张贴,为期 3 个月。公告期满后,积极与县财政部门沟通,按其要求对所有机具进行编号拍照整理成档,经价值评估后委托拍卖公司依法拍卖。同时,对依法进入立案查处程序的非法采砂机具,通知当事人及时前来接受处理。对长期无人前来接受处理且不能查明登记保存地点等信息的非法采砂机具,暂不处置。

(4)加强后续监管,确保圆满收官。为确保对拍卖的非法采砂机具拆解工作顺利进行,防止其再次流入社会,组织中标方、停车场管理方代表召开座谈会,就如何稳妥快速进行拍卖机具拆解工作进行了充分沟通,形成会议纪要,要求中标方必须将中标机具全部拆解,并且将拆解过程中、拆解完成后的照片、视频提供给我局。拆解期间派专人全程监督,确保圆满收官。

截至 2020 年 11 月 17 日,历时 9 个多月的处置工作全部完成。在各项工作过程中,水政部门充分发挥了业务优势,细心、细致、耐心完成了各环节工作,为这项工作顺利进行奠定了基础,全体人员发扬了"讲政治、顾大局、敢打拼、乐奉献"的郯城局传统精神,这是这项工作能够坚持下来的保障。

依法拍卖处置程序在社会上引起了巨大反响,产生了极大的威慑效力,目前郯城局直管河道内曾经多发频发的零星盗采已全面可控,昔日坑洼不平的河道呈现出"白鹭翻飞、人水和谐"的温馨场景,郯城局将坚决贯彻落实习近平总书记生态文明思想,为建设"水清、岸绿、河畅、景美"的人民幸福河贡献郯城局力量。

青松秀冬岭　党性献雪域
——骆马湖局援藏工作剪影

骆马湖水利管理局邳州河道管理局　　陈　虎

西藏阿里是中国地理面积最大、人口密度最小的行政区。阿里地区是喜马拉雅山脉、喀喇昆仑山脉、冈底斯山脉等相聚的地方,被称作"万山之祖",也是雅鲁藏布江、印度河、恒河的发源地,故又称"百川之源"。这里平均海拔为 4 660 m,年均气温在零度以下,四季如冬,氧气含量低,号称"世界屋脊的屋脊"。

骆马湖局老吴,年近 50,为人和善,年轻同志都尊称为"老吴",自幼生长在气候舒适、富庶发达的江苏,却没有安于内地环境的舒适,积极响应水利部的号召,于 2019 年 7 月毅然报名参加援助阿里——只因他是有着 20 多年党龄的老党员。他用务实的作风阐述了"来阿里为什么""在阿里干什么""为阿里留什么"。

一、来阿里为什么

不忘初心,用青春书写华彩画卷。

水利部积极响应党中央的治藏方略和习近平同志"治国必治边,治边先稳藏"的重要思想,认真组织选派技术人员"组团式"援助西藏阿里。仅 2019 年,像老吴一样的 25 名水利人从全国各地奔赴阿里,舍弃了常人所拥有的,放弃了常人所享受的,牢记初心和使命,以"特别能吃苦,特别能战斗,特别能忍耐,特别能团结,特别能奉献"的老西藏精神为榜样,克服了极为严重的高原反应,仅利用周末调整了两天便投身援阿工作,深入县乡基层,"手把手"指导帮助阿里水利工作,用青春、智慧与毅力书写了"艰苦不怕吃苦,缺氧不缺精神,海拔高觉悟更高"的新水利援阿精神。

二、在阿里干什么

勇挑重担,在最艰苦的环境下补齐短板。

在高原上工作,气压低、氧气少,尤其是在号称"高原的高原"的阿里地区,坐着不动都直喘粗气,笑了第一声笑不出第二声。援阿虽然只有 3 个月,但是任务重、标准高,每个援阿人都必须抢时间、争速度,希望在阿里尽力多干些实事、好事,每时每刻不放松,以增加自己生命的厚度,实现人生的价值,挥洒青春和智慧,用爱用心书写每一个援阿的日夜——这就是水利援阿人在阿里应该干的。

(一)科学规划助发展

万事开头难。到了阿里,老吴努力克服高寒缺氧、强辐射、极干燥等困难,坚持吃药吸氧,提高自身耐受性。同时找来了防汛抗旱、水资源管理等资料昼夜研究,快速熟悉了阿里地区水利情况。注重调研、征求相关部门意见,凝练和细化水利局的需求。通过努力对接,变被动为主动,明确了援助任务,制定了工作清单。针对阿里水利局创建"节水型单位"的目标,老吴充分发挥自身经验与专业知识,科学性地制订了"培训为辅帮扶为主,援助为辅本土为主"的创建方案。一方面组织集中培训,以工作实例详细讲解"节水型单位"创建的路径与规范,帮助水利局职工掌握理论知识;另一方面通过现场指导,手把手传授经验,力求"授人以渔",助力培养阿里本土化水利专业技术人才。

(二)担当奉献做表率

水利部"援阿团"25人分12个专业组对口相应部门帮扶,老吴是唯一一个身兼防汛抗旱、水资源管理两组的成员,但他并没有抵触,也没有拒绝组织安排,反而在工作中率先垂范、务实严谨、毫无怨言。老吴在阿里是没有休息日的,他总是发愁"要干得太多,3个月太短了!"

2019年8月,沂沭泗面临50年一遇洪水挑战时,阿里地区也发生了罕见的洪水险情。老吴临危受命,代表水利局加入阿里地区抢险救灾工作组,赶赴受灾现场。面对坍塌的道路、遍地的泥沼、危险的洪水,老吴没有退缩,冒雨参与抗洪抢险。他勤恳的工作态度、科学的抢护方案,得到了地区行署专员的称赞。

抢险归来,因为冒雨受寒、昼夜疲惫,老吴患上了重感冒。去过高原的同志都知道,高原上最怕感冒,严重时会引发肺水肿、脑水肿,甚至危及生命。水利部援藏干部有过不少脑水肿、肺水肿的先例,老吴的重感冒差点就发展成了要命的肺水肿。

(三)忍痛含泪舍小家

"人言落日是天涯,望极天涯不见家。已恨碧山相阻隔,碧山还被暮云遮。"雪域高原的孤寂会让人对情感感怀至深,氧气稀薄引起的短促呼吸会触碰人内心最敏感的部分,在阿里会特别地想家、想孩子、想爱人。老吴总是在吸足了氧气,梳洗打扮一番再与家人微信视频,他总说,一定要把最好的精神状态展现给家人,只谈蓝天白云,不说低压缺氧;只说风景如画,不谈恶劣艰苦。抛家舍亲,远隔万里,家事已然全在爱人肩上,不能再让家人担心,增加心理负担了。

一天早上,老吴一反常态地独坐在一角翻看手机,我凑过去瞥见是航班信息:"咋了老吴,想回家了?"老吴抬起头讪讪地苦笑,眼角通红:"我大伯走了。"我劝他赶紧回家祭奠,他却犹豫:"一来一回一个礼拜,这周末我主讲培训,通知都下发了,时间错不开啊。"最后他下定决心似的自我安慰:"算了,太远了,即便回去也赶不上发丧,不折腾了!"老吴起身离去,背影虽依然坚定,双肩却明显在抽动。

三、为阿里留什么

坚定信心,以党员形象助力民族团结。

援阿近3个月,既定工作陆续进入尾声,下班后的老吴依然躲在房间里写写画画。面对我的好奇,老吴脸上是少见的严肃:"阿里地区的制度、规范太少了,有的也不切实际、不实用。来这两个多月,我基本摸清楚了他们的实际情况和需求,我想给他们留下一套防汛抗旱制度和取水许可流程。"作为水利部援阿团临时党支部纪检委员,老吴不仅仅留下了规范的制度和流程,他更是增进了民族团结的带头模范、奉献智慧力量的先锋榜样。

像老吴一样,参加过援藏工作的同志,仅在2016—2019年,骆马湖局就有7位。骆马湖局积极落实水利部、淮委、沂沭泗局三级部署,高度重视援藏工作,为提高拉萨市和阿里地区专业技术人员水平、推进水利事业长足发展发挥了积极作用。他们充分发挥援藏干部优良传统,主动作为、积极奉献,克服高原反应与艰苦环境深入基层一线进行技术指导、调查研究,在水资源管理、防汛抗旱、农村饮水、质量监督等专业领域开展了大量工作,工作成绩、务实态度得到了西藏自治区、拉萨市、阿里地区的一致认可。他们不忘初心,用青春书写壮美画卷;他们勇挑重担,在最艰苦的环境下补齐短板;他们信心坚定,以党员形象助力民族团结。

陡峭险峻、直耸云霄,是冈底斯山的高度;雄奇壮观、一泻千里,是狮泉河水的高度;千山之宗、万水之源、平均海拔 4 660 m,是红色阿里的高度;扎根雪域、艰苦奋斗,缺氧不缺精神、无私奉献,是老吴和骆马湖局援藏人的高度!

30年不倦踔厉风发
——一名30年工龄基层所长的工作总结

骆马湖水利管理局邳州河道管理局　冯宪祥

平时看似清闲，实则肩挑重担。汛期防汛抢险，责任重于泰山。

工程日常管理，唯恐出现"四乱"。清除违章种植，如同家常便饭。

维修养护施工，现场协调监管。水政执法巡查，严防违章搭建。

建设项目实施，全程监督从严。树木更新筹办，四处拍卖宣传。

督促砍伐进度，落实分成结算。日常林木三防，经济效益彰显。

选苗绿化种植，时节刻不容缓。征收承包费用，合同及时会签。

完成依法收费，积极查找费源。各项巡查笔记，认真记录完善。

临时安排任务，仍需快马加鞭。工作全年贯穿，不可疏忽清闲。

多年坚守一线，而立工龄不倦。忠诚干净担当，水利传承使然。

许下守卫河湖的铿锵誓言

——记沂沭泗水政监察总队骆马湖水政监察支队

沂沭泗水利管理局骆马湖水政监察支队　葛彦军　罗　金

一碧万顷的骆马湖畔，有一群迎难而上、勇于担当、默默守护河湖的水利人。他们就是沂沭泗水政监察总队骆马湖支队的水政监察人员。

践行"忠诚、干净、担当，科学、求实、创新"的新时代水利精神，他们把人民对美好水环境的向往作为奋斗目标，以实际行动捍卫水法律法规的权威，以严格的执法打造良好的水事环境，以赤子之心守卫着一湖清水。

一、严格执法，他们迎难而上

轰鸣的机器声、咆哮的狗吠、乱飞的石头、飞舞的雨雪……这些都不曾阻挡水政监察员坚毅的步伐。

面对直管河湖内黄砂资源被疯狂盗采的情况，他们不顾自身安危，日夜奋战在禁采第一线。在骆马湖、沂河、新沂河的河道边，一声声劝诫、一滴滴汗水见证着河道卫士们的耐心和决心。饿了啃方便面，困了抹清凉油，蚊虫叮咬、高温酷暑抑或是寒风刺骨都是家常便饭。没有一次正点吃饭、没有一个囫囵觉已是一种工作常态。

这支水政监察队伍为了完成任务加班加点毫无怨言，舍弃与家人朋友的相聚时光坚守一线。在他们心中，一次次针锋相对的调查取证，一次次夜间屏住呼吸的蹲守暗访，一次次提心吊胆不敢有丝毫闪失的执法行动，一次次如履薄冰细致入微的安全生产检查，就是沉甸甸的职责。

在他们的努力下，曾经困扰流域多年的采砂管理问题得到彻底解决，直管区全部实现"零采砂船"的禁采目标。曾经喧嚣热闹的骆马湖归于宁静，清清骆马湖再一次展现在世人面前，成了市民的亲水乐园；美丽的沂河舒展身姿，从日出斗金的"泥沙河"变身为市民身边的"银杏湖"；新沂河畔的"钢铁森林"褪去，郁郁葱葱的苗木矗立两岸，让生活在新沂河两岸的人们感受到了"绿水青山就是金山银山"的美好。

二、创新履职，他们持续发力

面对新形势与新任务，这支队伍结合自身特点，以创新为基础，围绕提升流域管理形象开展宣传活动。2017 年以来，大家自编自导自演了微电影《水中取"宝"之后》和《守护》，宣传执法人员在实施河长制的背景下，大力开展非法采砂整治、涉河违章清理行动，呵护河湖生态健康，提升河湖管理成效。

探索启动引入大数据，在新沂河宿豫段试点利用通信基站，向进入新沂河的人员推送宣传短信，从上游到下游，从骆马湖畔到中运河间，行走在河湖间的人们总能收到这支队伍温馨提醒。

与法院联合拍摄了法治宣传片《受伤的河》，在中央电视台法治频道专题播放宣传，引起强烈反响。

2019 年制作"清除河湖沉疴宿疾，打造河畅湖美家园"主题沙画，向社会公众宣传水利部"清四乱"政策，展现流域河湖管理面貌。

…… ……

骆马湖水政监察支队还通过多种措施，不断促进水政监察规范化建设。宿迁湖滨新区段、徐州二湾段两个执法基地的建设，打造出河湖执法前哨阵地，提升了应急处置能力；《水行政执法实务指导手册》《沂沭泗直管区采砂管理实践与思考》等书的编写，不仅总结了河湖执法经验，也提升了执法工作水平；执法实务比武大赛、执法案卷评查等活动的开展，以赛代训，进一步提升了执法人员综合素质；探索引入人脸识别技术，制定《涉水违法人员身份识别申请制度》《流域直管河湖领域信用管理办法》《关于对流域直管河湖领域失信社会法人和自然人实施联合惩戒措施的实施方案》，解决了部分当事人不配合调查、逃避监管、立案受阻等问题。

水利管理事业从来都不是单打独斗。近年来，骆马湖局水政监察支队密切加强与流域内公检法等部门联系，建立有效协调机制，助力水行政执法；与市公安局建立联席会议制度，搭建水行政执法联勤联动、多元共治的执法机制；在宿迁市平安水域综合执法平台开设案件移送窗口；在江苏省行政执法与刑事司法信息平台开设共享端口，加强衔接；与法院就行政案件、刑事案件建立常态化沟通协调机制；在骆马湖建立两个生态修复基地，植树造林，原有废滩地如今已成绿荫地，现在的二湾基地又在朝着生态法治基地的建设目标而改变。

三、倾情奉献，他们不忘初心

从 1996 年成立骆马湖水政监察支队至今，风雨二十五载，伴随着统管 40 周年的荣光，骆马湖水政监察支队全体水政人员不忘治水初心，始终秉承依法治水、服务社会的宗旨，栉风沐雨，砥砺前行。面对着这样一条不平坦的奋斗路，每一个执法人员时刻警惕，保持清醒，以应对各种难题和挑战。他们用忠诚许下护航发展的铿锵誓言，用奉献唱响爱的旋律，以科学创新的理念促进水利事业的发展。青春与水做伴，梦想与水相连，660 km 堤防印刻着执法人员的无私坦荡，360 km 河道铭记着执法人员几十年如一日的守望。

站在水利改革发展的新时期，骆马湖水政监察支队全体执法人员将牢记职责使命，担负起新时代赋予的重任，以开拓创新的精神继续推进各项工作，忠实履行水政监察职责，让浩浩碧水激荡希望！

沂沭泗变奏曲

沂沭泗水利管理局骆马湖水利管理局　张志斌

汤汤沂沭泗,源起沂蒙山。
涉苏鲁豫皖,面积近八万。
沂泗原属淮,《禹贡》有记载。
导淮自桐柏,会沂泗入海。
及至宋金代,黄河夺泗淮。
明筑太行堤,黄河全入泗。
蹉跎至万历,加固太行堤。
河床渐淤积,拦阻沂沭泗。
泗水入黄阻,潴雍南四湖。
沂水滞蓄阻,潴雍骆马湖。
咸丰五年夏,黄河决铜瓦。
北侵大清河,夺泗淮终结。
地区多通衢,兵家必争地。
春秋战国时,始开发水利。
至吴王夫差,开菏到鱼台。
济泗始沟通,图北上运兵。
宋室南渡后,水利连失修。
宋金分南北,淮河如界碑。
流域多胜迹,物华天宝地。
三孔美名传,汉文化璀璨。
民国战火多,水利作为少。
近代技术高,留宝贵资料。
新中国成立,大力兴水利。
建国之初期,鲁导沭整沂。
观苏北行署,兴导沂整沭。
上游建水库,下游找出路。
战略意义殊,治水功勋著。
七二年为始,东调南下起。
修新沭河闸,彭家道口闸。
扩建韩庄闸,新沭河扩挖。
新沂河固堤,二十年一遇。

二十一世纪，东调南下续。
加固多堤防，五十年设防。
先建韩中骆，详情查《手册》。
跟进沂沭邳，其余不枚举。
走进新时代，人民有期待。
建设幸福河，水利人职责。
管好沂沭泗，再创新奇迹。
弘扬新精神，坚守人民心。

栉风沐雨四十载　兴水保民谱华章
——致敬沂沭泗统管 40 年间奋战在一线的水利人

骆马湖水利管理局宿迁水利枢纽管理局　张　巍

你站在八月泥泞的土地上
回眸已经逝去的夏日安详
你立在喧嚣刺骨的寒风旁
静看最美的晨光与夕阳
你往返于险工险段堤岸堤防
分不清汗水雨水沾湿了衬衫
你是逆向而行的水利人
像一滴水一汩泉凝聚着力量
这股力量成了抵御洪水的海洋

寒来暑往 是谁巡堤跑坏了自家的车辆
冬去春来 是谁查险划破了几件新衣裳
披星戴月 是谁奔波在最前线防汛抗旱
攻坚克难 是谁奋力执行着河湖"清四乱"
是你 是你 还是你
逆向而行的水利人
在你推开家门的眼眸中
我看见那一瞬似水般的柔情与温婉
在你秉公执法的眼眸中
我看见满是钢铁般的坚强与倔强

你说 你只是忙碌在平凡的岗位上践行"三真"
还谈不上挑起时代赋予的担当
你说 你投身在繁重的水利管理中践行"三实"
风雨兼程砥砺前行应是便饭家常
你说 你直起了腰杆挺起了脊梁
只是想着人们能早日见到阳光
你心心念着乘风破浪
守护信念与希望
只为迎接安全度汛胜利的曙光

四十年间 暴雨洪水总是有肆意人间的妄想
1990、1991、1993、1995、1997、1998、2000、2003 年洪水
2019 年"利奇马"台风、2020 年特大洪水
一次接着一次 一波接着一波 冲击生命红线 撞击你的心房
可纵使气温骤降 暴雨倾盆 洪水汹涌又何妨
有千千万万个你 枕戈待旦
筑起坚不可摧的挡水墙

栉风沐雨四十载
我看见 你还是那般模样
忠诚 干净 担当
在鲜红党旗的引领下
一路风尘 满身泥浆
雷厉风行 将愿景付诸行动之上
用雄心壮志燃烧无悔青春守护河湖安澜
用满腔热血谱写水利事业新的壮丽华章

初心不改　筑牢淮工品质

淮河工程集团有限公司　左　戈　陆安然

"实业报国,造福于民。"在淮工集团创建的这 20 多年来中,始终坚持围绕着这八个字向前向上发展。20 多年来,淮工集团紧跟沂沭泗局发展步伐,全体员工上下一心、攻坚克难,一方面积极开拓市场,另一方面加强内部管控,实现了经营规模稳步增长和经济效益逐年提升。而这一切都离不开 300 余名淮工人的辛勤付出。以党建凝心聚魂,淮工集团广大员工不忘初心、牢记使命,在各自岗位发光发热,在日复一日的工作中持续塑造"淮工"品质。

一、应运而生担使命,艰苦奋斗创一流

1998 年属丰水年,降水量比常年偏丰,地表水资源量比常年增加。这一年,长江、松花江、珠江、闽江等主要江河发生了大洪水。淮工集团正是在这一年成立。诞生在这种情况下的淮工集团,本就承担着比其他企业更多的使命和责任。继精卫填海之不弃,承愚公移山之坚贞,淮工集团的成立之初,就坚定了"实业报国,造福于民"的使命。

在淮工集团的发展路上,其参建的嶂山闸除险加固工程,安徽省淮北大堤涡下段加固工程,韩庄运河、中运河及骆马湖堤防工程省界段干河工程先后被中国水利工程协会授予"中国水利工程优质(大禹)奖",沂沭泗河洪水东调南下续建工程新沭河(山东段)治理工程被评为"鲁水杯"优质水利工程。尽管淮工集团取得了这么多的荣誉和成就,但淮工集团仍不忘艰苦奋斗,不断追求卓越上进,李学格同志也多次强调,要更加紧密地团结在以习近平同志为核心的党中央周围,坚定不移地贯彻落实沂沭泗局党组决策部署,勇毅笃行,务实追梦,锐意进取,砥砺前行,奋力开创工作新局面,共同谱写淮工集团发展新篇章。淮工人也以此严格要求自身,为了个人提升、为了企业发展,几十年如一日风里来雨里去,艰苦奋斗。

二、党建引领促发展 凝心聚力谱新篇

对于一个集团来说,统一所有人的步调、行动、思想难上加难。党支部书记李学格采用了将基层组织建设工作与企业管理相结合的方式,以组织建设为抓手,以党员骨干为载体,围绕发展抓党建,抓好党建促发展。通过党员干部的引领示范作用来带动集团内部所有人奋发有为、干事创业的热情和决心。党支部书记对于党建工作十分重视,在党务学习、党建责任、廉政建设狠下功夫,真正把党建工作做实,注重创新提升、强化统筹发展、勇于担当,推动党建工作全面提升,而他在落实党建工作责任制满意率也高达 100%,得到了党员同志的一致认同。集团党支部每月召开支部会议,传达、学习习近平总书记的重要指示精神及中央相关工作会议精神,帮助、促使各党员干部深入学习党章党规,做到对党忠诚、遵规守纪、清正廉洁、敢于担当,努力在自身岗位上发挥先锋模范作用,淮工集团参照沂沭泗局党建工作特点,采用"8＋X"模式,聚焦主线深学细悟。在完成 8 个规定专题学习研讨的基础上,扩充

"X"个专题研讨,对主要精神进行学习探讨,及时跟进,积极号召员工们共学党史。除此之外,淮工集团党委理论学习中心组(扩大)学习研讨会上,淮工集团全体党员集中学习沂沭泗局党的工作会议精神、《水利部党建 督查工作办法(试行)》等,通过党建工作引领与会人员压紧压实责任、严守纪律规则,做好模范带头作用。正是通过党支部严格严谨的教育,提高了淮工党员们的党性素养和工作能力。在工作中,牢记党组织的经验教训,用党建引领个人发展、组织发展。通过各党员干部的带动示范作用,也为淮工集团形成艰苦奋斗、创新引领的环境氛围奠定了良好基础。

三、义无反顾踏征程,无私奉献显担当

淮工集团是一家以施工总承包、水利水电开发、水土资源开发、综合技术服务为主营业务的多元化发展企业,业务范围遍及全国各省、自治区、直辖市。随之而来的就是更多的社会责任,在这样的单位工作,意味着要经常出差,且时间不短。作为淮工的一名工作人员,为淮工集团风里来雨里去毫无怨言。然而作为家庭中的一名成员却牺牲了太多。由于长期在外出差,只能和家人分居两地,每当家人有需要的时候总是缺席。虽然在工作中,我们是合格的淮工人。然而在家庭中,我们却因为工作无法做一个合格的父母和儿女。

2020年3月5日,疫情防控在最吃劲的关键阶段,沂沭泗局仍然召开会议部署汛前准备工作和水利管理重点工作。灾害无情,尽管疫情严重,但水利工程却不能因此停滞。淮工集团积极响应沂沭泗局的号召,加班加点开展养护工程。为了做好疫情防控工作,减少与群众接触,许多工作人员吃住都只能在车上,以车为家,就为了工作的火速进行,普普通通的一碗泡面一连吃了一个月,这是在邳州工作的工作人员的记忆。

2020年8月13日,沂河迎来了自1960年以来的最大洪水。沂沭泗局迅速启动水旱灾害防御应急响应。淮工集团作为沂沭泗局防汛抢险大队的重要一员,肩负着沂沭泗流域防汛抢险的重要工作。淮工集团维修养护项目部全体职员时刻待命。当接到沂沭泗局防汛抢险队、骆马湖水利管理局等单位的领导及淮工集团领导班子指示的时候,他们立即赶往一线。14日21时55分,邳州沂河港上水位为33.27 m,流量为6 510 m³/s,15日0时35分,水位为34.27 m,流量为7 040 m³/s,持续刷新沂河流量,新的挑战每时每刻都在出现,但淮工人却毫不退缩,他们将个人安危抛至脑后,奔赴一线,抗洪防汛。

洪水不绝,守夜的明灯不灭。淮工人在危急关头义无反顾地踏上征程,就是因为我们心怀企业,心怀人民,牢记使命担当。

四、创新技术解难题,提质增效显成果

在新时代,谁能掌握新技术,谁就能避免"被卡脖子""牵鼻子走"的现象发生。要知道,对于企业来说,创新就是赖以生存和发展的灵魂和希望。通过创新,企业能够解决久困的难题,可以突破僵化的境地,足以让企业的效率翻番。而淮工集团也牢牢地抓住"创新"这个关键词,立足水利,激励员工,让他们勤于创新、勇于创新、敢于创新。淮工集团坚持双管齐下,从制度创新和技术创新两方面对自身进行提升创新。首先就制度创新来讲。早在2015年,淮工集团下属公司——山东沂沭河水利工程有限公司就开展了"师带徒"试点工作,并初见成效。在此之后,集团公司总经理办公会迅速针对这项制度创新做出了研究决定,将在淮工集团内部推广实行。领导带头,典型引路,用领导的表率和先进典型的影响带动职工队

伍,加强领导干部队伍的思想、能力、作风建设,积极开展先进典型的学习宣传活动。通过这种制度创新的实践落实,集团上下形成了良好的风气。在技术创新方面,集团对于技术创新十分重视,带动单位上下进行技术创新。例如,2015 年 12 月 9 日,魏本成等人取得"一种水闸测压管反向高压水利旋转疏通设备"实用新型专利证书;2016 年 11 月 23 日,马世斌等人取得"一种检修门启闭机无线遥控装置"实用新型专利证书,何为俊创新改革种植技术使骆马湖流域内一片郁郁葱葱等。正是由于这些优秀淮工人的创新精神,营造了集团内部的创新氛围,才能让淮工集团在发展中始终走在前列。

五、风雨砥砺岁月如歌,不负时光未来可期

淮工已经成立 20 多年了,这些年里风风雨雨,淮工人陪伴着淮工集团共同成长。在矛盾难题面前,淮工人不畏难不怕险,勇往直前,激流勇进,攻坚克难;在创新难点面前,淮工人不怕累不怕苦,夜以继日,废寝忘食,推陈出新。如今的淮工在市场大潮中搏击风浪、砥砺前行,已经发展成了区域内极具竞争实力和发展潜力的施工企业之一。而对于未来,淮工集团的愿景是"铸百年淮工,创品牌企业",相信在淮工人的共同努力下,淮工集团一定能够长久发展,成为百年大企!

淮河水利颂

淮河工程集团有限公司　蒋顺利

今徐州，古彭城，从来兵家地，千古帝王都。东襟黄海，西望中原，南眺吴越，北近齐鲁。临故河以称雄郡，接江淮乃道名府。汉帝陈兵，楚王帐驻。雅士修辞藻兮文风盛，刘项决天命兮多名故。江南之灵韵，北国之风骚；往来交纵，南北集聚。淮河水利，沂沭泗局；建业勇士，攻坚劲旅。居名州而兴水利，从工程以益万户。减江河之洪旱，润南北之苗木，衣食九州，泽被万物。

仰观前代，古圣创举。三过家门而不入，禹皇治水奔走乃存天下；两代郡守竭思虑，川蜀防洪利民以称天府。灵渠造就而珠湘连顺，京杭漕渠而南北通途。俯瞰今朝，工事并出。二级堤坝，韩庄渠库，灌苏北鲁南之野，调骆马微山之湖。嶂山闸立，刘道口成，蓄沂泗洪猛之水，减两岸百姓之淤。南水北调，壮中原以供清河；东流西进，滋沙洲而成沃土。淮河水利，沂沭泗局；众心齐力，唯人共筑。效古之圣贤，继今之风骨，兴邦之大志，展国之雄图。

高瞻以设宏伟，实干以造长城；得自然之雅趣，就雄奇之形胜。资游客以壮丽，接舟船以航行。开闸浪拍卷，存库水波平。旱年以灌田兮洪华以分灾，解饮而调水兮人畜以得生。疏流利导制地宜兮五谷丰，蓄水为能以供电兮文明兴。工程起而民生固，水利兴而百业盛；天下得以旺，九州是乃雄。

夫水利者，顺天效命，维系民本。夫水利人，守江河之志，筑民族之魂。继精卫填海之不弃，承愚公移山之坚贞。立千秋之伟业，建旷代之功勋。淮河水利，沂沭泗局，固政德而造工程兮，逢千难必以克；为世代以修铁壁兮，虽万险而齐心。生民立命，鞠躬以事筋骨，华夏梦圆，竭力以奉此身。

感统管四十周年，一路栉风沐雨，望去程征途漫漫，沂沭泗人扬帆破浪。司于此职，诚于此心，同为水利人，共筑幸福河。效古文体，借今人言，寥寄其念，以称辞颂。

以水利之魂，筑工匠风采

淮河工程集团有限公司　蔺中运

孩提时代，父亲的身影是伟岸的，我对父亲的职业充满好奇，也从父亲的教导中明白了治淮事业的艰辛和水利事业的伟大，渐渐对水利事业产生了兴趣，励志成为一名光荣的水利人。

一、抓学习，在"坚韧"上下功夫

兴趣是块敲门砖，进了门更需要坚韧和勤奋。自 1996 年临沂市水利技校毕业参加工作以来，我始终坚守。

在驾驶员的岗位，我所开的车总是最干净的，轮胎都是最亮的。我坚持自己动手洗车，每周自己动手打蜡。出差停车两件事，第一是清洁车辆，第二是攻读自考法学。功夫不负有心人，2001 年顺利通过了自学考试"法学"专科，2007 年通过"法学"函授本科。扎实的法学知识使我成为水政监察业务工作骨干，经常被上级抽调办案。

秉承"岗位的需要，就是学习的方向"，在 2005 年进入维修养护公司后，我先后考取了水利水电工程二级建造师、水利造价工程师、水利水电工程一级建造师，并通过了"土木工程"函授本科。

二、抓工作，在"实"字上下功夫

2005—2017 年，我主持、参建了近 20 项水利工程，遍布鲁南苏北，受到参建各方赞誉。

在施工一线，我的身影总是忙碌的，步速较常人快许多。和同事们一起测量、放线，一起研究施工方案、讨论技术要点，从细节处着手，认真做好施工统筹规划。我融入一线工人中，与他们交流，坚持检查每处工地的每个现场食堂、宿舍，从食谱到饭菜，从用水到用电，从取暖到纳凉。毕竟，现场技能工人的生活状况决定着水利工程的质量、安全，决定着能否向业主交出满意产品。

2010 年，我被山东省治淮东调南下工程建设管理局评为先进个人；参建的刘家道口枢纽工程 2010 年被评为中国水利优质工程"大禹奖"；参建的沂沭泗河洪水东调南下续建工程新沭河（山东段）治理工程Ⅱ标被山东省水利厅评为 2013 年度山东省"鲁水杯"优质水利工程；担任项目经理的项目部被山东省治淮东调南下工程建设管理局评为"优秀项目经理部"。

三、抓技能，在"深"字上下功夫

我注重技术研发，与同事们一起攻坚克难，自主研发的"便携式启闭机电动摇柄"获淮委第一届职工技术创新成果一等奖，并获国家实用新型专利；2018 年参与研发并申报了国家发明专利"一种闸门动态水下安全平衡监测预警设备"、国家实用新型专利"一种闸门运行系统360度维修保养检测移动平台"。

我注重理论总结,先后发表了《论水政监察队伍的改革与发展》《分沂入沭水道化学灭苇的方法与效果》《橡胶坝在沂沭河流域水旱灾害防止中的应用》等多篇论文;参与编录的《采矿计量监控管理软件V2.0》2018年5月获国家版权局计算机软件著作权登记。

我珍视竞技舞台,将其作为交流学习提高的机会,多次在沂沭泗局和淮委职业技能竞赛中获奖,并荣获"淮委技术能手称号"。2017年,在全国河道修防工职业技能竞赛淮委赛区预赛中获得第一名。

淮委、沂沭泗局组织的竞赛极大提高了我的技能,在2017年第五届全国水利行业职业技能竞赛河道修防工全国决赛中获得第八名;2018年7月荣获第十届全国水利技能大奖。

四、以匠魂育匠心、造匠人

工地就是实训场,项目部就是课堂。在施工现场,我耐心向大家讲解,将可能出现的问题和自己曾经遇到过的问题,一一讲授,以匠心育匠人,面对大家的疑惑,总是不厌其烦地讲解,坚持"做一期工程,成长一支队伍"的理念。

我将河道修防知识和工程施工知识相结合,为历年河道修防技能鉴定考生培训指导;我参与编录《沂沭河防汛抢险培训教程》并授课。沂沭河公司的"师带徒"制度,我既是受益者也是传承者,作为受益者,我感恩不离不弃的老师,践行"做好人、做好事"的教导;作为传承者,我秉持以匠魂育匠心造匠人。我的徒弟中,不仅有先后晋升"技师"职业资格的技能工人,还有先后考取"建造师"执业资格的大学生。

五、不忘初心,继续前行

面对国家级荣誉,面对专家的称谓,我想,没有淮委的重视和关爱,没有沂沭泗局持之以恒打造的竞技平台就没有这些荣誉,没有淮工集团锻造的积极向上氛围就没有这些证书。在经久不息的培育下,更多的同事必定会崭露头角。

作为淮委首位获此殊荣的高技能人才,我将荣誉看作旗帜和责任。我坚持质朴、低调的风格,开放的胸怀,孜孜不倦的求索品质,以兴趣叩开智慧之门,锻造匠心匠魂,铸就了工匠精神。

"宝剑锋从磨砺出,梅花香自苦寒来。"我从对水利事业的热爱中一步步走来,留下了一串串踏实的足迹,以行动诠释着"忠诚、干净、担当,科学、求实、创新"的新时代水利精神。

不负韶华,献身水利

——沂沭泗水系统一管理40周年征文

沂沭泗水利管理局沂河水利管理局 单连胤

"人人那个都说哎,沂蒙山好,沂蒙那个山上哎,好风光。青山那个绿水哎,多好看,风吹那个草低哎,见牛羊……"一曲《沂蒙山小调》,向人们展开了一幅令人向往的山水画卷,唱出了沂蒙山无限的秀美风光。

我的家乡就在这风光秀美的沂蒙山下。站在沂蒙山上向东眺望,就能看到两条大河,宛如两条长龙,自北向南,并驾齐驱,蜿蜒曲折,经鲁南流向苏北,在分沂入沭水道交汇贯通,形成了沂沭河,源源不竭,滋养万物。这两条美丽的大河就是沂河和沭河。

我家乡的"母亲河"就是沭河。在儿时的记忆里,沭河大多数时间都是安安静静的,缓缓流淌,像哄孩子睡觉的母亲在喃喃自语,执着而又温柔地轻拍着两边的河岸,滋养着两岸的大地,浇灌着河畔的田野,润泽着沿河的人家。

在不同季节里,沭河显出不同的颜色。春天的沭河是绿色的,生机盎然,涓涓细流,滋养着两岸的大地。夏天的沭河是红色的,活力四射,水量充沛,挟着泥沙,如疾驰的骏马,奔腾而下。秋天的沭河是蓝色的,深沉内敛,丰盈潆洄,与天地交融,水天一色。冬天的沭河是白色的,幽静安宁,夹杂着冰雪,清澈透明,晶莹剔透。

而让我记忆最深刻的,还是那夏天的沭河。夏日傍晚,吃过晚饭后,大家都来到河边乘凉,一边享受着河边的微风,一边听大人们讲故事,既有历史故事,也有现实见闻,还有些稀奇古怪的故事。他们讲得栩栩如生、绘声绘色,我们听得津津有味,仿佛身临其境。这些故事中,我印象最深刻的是1974年我们这边沭河发大水的故事,这似乎成了父辈们这一代永不磨灭的记忆。那时候我还小,尚不能体会那精彩故事背后淡淡的无奈。这也成了我儿时对故乡河流的印象,从那时起,在心底里便有了要把家乡河流治理好的初心。这也许就是我与水利结下不解之缘的缘起吧!

怀着与水结缘的情结,我成了一名基层的水利人。到沂沭河工作后,怀着那份好奇、那份情缘,我查阅了沂沭河历年的洪水资料。尤其是1974年洪水的相关资料,让我触目惊心,深有感触,切实感受到当时洪水的可怕,也体会到了父辈们那淡淡的无奈。

历史上,沂河、沭河因为是山洪性河道,就经常泛滥于鲁南、苏北平原。沂河就有"开了江风口,水漫兰山走,淹了临郊苍,捎带南邳州"的歌谣;沭河也有"沭水下流,浩渺汪洋,风翻浪涌,俨如江海之波"的描述。到了近代,更是水患频仍,危害百姓。1931年、1937年、1957年、1960年、1962年、1963年、1974年几次洪水泛滥,给沿河人民带来了无穷无尽的伤害。

童年故事里1974年的大洪水更让我记忆深刻,沂河临沂站洪峰流量达到10 600 m^3/s,沭河大官庄处洪峰流量为5 400 m^3/s,上游68处决口流量估算有1 900 m^3/s(左岸决口有30处,右岸有38处)。倒塌房屋有21.4万间,死亡92人,伤475人,牲畜死亡312头,河道决口漫溢有 2 400 处,冲毁水利工程 2 429 处。一串串数字虽已成历史,但那份沉重感却一直萦绕在我的心头。

善治国者必善治水。兴修水利、防治水害历来是中华民族治国安邦的大计。中华人民共和国成立后,我们党领导开展了大规模水利工程建设。沂沭泗河系统性治理工程就是在这样的大环境下,如火如荼地开展起来,对沂沭泗河水系进行大规模的规划治理,始于新中国成立前夕的导沭整沂工程。苏、鲁两省先后开辟和扩大了新沂河、新沭河、分沂入沭水道、邳苍分洪道,扩大了韩庄运河、中运河,修建了南四湖湖西堤、骆马湖大堤,建成了彭道口分洪闸、新沭河泄洪闸、黄庄倒虹吸等控制性工程,上游兴建了跋山、岸堤、青峰岭、许家崖等十几座大中型水库,初步建立起沂沭泗水系防洪工程体系。20 世纪 70 年代,沂沭泗河洪水东调南下工程实施,通过一期工程和续建工程建设,使流域骨干河道达到 20 年一遇防洪标准,主要河道防洪标准将提高到 50 年一遇,基本形成了主要河湖相通互联、控制性工程合理调蓄、"拦、分、蓄、滞、泄"功能兼备的防洪工程体系,沂河、沭河中下游防洪保护区防洪保安条件得到很大改善。

为统一发挥东调南下工程效益、充分发挥水利工程作用、合理分配利用水资源,1981 年,根据国务院批示,成立淮委沂沭泗水利工程管理局。统一管理后,依托东调南下防洪工程体系,充分发挥骨干工程统管优势,采取"泄、分、控、蓄"综合手段,顺利战胜了 1990 年、1991 年、1993 年、1998 年、2003 年、2005 年、2010 年、2012 年、2019 年、2020 年流域性较大洪水,保障了流域社会经济发展。尤其是 2020 年"8·14"洪水,沂河临沂站最大洪峰流量达 10 900 m^3/s,沭河重沟站出现有实测资料以来最大流量,为 5 940 m^3/s,是沂沭泗 1960 年以来的最大洪水。这次洪水的成功防御,使沂沭泗水系防洪减灾综合能力得到了进一步验证,东调南下工程体系的优势得到进一步凸显。

洪水虽已过去,新的征程已然开启。为进一步完善沂河、沭河上游堤防工程体系,使区域防洪标准整体达到 20 年一遇,基本构建起沂河、沭河的防洪工程体系,提高沂河、沭河治理河段的防洪标准,减轻该地区的防洪压力和涝灾威胁,保证该区域人民生命财产的防洪安全,充分发挥东调南下工程的整体效益。2020 年 9 月 30 日,沂河、沭河上游堤防加固工程开工建设,现在已进入全面施工阶段,新的治理工程已然开始。

作为听说者、见证者、参与者、奉献者,现在我有幸参与到沂河、沭河上游堤防加固工程的建设中来,为家乡的水利事业贡献自己的力量,造福沿河人民,感到无上光荣。作为新时代的水利人,站在新的历史起点上,我将以更加饱满的热情,怀揣梦想,坚守初心,不负韶华,为新时代水利事业改革发展贡献自己的青春力量!